工业和信息化普通高等教育"十三五"规划教材立项项目

21 世纪高等学校计算机规划教材

21st Century University Planned Textbooks of Computer Science

案例式C语言程序设计

Case-based C Programming Language

王富强 张春玲 刘明华 主编

孔锐睿 孙劲飞 李朝玲 副主编

高校系列

人民邮电出版社

北 京

图书在版编目（ＣＩＰ）数据

案例式C语言程序设计 / 王富强，张春玲，刘明华主编. —— 北京 : 人民邮电出版社，2016.8（2019.8重印）
21世纪高等学校计算机规划教材
ISBN 978-7-115-42963-6

Ⅰ. ①案… Ⅱ. ①王… ②张… ③刘… Ⅲ. ①C语言－程序设计－高等学校－教材 Ⅳ. ①TP312

中国版本图书馆CIP数据核字(2016)第177692号

内 容 提 要

本书在编撰过程中，遵循注重基础、理论联系实际、案例典型、增强实践开发能力的原则，以社会和企业需求为导向，以互联网+为助力，以C语言的发展为切入点，以基本语法、语句为基础，以结构为主线，以学懂学会学精会用为目的，以案例驱动的编写方式深入浅出地详细阐述了C语言的程序设计思想和流程。本书注重对读者设计开发能力的培养，以训练读者自我思考和解决问题的能力为目标，希望通过本书的学习，读者具备程序开发设计能力和自动化和专业化的数据信息处理能力。

本书共13章，分为4部分。第1部分为基础知识，包括第1章C语言简介，第2章程序设计与算法，第3章数据类型、运算符与表达式；第2部分为程序设计基本结构，包括第4章顺序结构程序设计、第5章选择结构程序设计和第6章循环结构程序设计；第3部分为程序设计方法和具体应用，包括第7章数组、第8章函数、第9章预处理命令、第10章指针、第11章结构体与共同体和第12章文件；第4部分为调试，包括第13章常见错误和程序调试。

本书内容细致、实例丰富、通俗易懂，适合作为普通高等院校理工类本/专科专业的C程序设计语言教材，也可供计算机应用工作者阅读参考。

◆ 主　　编　王富强　张春玲　刘明华
　　副 主 编　孔锐睿　孙劲飞　李朝玲
　　责任编辑　吴　婷
　　责任印制　彭志环

◆ 人民邮电出版社出版发行　　北京市丰台区成寿寺路 11 号
　　邮编　100164　电子邮件　315@ptpress.com.cn
　　网址　http://www.ptpress.com.cn
　　北京市艺辉印刷有限公司印刷

◆ 开本：787×1092　1/16
　　印张：16.5　　　　　　　　　2016 年 8 月第 1 版
　　字数：430 千字　　　　　　　2019 年 8 月北京第 3 次印刷

定价：39.80 元

读者服务热线：(010)81055256　印装质量热线：(010)81055316
反盗版热线：(010)81055315

前言

在信息时代及电子信息和"互联网+"作为国家的新兴发展产业的背景下，高等院校的信息教学迎来新的发展机遇。重视教育信息化、注重信息技术的基础体系和程序设计操作能力成为高等院校计算机教育的主题。为此，各高等院校都在制订一系列符合自身定位的教学大纲，引入新的教学理念、提出新的课程教学目标、改革教学内容、丰富教学手段等，力求在21世纪的教学改革中走在前列，培养符合社会与企业需求、理论与技术兼备的新型人才。

"C语言程序设计"是高等院校程序设计语言类的基础课程。通过该课程的学习，学生可逐步认识以程序设计为核心的信息技术在信息化社会的重要作用，全面了解程序设计语言的基本结构、解题算法，从而提高信息素养和编程能力，也为进一步熟练应用计算机，充分利用程序设计语言和成熟算法设计开发大型应用程序，实现数据处理自动化和专业化，打下良好基础。

本书按照教育部高等学校计算机基础课程教学指导委员会提出的"大学计算机教学基本要求"编写而成。在结构设计、内容选择及编写过程中充分考虑了读者需求，并结合全国计算机等级考试——C语言考试大纲，设计了本书的相关章节内容，力求内容全面化，方式新颖化、应用实用化。本书知识体系贯穿了校内教育和校外需求，也适合不同院校、不同专业的教学与社会各层次人士的自学。

本书采用案例驱动模式编写，主要介绍C语言程序设计的基本结构及应用C语言解决学习生活中的某些问题。全书内容包括：C语言简介、程序设计与算法、顺序结构程序设计、选择结构程序设计、循环结构程序设计、数组、函数、指针、结构体与共用体、文件以及程序常见错误与调试等。本书内容翔实、图文并茂，章节安排各有特色，以浅显易懂、实用的形式详细讲解知识要点，并联系实际，指导读者强化基础知识，应用程序设计基本思想开发设计程序，使读者达到举一反三的目的。

本套书具有以下特色。

（1）编者具有丰富的教学与指导经验。全书编撰思路以企业、社会需求为导向，紧跟当前C语言程序设计的发展和应用水平，贴近"互联网+"的基础技术，注重实际开发设计能力，全面培养学生的程序设计能力和应用能力。

（2）实例丰富、典型性强。编者对本书实例的选取以解决实际问题为导向，选择生活中常碰到的问题作为实例，如迭代法求解、线性代数的矩阵运算、商场的打折促销、学生成绩的数据处理及文件的存储操作等。

（3）分析透彻，可移植性高。编者将程序设计思想贯穿全书。书中涉及的知识点基本配有或简或难的实例讲解，实例基本都配有解题思路的分析和延伸指导。这对读者的思维开拓都具有很好的启发和带动作用。本书所有案例不但通过了 Turbo C 3.0 之前的版本的测试，在最新的编译环境（如 Microsoft Visual Studio 2010/2012）中也能通过，当然 Microsoft Visual C++ 6.0 编译环境更适合案例的实现。

为了更好地调动初学者和自学者的学习积极性，巩固所学，本书在每章末都附有典型习题。习题的分析解答过程和答案在与之配套的《案例式 C 语言程序设计实验指导》中。读者可以仔细阅读解题过程，自行在编译环境下进行调试，从而更好地掌握程序设计的编程思想，熟悉不同问题的解题算法，提高自身的程序设计能力和思维分析能力。

本书由王富强、张春玲、刘明华担任主编，孔锐睿、孙劲飞、李朝玲担任副主编。王富强、孔锐睿负责书稿的设计、修改和统稿，其中，第 1 章、第 3 章、第 6 章和第 7 章由王富强编写，第 2 章、第 11 章由李朝玲编写，第 4 章和第 12 章由刘明华编写，第 8 章和第 9 章由孙劲飞编写，第 10 章、第 13 章由张春玲编写，第 5 章由王富强、孔锐睿共同编写，附录等由孔锐睿编写。

在本书编写过程中，得到了青岛科技大学相关职能部门、信息科学技术学院很多教师的支持与帮助，在此表示感谢。由于时间仓促，编者的水平有限，书稿中难免出现错误和不妥之处，恳请各位读者指正，以便再版时能及时修正。

编 者

2016 年 5 月 2 日

目　录

第一部分　基础知识

第 2 部分 程序设计基本结构

第 3 部分 程序设计方法和具体应用

第 4 部分　调试

第 1 部分　基础知识

第 1 章
C 语言简介

　　C 语言是一门高级程序设计语言，也是现在国际上比较流行的计算机程序设计语言之一。C 语言自 1973 年在美国贝尔实验室成为一种标准语言之后，便受到广大开发者欢迎，如今已经成为世界上最广泛、最流行的高级程序设计语言之一。那么，C 语言到底什么样子呢？我们看下面简单的案例。

　　【例 1-1】第一个程序 "Hello, World!"。

```
// example1-1
#include "stdio.h"
void main()
{
    printf("Hello,World! \n ");
}
```

　　下面我们从【例 1-1】入手，分析 C 语言的格式和特点，并给大家介绍 C 语言。

1.1　计算机语言的发展

　　计算机语言（Computer Language）是人与计算机之间传递信息的媒介，用于人与计算机之间的通信。为了使计算机按照人类的指令进行各种工作，计算机系统就需要有一套人能够编写并能翻译后计算机能读懂的程序，用来表示生活中的数字、字符和语法规则，以通过指令把命令传达给机器。由这些字符和语法规则组成的计算机的各种指令（或各种语句）就是计算机语言。

　　计算机语言的发展经历了机器语言、汇编语言、高级语言 3 个阶段，其中 C 语言是计算机语言的一种，属于高级语言。

1.1.1　机器语言

　　机器语言是指计算机能够完全识别的指令集合，是最低、最早的程序语言，是由 "0" 和 "1" 组成的二进制数（代码），而二进制是计算机的语言基础。计算机发明之初，人们将一串串由 "0" 和 "1" 组成的指令序列交由计算机执行。这就是计算机唯一能够真正识别的机器语言。使用机器语言编写程序是十分痛苦的，特别是程序有错需要修改的时候。

1.1.2 汇编语言

为了减轻使用机器语言编程的痛苦，人们进行了一些改进。用一些简洁的英文字母、符号串来替代一个（串）特定的已编写的指令的二进制串，比如用"ADD"代表加法，"MOV"代表数据传递等。这样一来，人们很容易读懂并理解程序在干什么，纠错及维护就变得方便了。这种程序设计语言即第二代计算机语言，称为汇编语言。然而，计算机是不认识这些符号的。这就需要一个专门的程序，专门负责将这些符号翻译成二进制代码的机器语言。这种翻译程序被称为汇编程序。

汇编语言十分依赖于机器硬件，移植性不好，但效率十分高，尤其在结合计算机硬件方向上更能发挥特长，所以至今仍是一种强有力的软件开发工具。

1.1.3 高级语言

从最初与计算机交流的痛苦经历中，人们意识到应该设计一种语言。这种语言接近于数学语言或人的自然语言，同时又不依赖于计算机硬件，编出的程序能在所有机器上通用。经过努力，1954 年，第一个完全脱离机器硬件的高级语言——FORTRAN 问世了。60 多年来，共有几百种高级语言出现，有重要意义的、影响较大、使用较普遍的有 FORTRAN、BASIC、Pascal、C、PROLOG、C++、VC、VB、Java 等。从另一个角度分类，高级语言中的 VC、Java 等也被定义为面向对象语言，所以也有把面向对象语言划分为第四类语言。

1.1.4 计算机语言的概念

了解了计算机语言的发展，下面我们再了解几个概念。

指令：一条机器语言称为一条指令。指令是不可分割的最小功能单元。

程序：早期的程序就是一个个的二进制文件，如今程序可以定义为"计算机要执行的指令的集合"。

机器语言是第一代计算机语言。早期人们通过机器语言向计算机发出指令，无需借助翻译程序就能运行机器语言编好的程序来执行。

汇编语言是第二代语言，其实质和机器语言是相同的，都是直接对硬件操作，只不过指令采用了英文缩写的标识符，更容易识别和记忆。

高级语言是目前绝大多数编程者的选择。它们虽然需要借助翻译程序才能被计算机识别，但其简化了程序中的指令，并且去掉了与具体操作有关但与完成工作无关的细节。

高级语言的发展经历了从早期语言到结构化程序设计语言及面向过程到非过程化程序语言的过程。20 世纪 60 年代中后期，软件各自为战，后期出现的"软件危机"就是因为兼容性错误和困难造成的。1970 年面向过程的结构化程序语言——Pascal 的出现，标志着结构化程序设计时期的开始。20 世纪 80 年代初开始，面向对象的程序设计语言如 C++、Visual Basic、Delphi 出现。高级语言的下一个发展目标是面向应用，也就是说只需要告诉程序要干什么，程序就能自动生成算法进行处理，这是非过程化的程序语言。

1.2 C 语言的发展及其特点

1.2.1 C 语言的发展

C 语言是目前世界上最流行、使用最广泛的面向过程的高级程序设计语言之一。C 语言在操作系统、编译程序及硬件模块需求等方面的操作优势，明显优于其他高级语言，许多大型应用软件都是用 C 语言编写的。

C 语言的原型是 ALGOL 60（ALGOrithmic Language 60）语言（也称 A 语言）。1963 年剑桥大学将 ALGOL 60 语言发展成为 CPL（Combined Programming Language）语言。1967 年马丁·理查兹（Matin Richards）简化了 CPL 语言产生了 BCPL（Basic Combined Programming Language）语言。1970 年美国贝尔实验室的肯·汤普森（Ken Thompson）将 BCPL 进行了修改，起了一个有趣的名字"B 语言"，并编写了第一个 UNIX 操作系统。

1973 年美国贝尔实验室的 D.M.RITCHIE 最终设计出了一种新的语言——C 语言，名字取自 BCPL 的第二个字母。1978 年布莱恩·科尔尼干（Brian W.Kernighian）和丹尼斯·里奇（Dennis M.Ritchie）出版了名著《The C Programming Language》（中文译名为《C 程序设计语言》），称之为《K&R》标准，但是《K&R》中并没有定义一个完整的标准 C 语言。1983 年，美国国家标准化协会（American National Standards Institute，ANSI）制定了一个 C 语言标准，通常称之为 ANSI C。1987 年，C 语言有了 ANSI 标准，立刻成为最受欢迎的语言之一。

1990 年，国际化标准组织（International Standard Organization，ISO）接受了 87 ANSI C 为 ISO C 的标准（ISO9899-1990），简称为 C90。1999 年，ISO 对 C 语言标准进行修订，主要是增加了一些功能，尤其是 C++中的一些功能，简称为 C99。2011 年又发布了新的标准，简称为 C11。目前流行的 C 语言编译系统大多是以 ANSI C 为基础进行开发的，但不同版本的 C 编译系统实现的语言功能和语法规则略有差别。

C 语言在发展的过程中，逐步完善，拥有绘图能力强、可移植性好及很强的数据处理能力等优点。因此，系统软件的编写及二维、三维图形的绘制和动画制作与处理等都是它的强项之一。

1.2.2　C 语言的特点

C 语言的特点主要包括以下几个方面。

1. 简洁紧凑，灵活方便

C 语言一共有 32 个关键字、9 种控制语句，程序书写自由，主要用小写字母表示。C 语言把高级语言的基本结构和语句与低级语言的实用性结合了起来，简洁紧凑，灵活方便。

2. 运算符和数据结构丰富

C 语言的运算符较多，共有 40 多个。C 语言把括号、赋值、强制类型转换等都作为运算符处理，从而使 C 的运算类型极其丰富，表达式类型多样化。程序开发者灵活使用 C 语言的各种运算符可以实现在其他高级语言中难以实现的运算。

C 语言的数据类型有整型、实型、字符型、数组类型、指针类型、结构体类型、共用体类型等。这使得 C 语言能实现各种复杂的数据类型的运算。另外，C 语言引入了指针概念，使程序效率更高。

3. C 是结构式语言

结构式语言是 C 语言的显著特点。结构化方式使程序层次清晰，便于使用、维护及调试。C 语言是以函数形式提供给用户的，多种循环、条件语句控制和函数调用使程序完全结构化。

4. C 语法限制不太严格，程序设计自由度大

一般的高级语言语法检查比较严，能够检查出几乎所有的语法错误。而 C 语言允许程序编写者有较大的自由度，限制并不严格，尤其在越界检查方面，几乎没有限制。

5. 允许直接访问物理地址，直接操作硬件

C 语言既具有高级语言的功能，又具有低级语言的许多功能，能够像汇编语言一样对位、字节和地址进行操作，而这 3 者是计算机最基本的工作单元，因此，C 语言可以用来编写系统软件。

6. 程序执行效率高，可移植性好

C 语言程序执行效率高，一般只比汇编程序生成的目标代码效率低 10%～20%。

C 语言另一个突出的优点就是可移植性好，适合于多种操作系统，如 DOS、UNIX，也适用于多种机型。

当然，C 语言也有自身的不足，比如语法限制不太严格，对变量的类型约束不严格，影响程序的安全性；对数组下标越界不做检查等。从应用的角度，C 语言相比其他高级语言较难掌握。

1.3 C 语言的程序格式和结构

1.3.1 最简单的 C 语言程序举例

要了解 C 语言的程序格式与结构，可以从引入案例的程序中分析 C 语言程序的特点，总结其格式和基本结构。

以【例 1-1】第一个程序 "Hello, World!" 为例。

```
// example1-1  The first C Program  行1 —— 注释
#include "stdio.h"    //行2——编译预处理
void main()          //行3 ——函数
{
     printf("Hello,World! \n ");  //行5 ——语句
}
```

本程序运行后输出如图 1-1 所示信息。

本程序与引例程序相比，增加了注释说明，解析如下。

图 1-1 Hello, World!

第一行是注释，对程序的编译和执行不起任何作用，目的是使读者无需看后续很长的程序代码也能知晓本程序的功能。注释语句常用 "//" 开头，其后的任何信息都是注释信息。除了 "//" 之外，还可以使用对称结构 "/*…*/" 作为注释语句，详细的注释信息在 "/*" 和 "*/" 之间，二者顺序不能更换，个数不能多。注释信息可以放在程序的任何位置，可以为任何文字或字符，可以单独成行，也可以与其前被注释的信息为一行。

第二行是编译预处理，对 C 语言程序中的输入/输出等系统函数调用声明，printf 输出函数和 scanf 输入函数保存在 "stdio.h" 头文件中，所以编译预处理#include "stdio.h"不可少。如果有其他系统函数被调用，也必须有对应的编译预处理文件声明，详细的介绍见第 9 章。

第三行中的 main 是函数的名字，main 前面的 void 表示此函数类型为空类型，即执行此函数不产生一个函数值。有些函数会返回一个值，如数学函数 $sin(x)$、$cos(x)$ 等。C 语言中规定：任何一个 C 语言程序都必须有一个 main 函数，并且只能有一个 main 函数。

第四行和第六行：C 语言程序中，在函数后面的函数体是以 "{" 和 "}" 一对大花括号括起来的，在函数体后面的第一个 "{" 和最后一个 "}" 可分别对应函数体的开始与结束。

第五行为函数语句，以半角分号（;）作为语句结束符。在 C 语言中，没有行的概念，只是以分号（;）作为语句的结束符。第五行的 "printf("Hello,World! \n ");" 把双引号内的内容 "Hello,World!" 原样输出，并换行，其中 '\n' 是换行符，（'\n' 称为转义字符，详细见第 3 章 3.3 节）。

【例 1-2】 第二个程序，计算两个数 x 和 y 的和。

```
#include "stdio.h"      //行1 编译预处理
void main()             //行2    main 主函数
{
    int x,y,sum;        //行4    定义整数型变量 x、y 和 sum
    x=123;              //行5    对变量 x 赋值
    y=456;              //行6    对变量 y 赋值
    sum=x+y;            //行7    求和赋值给变量 sum
    printf("sum is =%d\n",sum); //行8    输出 sum
}
```

本程序运行后输出如图 1-2 所示信息。

本程序省略了注释行，没有注释信息。程序的主要作用是求已知的两个整数 x 和 y 的和，并输出 *sum* 的值。下面着重解析第四行到第八行。

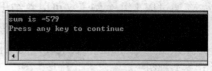

图 1-2　计算两个数 x 和 y 的和

第四行：声明部分，定义变量 x 和 y，其中定义的 x 和 y 为整数类型（int）变量，存放整数。

第五行和第六行：赋值语句，对定义的变量 x、y 分别赋值 123 和 456。

第七行：对已经赋值的整数 x、y 进行求和计算，计算后的和赋值给变量 sum（存放和，否则求和数据会存放在计算机中的任何变量中，无法寻找和输出）。

第八行：输出 *sum*。输出语句中使用了格式控制符，字符串 "sum is =" 原样输出，*sum* 以 "d%（十进制整数类型）"输出。格式控制符的相关知识将在第 4 章详细讲述。

【例 1-3】 第三个程序，求两个数 x 和 y 最大值。

```
#include "stdio.h"          //行1      编译预处理
void main()                 //行2      main 主函数
{
    int max(int x,int y);   //行4   声明被调用函数
    int a,b,c;              //定义变量 a、b、c
    scanf("%d%d",&a,&b);    //行6    输入变量 a、b 的值
    c=max(a,b);            //行7    调用 max 函数求最大值，结果赋值给变量 c
    printf("max is %d\n",c); //输出最大值
}
int max(int x,int y)       //行10    自定义求最大值函数 max,形式参数有 x 和 y 两个
{
    int z;                 //定义变量 z
    if(x>y) z=x;
    else z=y;              //使用 if 语句求任意两个变量 x、y 的最大值
    return z;              //返回最大值 z
}
```

本程序运行后输出如图 1-3 所示信息。

解析如下。

图 1-3　求两个数 x 和 y 最大值

第四行："int max(int x,int y);"声明调用函数 max。max 是自定义函数，其作用就是求出两个数的最大值并返回，详细的函数功能代码见第十行后。

第六行：从键盘上读入两个数分别赋值给变量 a、b。

第七行：调用自定义函数 max 求变量 a、b 的最大值，并把最大值赋值给变量 c 存储。

第十行：自定义函数 max 的功能是求最大数，其中 max 有两个形式参数 x 和 y，max 函数的函数体，其作用是求 x 和 y 的最大值，把最大值赋值给 z，最后把求出的最大值 z 返回。

本程序一共包括两个函数，其中一个是 main 主函数，另一个是求最大值的自定义函数 max。main 函数调用 max 函数把最大值返回到调用 max 函数的位置。

main 函数中 scanf 函数的作用是输入变量 a、b 的值，而 printf 函数的作用是输出最大值到屏幕上。

1.3.2　C 语言程序的结构

通过以上几个例子，可以总结出 C 语言程序组成和结构如下。

（1）一个程序由一个或多个源程序文件组成。简单的程序如【例 1-1】和【例 1-2】的源程序文件只由一个 main 函数组成，而【例 1-3】的源程序文件包含两个函数。一般源程序文件包含以下 3 个部分。

① 预处理指令：主要包括"#include""#define"等以"#"为开始，在程序运行前实现的预处理。

② 变量声明：函数体"{}"内的声明是局部声明，在函数"{}"之外的声明为全局声明，两者的有效作用域不同，详见第 9 章预处理命令。

③ 函数定义：函数是 C 程序中最重要的部分，可以说整个 C 程序几乎都是由函数组成的。函数就是实现一定功能的程序模块，所以说函数的定义是 C 程序的功能体现。

（2）函数是 C 程序的基本单位，是 C 语言程序的主要组成部分。一个 C 程序是由一个或多个函数组成的，但 main 函数必须有并且只能有一个。C 语言程序总是从 main 函数开始，以 main 函数结束，其他函数只能通过 main 函数直接或间接调用。

（3）一个函数包含两个部分：函数首部和函数体。

① 函数首部：函数的第一行，包括函数名、函数类型、函数参数（形式参数）和参数类型。例如，【例 1-3】中的 int　max (int　x, int　y)。

② 函数体：函数首部下面的大括号开始的部分，当然如果一个函数体内存在若干个大括号，则最外层（或第一个"{"和对应的最后一个"}"）的一对大括号才是函数体语句范围。

函数体一般包括以下部分。

● 声明部分：包括变量定义和调用函数的声明，如【例 1-2】中的 int x,y,sum;和【例 1-3】中的 int max(int x,int y);。

● 执行部分：由若干个语句组成，在函数中执行一定操作，如【例 1-1】中的 printf("hello world!\n");是为了执行输入实现打印功能的。

（4）C 程序的函数由语句组成。C 程序语句以半角分号（;）作为分隔符，其也是语句唯一的终止标志。

（5）C 程序中没有程序行的概念，习惯使用小写字母。

（6）程序可以包含注释。注释在程序的执行中不起任何作用，也不会产生任何代码。

1.4　C 语言程序的运行与调试

1.4.1　C 语言程序的运行环境

一个 C 语言程序的运行离不开它的翻译程序，其称之为编译环境。目前使用最多的集成开发环境（Integrated Development Environment，IDE），就是把 C 语言程序需要连接的步骤——编辑、编译、链接和运行集成在一个界面上，通过不同的操作步骤实现。集成环境的优点：简单实用，功能丰富，直观易学。

不同的编译环境对 C 程序的操作是不同的，对个别运算符的运行结果也略有影响。常用的编译程序有 Turbo C 2.0、Turbo C++ 3.0、Borland C++、Visual C++6.0、Microsoft Visual Studio 2010 等。在 20 世纪 90 年代，Turbo C 2.0 编译环境应用最为普遍，但其缺点是进入 DOS 环境后鼠标操作受限，几乎只能通过键盘完成。随后的 Turbo C++ 3.0 编译环境虽然已经完成启动文件快捷方式"tc.exe"，但鼠标只能执行部分操作，如文件保存、基本菜单的选择等。如今编译环境有了长足发展，尤其是全国计算机等级考试（C 语言模块）的编译环境——Microsoft Visual C++6.0 的推广，使 Visual C++6.0 编译环境的应用占据了很大的部分。随着 CPU 处理能力的进一步增强，64 位机逐渐成为主流，Microsoft Visual Studio 2010 支持 64 位的优势逐渐体现，在 Windows8 以上操作系统下安装使用 Microsoft Visual Studio 2010 越来越多。

Visual C++6.0 为用户开发 C 程序提供的集成环境包括源程序的输入和编辑、源程序的编译和链接、程序运行时的调试和跟踪、项目的自动管理、为程序的开发提供各种工具并具有窗口管理和联机帮助等功能。尤其可贵的是，在 Visual C++6.0 编译环境中，鼠标、键盘非常方便，复制、粘贴、剪切等基本操作与 Windows 环境下的操作几乎没有区别。

1.4.2　C 语言程序的几个概念

在了解 C 语言程序运行之前，先了解 C 语言中的几个概念。

源程序：使用高级语言编写的程序，如 Visual Basic、C、C++、Java 等编写的程序，其中 C 语言编写的源程序文件后缀为.c。

目标程序：由二进制代码表示的程序，C 源程序生成的目标程序文件的后缀为.obj，是经过"编译"步骤后生成的文件。

可执行程序：可移植可执行的文件格式，可加载到内存中由操作系统加载程序执行，如 C 源程序经过编译和链接后生成的后缀为.exe 的可直接运行的文件。

编译程序：具有翻译功能的软件如 Visual C++ 6.0、Microsoft Visual Studio 2010 等称为编译程序。

以上几个概念在 C 语言的调试运行的不同阶段出现。在编译程序 Microsoft Visual C++ 6.0 中输入 C 源程序，保存后的源程序经过编译命令生成目标程序，目标程序链接库函数后进一步生成可执行程序，最后运行可执行程序查看程序运行结果。

1.4.3　C 语言程序的运行调试

本书采用 Visual C++ 6.0 作为程序设计调试的环境，常用的 Microsoft Visual Studio 2010 的调试运行步骤在实验指导中详细介绍。

1. 启动 Visual C++ 6.0

通过鼠标双击桌面上的 Visual C++ 6.0 的图标，或通过菜单方式启动 Visual C++ 6.0，即用鼠标单击"开始"菜单，选择"程序"→"Microsoft Visual Studio 6.0"→"Microsoft Visual C++ 6.0"启动 Visual C++ 6.0。图 1-4 所示为启动后的可视化集成环境，窗口包括标题栏、菜单栏、工具栏和状态栏等。

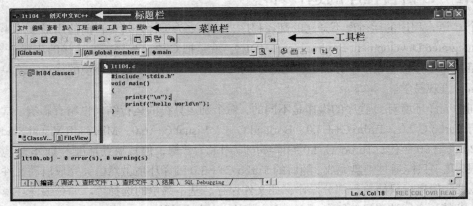

图 1-4　Visual C++ 6.0 集成环境

2. 生成源程序文件

选择"文件（File）"菜单中的"新建（New）"命令，产生"新建（New）"对话框，单击"文件"选项卡，选择 C/C++ Source File 选项，文件命名为*.c 格式如 lt104.c，并设置源文件保存目录，单击"确定"，生成源程序文件，如图 1-5 所示。

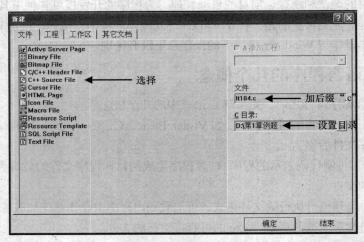

图 1-5　源文件生成

　　　　　指定的文件名后缀为".c"，如果输入的文件名缺少后缀".c"，则系统默认为 C++源程序文件，自动加上后缀".cpp"，因此后缀".c"不能省略。

3. 编辑源程序

在程序编辑区输入源程序，如图 1-6 所示，选择"文件"菜单下的"保存"。

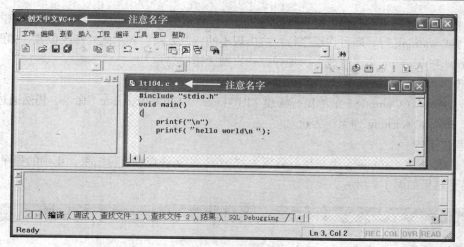

图 1-6　编辑源程序

注意

（1）图 1-6 所示的 C 源程序存在错误，这是为程序调试故意设置的。

（2）注意文件名，工作区的文件名为"lt104.c"，而 Visual C++ 6.0 的标题名为"创天中文 VC++"。

（3）源程序编辑的重要一步是保存。

4. 编译和调试程序

单击"编译"（Compile）菜单，选择"编译 lt104.c"（Compile lt104.c）项后的编译结果如图 1-7 所示。

图 1-7　编译结果

屏幕下面的调试信息窗口显示源程序编译结果：lt104.obj - 9 error(s), 2 warning(s)。相关说明如下。

（1）调试中的错误主要分两类。一类是以 error 提示的致命错误必须修改，修改不通过则无法进入下一步生成目标文件；第二类是以 warning（警告）提示的轻微错误，不影响生成目标程序和可执行程序，但有可能影响运行的结果，需要具体问题具体分析。因此，对错误要尽量改正显示为"0 error,0 warning"。

（2）修订 error 和 warning 错误，通过信息提示栏右边的滚动条确认修订信息的详细内容，双击 error 行或 warning 行，即可在程序行左边出现小的蓝色方块，表示此处修改位置，如图 1-8 所示。对 error 和 warning 多次修改多次编译，一直到无错误提示。

5．程序构建

选择"编译"（Compile）菜单执行构建"lt104.exe"（Build lt104.exe）命令，仍然通过信息提示栏修订 error 和 warning 到无误为止。

6．程序运行

选择"编译"（Compile）菜单运行后缀为".exe"的文件查看运行结果，正确的程序在 DOS 窗口的运行结果如图 1-9 所示。

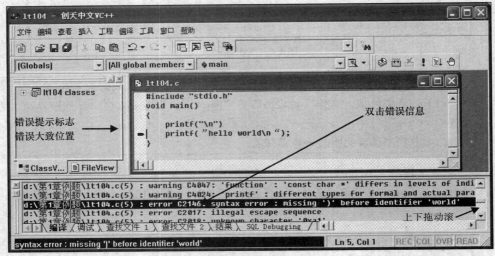

图 1-8　编译信息提示与定位

图 1-9　运行结果

 　图 1-9 中的第二行"Press any key to continue"并非程序所指定的输出，而是 Visual C++6.0 在输出运行结果后系统自动加上的一行提示信息。

7．关闭程序重建程序

选择"文件"菜单（File）的"关闭工作区"（Close Workspace）命令关闭工作区，重复第 1 步操作新建文件。

关闭工作区是新建 C 程序的正确步骤；如果没有关闭工作区而是选择"文件"菜单下的"结束"命令，则仅仅结束工作区的主程序，而编译运行后的文件依然存在，即 main 函数并未关闭。这时新建 C 程序的 main 主函数，则新建的 main 主函数与未关闭的 main 主函数同时存在，链接和运行时程序错误信息提示栏都会提示 Error。通常，明显的错误特征是 Visual C++ 6.0 的标题名和主工作区的文件名不一致，如图 1-10 所示。

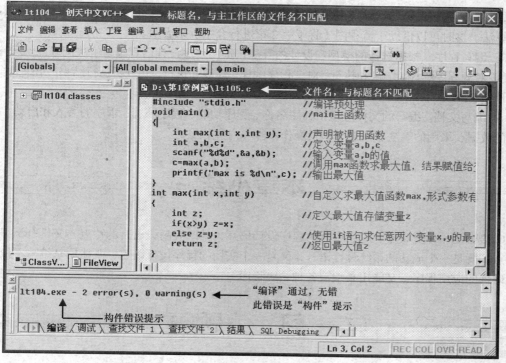

图 1-10　工作区与标题名不一致提示

C 程序在 Visual C++ 6.0 编译环境运行的各个步骤会生成不同的文件，生成的文件具有不同的特性，详细内容见表 1-1。

表 1-1　　　　　　　　　　　　　　　C 程序运行步骤的生成文件

执行步骤	编辑	编译	组建
程序分类	源程序	目标	可执行程序
内容	程序设计语言	机器语言	机器语言
可执行	不可	不可	可以
文件名后缀	.c	.obj	.exe

1.5　C 程序的设计开发流程

C 程序的大小取决于其对应的功能。如果编写一个功能简单的程序，按照以上的程序运行步骤就足够了，但实际上有很多复杂的问题需要解决，需要更完善的 C 程序来运行，从而简化人工作业。从确定问题到最后完成任务，一般需要以下 5 个工作阶段。

① 问题分析。问题分析是第一道工序，也是基础工序，即分析给定的条件，确定最后要达到的目标，找出解决问题的规律，理清解题的思路，选择有效的解题方法，随时寻找可使问题规律化、科学化、简单化的解决方案，构建解决问题的模型（一般称为建模）。

② 设计算法。算法从广义上讲，就是为解决一个问题而采用的方法和步骤，可以选择成型的

算法，如计算闰年的算法、求解三角形面积的公式等，否则需要改进算法或自行设计适合解决问题的算法。这时可以借助于流程图（将于第 2 章进行介绍）来表示。

③ 编写程序。根据选择的模型和设计的算法，选用程序设计语言编写解决问题的源程序。

④ 对源程序编译、链接和执行。对源程序编译、链接和执行，并分析运行结果。结果要全面，符合预期。

⑤ 编写文档。编写的文档应包括程序名称、程序功能、程序环境、程序的装入和启动、程序输入的数据、采用的算法、注意事项及操作步骤等内容。

本章小结

C 语言是一种受欢迎、应用广泛的程序设计语言，其既有高级语言的特点，又具有汇编语言的特点；既是一个成功的系统设计语言，又是一个实用的程序设计语言；既能用来编写不依赖计算机硬件的应用程序，又能用来编写各种系统程序。

习　题

1. 查阅文献，了解 C 语言的详细发展过程及主要应用。

2. 查阅文献，了解 ANSI 版本的变化。

3. 查阅文献，了解 K&R 的标准与著作。

4. 查阅文献，了解各种库函数保存的文件，打开文件了解里面的内容。

5. 分别了解不同的 C 语言编译环境对 C 语言程序的保存、编译、构建（也称为组建）及运行结果。

6. 运行 C 语言程序。在 Visual C++ 6.0 环境下运行本章的两个例题并了解相关步骤及错误修订过程。

7. 选择本章中任意一个例题进行模仿改造，实现另外的功能。

8. 有条件的学习者可安装 Microsoft Visual Studio 2010，并在其中编译、构建和运行 C 程序，进而掌握其流程。

第 2 章
程序设计与算法

计算机已进入人类生活的各个领域，人们可以利用计算机解决很多实际的问题，例如数值计算、数据管理、过程控制等。表面上看计算机也有了思维的能力，但就其本质而言，计算机是按照程序的指令运行的，是人类思维在计算机上的一种表现形式。

2.1 程序设计的基本概念

1. 程序

程序（Program）就是一系列的操作步骤。计算机程序就是由人事先规定的计算机完成某项工作的操作步骤，每一步骤的具体内容由计算机能够理解的指令来描述。这些指令告诉计算机"做什么"和"怎样做"。它们是程序设计人员依据某种规则（程序设计语言的语法）编写而成的。通常一个程序应该包含以下两个方面的内容。

（1）对数据的描述：就是在程序中，要指定数据的类型和数据的组织形式，即数据结构。

（2）对数据操作的描述：也就是具体的操作步骤，即算法。

在一个程序中数据和对数据的操作二者缺一不可。没有数据，操作就成了无源之水；没有具体的操作，数据也就失去了存在的价值。

2. 程序设计

程序设计（Programming）是给出解决特定问题程序的过程，是软件构造活动中的重要组成部分。程序设计往往以某种程序设计语言为工具，给出这种语言下的程序。一般的程序设计包括下述几个阶段。

（1）分析阶段。在此阶段中，用户和程序开发人员共同研究确定程序应完成的功能，解决"做什么"的问题。

（2）设计阶段。在此阶段中，程序设计人员设计软件的总体结构，也就是确定程序的组成模块，以及各模块之间的关系，并设计每个模块的实现细节及具体算法。

（3）编码阶段。在此阶段中，程序设计人员利用程序设计语言编写各算法的程序代码。

（4）测试阶段。在此阶段中，专门的测试人员对编写完成的程序代码进行测试，尽可能多地发现其中的错误。

（5）调试和运行阶段。在此阶段中，程序人员借助于一定的调试工具找出程序中错误的具体位置，改正错误，并在运行期间进行维护。

3. 程序设计语言

程序设计语言（Programming Language）是一组用来定义计算机程序的语法规则。它是一种被标准化的交流技巧，用来向计算机发出指令。程序设计语言通常可以分为机器语言、汇编语言、高级语言和面向对象的程序设计语言。

2.2 算　　法

2.2.1　算法的概念

简单地说，算法就是解决问题的方法和遵循的步骤。

现代计算机通过程序可以解决很多实际问题，而程序的功能是通过算法来描述的。程序的算法描述了程序要执行的操作及操作的步骤顺序。对于具体问题，往往要先设计解决问题的算法，然后编写程序，再由计算机去执行程序，最后获得该问题的解。这就是计算机解决问题的方法。

著名计算机科学家尼古拉斯·沃思（Niklaus Wirth）提出：数据结构+算法=程序。

实际上，一个程序除了以上两个主要要素之外，还应当采用结构化程序设计方法进行程序设计，并且用一种计算机语言来表示。因此，算法、数据结构、程序设计方法和语言工具这 4 个方面是一个程序设计人员所应具备的知识。在这 4 个方面中，算法是灵魂，数据结构是加工对象，语言是工具，编程需要采用合适的方法。算法是解决"做什么"和"怎么做"的问题。

总地来说，程序的核心就是算法。

2.2.2　简单算法举例

【例 2-1】　求 $1 \times 2 \times 3 \times 4 \times 5$。

我们可以使用下面的算法计算。

S1：使 $t=1$。

S2：使 $i=2$。

S3：使 $t \times i$，乘积仍然放在变量 t 中，可表示为 $t \times i \to t$。

S4：使 i 的值+1，即 $i+1 \to i$。

S5：如果 $i \le 5$，返回重新执行步骤 S3 及其后的 S4 和 S5；否则，算法结束。

如果计算 100！只需将 S5 中的若 $i \le 5$ 改成 $i \le 100$ 即可。

如果要求 $1 \times 3 \times 5 \times 7 \times 9 \times 11$，算法也只需做很少的改动。

S1：$1 \to t$。

S2：$3 \to i$。

S3：$t \times i \to t$。

S4：$i+2 \to i$。

S5：若 $i \le 11$，返回 S3，否则，结束。

该算法不仅正确，而且是较好的算法，因为计算机是高速运算的自动机器，实现循环轻而易举。

思考：将 S5 写成 "S5：若 $i < 11$，返回 S3；否则，结束"。

【例 2-2】　求 $sum=1+2+3+\cdots+50$。

算法可表示如下。

S1：使 $sum=0$。

S2：使 $i=1$。

S3：使 $sum+i$，结果仍然放在变量 sum 中，可表示为 $sum+i \rightarrow sum$。

S4：使 i 的值+1，即 $i+1 \rightarrow i$。

S5：如果 $i \leqslant 50$，返回重新执行步骤 S3 及其后的 S4 和 S5；否则，算法结束。

【例 2-3】 从键盘输入 3 个数，找出其中最大的那个数，将其输出到屏幕。

S1：从键盘输入 3 个变量 a、b、c。

S2：比较 a 和 b，如果 $a>b$，那么 $max=a$，否则 $max=b$。

S3：比较 max 和 c，如果 $c>max$，那么 $max=c$。

S4：输出 max 的值，算法结束。

【例 2-4】 有 50 个学生，要求将他们之中成绩在 80 分以上者打印出来。

如果 n 表示学生学号，n_i 表示第 i 个学生学号，g 表示学生成绩，g_i 表示第 i 个学生成绩，则算法可表示如下。

S1：$1 \rightarrow i$。

S2：如果 $g_i \geqslant 80$，则打印 n_i 和 g_i，否则不打印。

S3：$i+1 \rightarrow i$。

S4：若 $i \leqslant 50$，返回 S2，否则，结束。

2.2.3　结构化算法的性质及结构

1．结构化算法的性质

一般而言，算法应具有以下几个方面的性质。

（1）有穷性。一个算法应包含有限的操作步骤，而不能是无限的。任何算法必须在执行有限条指令后结束。

（2）确定性。算法中每一个步骤应当是确定的，而不能是含糊的、模棱两可的。

（3）输入。所谓输入是指在执行算法时需要从外界取得必要的信息。算法有零个或多个输入。

（4）输出。算法一般有一个或多个输出。算法的目的是为了求解，"解"就是输出。没有输出的算法是没有意义的。

（5）有效性。算法中每一个步骤应当能有效地执行，并得到确定的结果。

2．结构化算法的结构

结构化算法主要采用的结构有以下 3 种。

（1）顺序结构。程序在执行过程中是按语句的先后顺序来执行的，每一条语句都代表着一个功能。所有的语句执行结束，程序也就执行结束。

（2）分支结构。程序在执行过程中，根据条件的不同而选择执行不同的功能，也称为选择结构。

（3）循环结构。程序在执行过程中，按照给定的条件去重复执行一个具有特定功能的程序段。被重复执行的程序段称为"循环体"。

2.2.4　算法的表示方法

对算法的描述有不同的方法，包括自然语言、流程图、N-S 图、伪代码等。

1．用自然语言表示算法

本书 2.2.2 小节中介绍的算法就是使用自然语言表示的。自然语言就是人们日常使用的语言，可以是汉语、英语或其他语言。使用自然语言表示算法的特点是：通俗易懂，简单明了。这种算法表示法比较适合于逻辑简单、按顺序先后执行的问题。它要求算法设计人员必须对算法有非常清晰、准确的了解，并且具有良好的语言文字表达能力，否则，用自然语言来描述算法有时候难于表达，或者容易产生歧义。

2. 流程图

流程图是一种用带箭头的线条将有限个集合图形框连接而成的图，其中，框用来表示指令动作、执行序列或条件判断，箭头表示算法的走向。流程图通过形象化的图示，能较好地表示算法中描述的各种结构。

美国国家标准化协会（American National Standard Institute，ANSI）规定了一些常用的流程图符号。这些符号和它们所代表的功能含义见表 2-1。

表 2-1　　　　　　　　　　　　　　　流程图常用的符号和含义

流程图符号	名称	功能含义
⬭	开始/结束框	代表算法的开始和结束。每个独立的算法只有一对开始/结束框
▱	数据框	表示数据的输入/输出
▭	处理框	代表算法中的指令或指令序列。通常为程序的表达式语句，对数据进行处理
◇	判断框	代表算法中的分支情况，判断条件只有满足和不满足两种情况
◯	连接符	当流程图在一个页面画不完的时候，用它来表示对应的连接处。用中间带数字的小圆圈表示，如 ①
➤⌐	流程线	代表算法中处理流程的走向，连接上面的各图形框，用实心箭头表示

为了更加简化流程图中的框图，通常将平行四边形的输入/输出框用矩形处理框来代替。

一般而言，对于结构化的程序，表 2-1 所示的 6 种符号组成的流程图只包含 3 种结构：顺序结构、分支结构和循环结构。一个完整的算法可以通过这 3 种基本结构的有机组合表示。

（1）顺序结构。顺序结构是一种简单的线性结构，由处理框和箭头线组成，根据流程线所示的方向，按顺序执行各矩形框的指令。流程图的基本形状如图 2-1 所示。指令 A、指令 B、指令 C 可以是一条指令语句，也可以是多条指令，顺序结构的执行顺序为从上到下的执行，即 A→B→C。

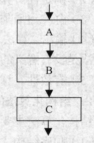

图 2-1　顺序结构的流程图

（2）选择/分支结构。选择结构由判断框、执行框和箭头组成，先要对给定的条件进行判断，看是否满足给定的条件，根据条件结果的真假分别执行不同的执行框，其流程图的基本形状有两种，如图 2-2 所示。

① 图（a）所示情况的执行顺序为：先判断条件，当条件为真时，执行 A；当条件为假时，执行 B。

② 图（b）所示情况的执行顺序为：先判断条件，当条件为真时，执行 A；当条件为假时，什么也不执行。

③ 最外层的虚线框表示可以将选择/分支结构看成一个整体的执行框，不允许有其他的流程线穿过虚线框直接进入其内部的执行框。在算法设计时，这样能更好地体现结构化程序设计的思想。

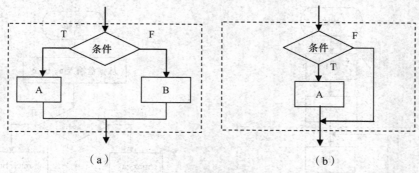

（a）　　　　　　　　　　　（b）

图 2-2　选择/分支结构的流程图

（3）循环结构。循环结构是在某个条件为真的情况下，重复执行某个框中的内容。循环结构有两种：while 型循环和 do_while 型循环。

① while 型循环的流程图如图 2-3 所示，执行顺序为：先判断条件，如果条件为真，则执行 A，再判断条件，构成一个循环，一旦条件为假，则跳出循环，进入下一个执行框。

② do_while 型循环的流程图如图 2-4 所示，执行顺序为：先执行 A，再判断条件，若条件为真，则重复执行 A，一旦条件为假，则跳出循环，进入下一个执行框。

在图 2-3 和图 2-4 中，A 被称为循环体，条件被称为循环控制条件。

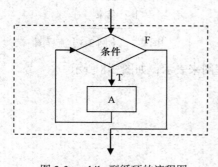

图 2-3　while 型循环的流程图

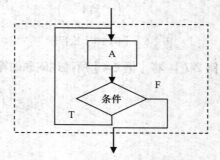

图 2-4　do_while 型循环的流程图

与选择/分支结构一样，最外层的虚线框表示可以将循环结构看成一个整体的执行框，不允许有其他的流程线穿过虚线框直接进入其内部的执行框。

结构化程序的流程图具有以下两个规则。

规则 1：任何一个基本结构都可以用一个执行框来表示，如图 2-2、图 2-3、图 2-4 所示的虚线框。

规则 2：任何两个按顺序放置的执行框可以合并为一个执行框来表示。

这两个规则可以多次重复使用。一个完整的结构化的流程图经过多次转化后，最终都是可以转化为图 2-5 所示的最简形式。这个方法也常常被作为判断算法流程图是否符合结构化的一个基本标准。

【例 2-5】将【例 2-1】所描述问题的算法用流程图来表示，如图 2-6 所示。

【例 2-6】将【例 2-3】所描述问题的算法用流程图来表示，如图 2-7 所示。

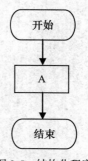

图 2-5　结构化程序

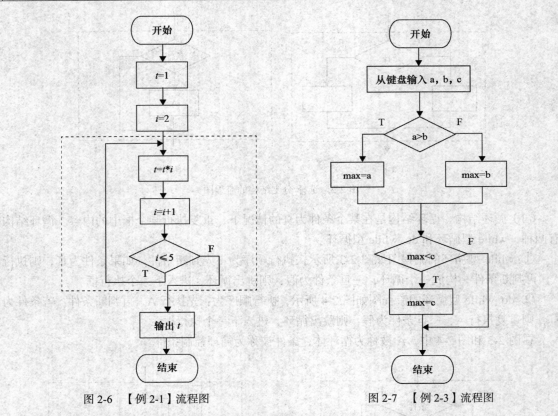

图 2-6 【例 2-1】流程图   图 2-7 【例 2-3】流程图

【例 2-7】 将【例 2-4】所描述问题的算法用流程图来表示，如图 2-8 所示。

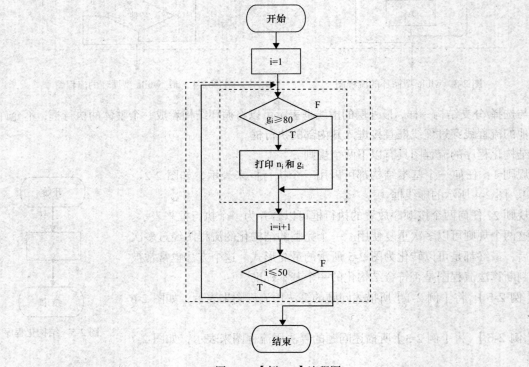

图 2-8 【例 2-4】流程图

3. N-S 图

1973 年美国学者 I·Nassi 和 B·Shneiderman 提出了一种新的流程图形式，称作盒图，又称为 N-S 结构化流程图。这种流程图完全去掉了带箭头的流程线。全部算法写在一个矩形框内，在该框内还可以包含其他的从属于它的框，或者说，由一些基本的框组成一个大的框，如图 2-8 所示。

这种 N-S 结构化流程图的特点如下。

（1）功能域（一个特定控制结构的作用域）明确，可以从 N-S 图上一眼就能看出来。

（2）不可能任意转移控制。

（3）很容易确定局部和全程数据的作用域。

（4）很容易表现嵌套关系，也可以表示模块的层次结构。

不同结构的 N-S 图采用不同的符号表示。

（1）顺序结构。顺序结构如图 2-9（a）所示。先执行 A，再执行语句 B，然后执行 C。

（2）选择结构。选择结构如图 2-9（b）所示。当条件成立时执行 A，不成立执行 B。

（3）循环结构。循环结构如图 2-9（c）和图 2-9（d）所示。2-9（c）所示为当型循环。当型循环为条件成立时反复执行 A，直到条件不成立为止。2-9（d）所示为直到型循环。直到型循环是反复执行 A，直到条件成立为止。

图 2-9 给出了结构化控制结构的 N-S 图表示。

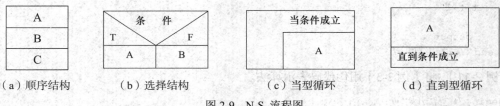

（a）顺序结构　　　（b）选择结构　　　（c）当型循环　　　（d）直到型循环

图 2-9　N-S 流程图

【例 2-8】　将【例 2-1】所描述问题的算法用 N-S 图来表示，如图 2-10 所示。

【例 2-9】　将【例 2-3】所描述问题的算法用 N-S 图来表示，如图 2-11 所示。

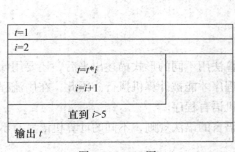

图 2-10　N-S 图

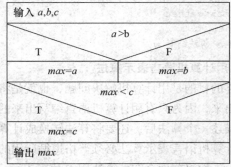

图 2-11　N-S 图

4. 伪代码

伪代码作为算法的一种描述语言，是一种接近于程序语言的算法描述方法。它采用有限的英文单词作为伪代码的符号系统，按照特定的格式来表达算法，具有较好的可读性，可以很方便地将算法写成计算机的程序源代码。

例如,"打印 x 的绝对值"的算法可以用伪代码表示如下。

```
if x is positive then
  print x
else
  print -x
```

它好像一个英语句子一样好懂,在西方国家用得比较普遍。也可以用汉字伪代码,具体如下。

如果 x 为正

　　　输出 x

否则

　　　输出-x

用伪代码写算法并无固定的、严格的语法规则,只要把意思表达清楚,并且书写的格式要写成清晰易读的形式。

【例 2-10】 将【例 2-1】用伪代码表示算法。

```
begin  /* 算法开始 */
  t=1
  i=2
  while i≤5
  {
    t=t*i
    t=t+1
    }
    output t
  end  /* 算法结束 */
```

【例 2-11】 将【例 2-3】用伪代码表示算法。

```
begin  /* 算法开始 */
  input a,b,c
  if a>b then
    max=a
  else
    max=b
if max<c then
    max=c
end  /* 算法结束 */
```

5. 用计算机语言表示算法

最终的目的是用计算机解决问题,也就是将算法用不同的形式描述出来后,还要用计算机语言表示出来,因为只有用计算机语言编写出来的程序才能被计算机执行。因此,在用流程图或伪代码等描述一个算法后,还要将算法转换成计算机语言程序。

用计算机语言表示算法必须严格遵循所用的语言的语法规则,不同的计算机语言有不同的语法规则。下面将前面介绍的算法用 C 语言表示。

【例 2-12】 将【例 2-10】表示的算法用 C 语言表示。

```
#include <stdio.h>
void main()
{
    int i,t;
    t=1;
```

```
    i=2;
    while (i<=5)
    {
        t=t*i;
        i=i+1;
    }
    printf("%d\n",t);
}
```

【例 2-13】 将【例 2-11】表示的算法用 C 语言表示。

```
#include <stdio.h>
void main()
{
    int a,b,c,max;
    scanf("%d%d%d",&a,&b,&c);
    if (a>b)
        max=a;
    else
        max=b;
    if (max<c)
        max=c;
    printf("max=%d\n",max);
}
```

2.3　结构化程序设计方法

结构化程序设计方法是公认的面向过程编程应遵循的基本方法和原则。结构化程序设计方法主要包括如下几点。

（1）只采用 3 种基本的程序控制结构来编制程序，从而使程序具有良好的结构。

（2）程序设计自顶而下，逐步细化。

（3）用结构化程序设计流程图表示算法。

1. 结构化程序设计特征

结构化程序设计的特征主要有以下几点。

（1）以 3 种基本结构的组合来描述程序。

（2）整个程序采用模块化结构。

（3）有限制地使用转移语句，在非用不可的情况下，也要十分谨慎，并且只限于在一个结构内部跳转，不允许从一个结构跳到另一个结构。这样可缩小程序的静态结构与动态执行过程之间的差异，使人们能正确理解程序的功能。

（4）以控制结构为单位，每个结构只有一个入口、一个出口，各单位之间接口简单，逻辑清晰。

（5）采用结构化程序设计语言书写程序，并采用一定的书写格式使程序结构清晰，易于阅读。

（6）注意程序设计风格。

2. 自顶而下的设计方法

结构化程序设计的总体思想是采用模块化结构，自上而下，逐步求精。首先把一个复杂的大问题分解为若干相对独立的小问题。如果小问题仍较复杂，则可以把这些小问题又继续分解成若干子问题。这样不断地分解，使得小问题或子问题简单到能够直接用程序的 3 种基本结构表达为止。然后，对应每一个小问题或子问题编写出一个功能上相对独立的程序块来。这种像积木一样的程序块被称为模块。每个模块各个击破，最后再统一组装。这样，对一个复杂问题的解决就变成了对若干个简单问题的求解。这就是自上而下、逐步求精的程序设计方法。

确切地说，模块是程序对象的集合。模块化就是把程序划分成若干个模块，每个模块完成一个确定的子功能，把这些模块集中起来组成一个整体，就可以完成对问题的求解。这种用模块组装起来的程序被称为模块化结构程序。在模块化结构程序设计中，采用自上而下、逐步求精的设计方法便于对问题的分解和模块的划分，因此，该方法是结构化程序设计的基本原则。

3. 程序设计的风格

程序设计风格从一定意义上讲就是一种个人编写程序时的习惯。而风格问题不像方法问题那样涉及一套比较完善的理论和规则，程序设计风格是一种编写程序的经验和教训的提炼，不同程度和不同应用角度的程序设计人员对此问题也各有所见。结构化程序设计强调对程序设计风格的要求，因为程序设计风格主要影响程序的可读性。一个具有良好风格的程序应当注意以下几点。

（1）语句形式化。程序语言是形式化语言，需要准确、无二义性。因此，形式呆板、内容活泼是软件行业的风范。

（2）程序一致性。保持程序中的各部分风格一致，文档格式一致。

（3）结构规范化。程序结构、数据结构，甚至软件的体系结构要符合结构化程序设计原则。

（4）适当使用注释。注释是帮助程序员理解程序、提高程序可读性的重要手段，对某段程序或某行程序可适当加上注释。

（5）标识符贴近实际。程序中数据、变量和函数等的命名原则是：选择有实际意义的标识符，以易于识别和理解。要避免使用意义不明确的缩写和标识符。例如，表示电压和电流的变量名尽量使用 v 和 i，而不要用 a 和 b。要避免使用类似 aa、bb 等无直观意义的变量名。

结构化程序设计方法作为面向过程程序设计的主流，被人们广泛地接受和应用，其主要原因在于结构化程序设计能提高程序的可读性和可靠性，便于程序的测试和维护，有效地保证了程序质量。

本章小结

本章介绍了程序、算法、程序设计等基本概念，以及结构化程序设计的 3 种基本结构：顺序结构、选择结构、循环结构。本章主要介绍了程序算法的设计表示方法：自然语言、流程图、N-S 图、伪代码。流程图因其图符简洁，结构化程度高，而被广泛使用。N-S 图因其功能域明确，不能任意转移控制，也被认为是一种很好的表示方法。

算法并不是唯一的。同一个问题，也会有不同的解决方法。

本章也介绍了结构化程序设计应遵循的基本方法和原则。

习 题

根据以下要求，分别用自然语言、流程图、N-S 图设计算法。

1. 输入年号，判断是否是闰年。

2. 输入百分制成绩 s，按五分制输出。

3. 从键盘输入一个整数，判断这个数是否是素数。

第3章
数据类型、运算符与表达式

我们先看一个程序。

```c
#include "stdio.h"
#define PI 3.14159
void main()
{
    float r;
    double area;
    r=10.0;
    area=PI*r*r;
    printf("area=%lf\n",area);
}
```

如何读懂以上的程序呢？以上的程序都保存在哪儿，怎么运行的呢？其实，任意 C 语言程序都需要一定的存储空间、一定的表示方法、一定的运算符，以实现数据的运算。下面详细讲述 C 语言程序的数据存储与表示、数据类型、运算符与运算表达式。

3.1 计算机数据的存储与表示

一切可以被计算机加工、处理的对象都可以被称之为数据，包括字符、符号、表格、声音和图形、图像等。

在计算机内部处理的数据都采用二进制数表示，包括运算器的运算、控制器的各种指令、存储器中存放的数据和程序及网络上数据通信时发送和接收的由 0 和 1 组成的数据流。可以说，计算机所能识别、执行、处理的数据全部是由二进制数组成的。在计算机内部存储数据的常用单位有位和字节。位（英文名为 bit）是计算机存储数据的最小单位，计算机中最直接、最基本的操作就是对二进制位的操作。一个二进制位只能表示一个 0 或 1，共有 $2^1=2$ 种状态。字节（byte）简写为 B，通常 1 个字节由 8 个二进制数位组成，即 1B = 8bit，1 个字节可存放一个 ASCII 码（ASCII 码字符表见附录 B）。

3.1.1 整数的二进制表示

整数也称为整数型，分为有符号和无符号两种。有符号的整数包含正数和负数，其符号用整数所占字节的最高位 0 和 1 进行区分。

不同操作系统使用的不同编译软件对整数的字节表示是不一致的，如 Turbo C 和 Borland C++

是用 2 个字节表示整数，而 Visual C++ 6.0、Dev C++和 GCC 等一般用 4 个字节表示整数。2 个字节共 16 位，所能表示的有符号整数范围为−32768～32767，无符号整数范围为 0～65535。4 个字节共 32 位，能表示的有符号整数的范围为−2147483648～2147483647，无符号整数比有符号整数扩大一倍。

3.1.2 浮点型数据的二进制表示

浮点型数据分为单精度浮点型和双精度浮点型，通常分配 4 个字节表示单精度浮点型数，而分配 8 个字节表示双精度浮点型。

浮点型数在计算机存储中要先把十进制数转换成二进制数存储，转换后的整数部分与小数部分单独存储。

单精度浮点数在计算机中的存储格式为$(-1)^s \times 2^e \times m$，其中，$s$ 代表符号位，0 为正数，1 为负数。e 是阶码，代表浮点数的取值范围。m 是尾数，代表浮点数的精度。在表示单精度浮点数的 4 个字节 32 位中，s 占一位，e 占 8 位，剩下的位是 m。

双精度浮点数在计算机中的存储格式没变，仍然是$(-1)^s \times 2^e \times m$，符号位 s 占一位，阶码位 e 占 11 位，而尾数 m 占 52 位。

单精度浮点数和双精度浮点数用不同的存储字节数、不同的阶码位数和尾数位数表示的精确程度不一致。

3.2 C 语言的数据类型与取值范围

学习 C 语言程序设计就是为了编写指令让计算机按照指令解决实际中的一些问题。问题的解决需要一定的数据和其对应的数据类型及存储空间等元素的配合。我们先看一下 C 语言所允许的数据类型。

3.2.1 数据类型

C 语言的数据类型包括基本类型、构造类型、指针类型等，如图 3-1 所示。

3.2.2 不同数据类型的取值范围

程序设计的目的是编写程序，程序中的每一个数据都对应着某个数据模型，不同数据模型有不同的表示方法和取值要求，所以需要根据模型确定数据的取值范围和数据类型。

C 语言提供的基本数据类型共有以下 3 种。

（1）整数型：用 int 表示，包括短整型（short 或 short int）、整型（int）和长整型（long int 或 long）。

（2）浮点型：包括单精度浮点型（float）和双精度浮点型（double，即 long float）。

（3）字符型：用 char 表示。

其他数据类型还包括构造数据类型、指针类型、空类型和定义类型，相关内容在后续章节中依次介绍。空类型用 void 表示，代表无返回值。

数据类型决定了数据的取值范围、数据的大小和数据可执行的操作。在计算机中通过字节长度来衡量数据的大小，不同的数据类型对应的字节长度是不一样的。一般而言，数据类型的字节长度是 2^n（n=0，1，2，3…）个字节。

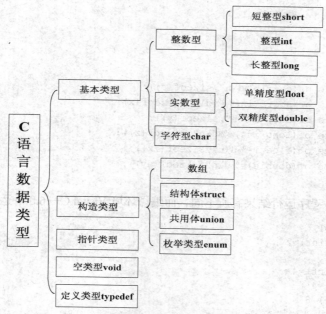

图 3-1　数据类型总表

　　受限于计算机 CPU 类型的不同和编译环境的不同，不同的数据类型具有不同的长度和不同的取值范围。但一般而言，大多数计算机的整数长度与 CPU 的字节（一个字节由 8 个位组成）长度相等，例如，CPU 的字长是 16 位，则对应的整数最大长度只能为 2 个字节（16 位）。现在大多数 CPU 字长为 64 位，则理论上对应的整数最大长度为 8 个字节（64 位）。实际上并不是所有的整数都能达到理论上的最大值，有些编译程序可能能够编译的整数型数据的最大长度已经设定，如设定为 2 个字节，则对应的整数类型在此编译程序环境中最大长度也就只有 2 个字节（16 位）了。因此，程序的整数类型的字节长度既与使用机器的 CPU 有关，也与其使用的编译程序有关。表 3-1 所示为几种常见的 C 编译程序对几种基本数据类型定义的字节长度。

表 3-1　　　　　　　　　　　　常见 C 编译程序的基本类型与字节数

编译器　　　　数据类型	char	short int	int	long int	float	double
Turbo C	1	2	2	4	4	8
Borland C	1	2	2	4	4	8
Visual C++	1	2	4	4	4	8
Dev C++	1	2	4	4	4	8
GCC	1	2	4	4	4	8
Visual studio 2010	1	2	4	4	4	8

　　对不同编译程序下不同数据类型所占用的字节长度，可以通过以下程序测试。

【例 3-1】测试不同编译环境下不同数据类型所占用的字节数。

```
#include "stdio.h"
void main()
{
```

```
        char c;
        short int x;
        int y;
        long int z;
        float fx;
        double dy;
        printf("size of(char)=%d\n",sizeof(c));
        printf("size of(short int)=%d\n",sizeof(x));
        printf("size of(int)=%d\n",sizeof(y));
        printf("size of(long int)=%d\n",sizeof(z));
        printf("size of(float)=%d\n",sizeof(fx));
        printf("size of(double)=%d\n",sizeof(dy));
    }
```

不同运行环境下程序运行结果有所不同，而编译环境 Visual C++6.0 下运行结果如下。

```
size of(char)=1
size of(short int)=2
size of(int)=4
size of(long int)=4
size of(float)=4
size of(double)=8
```

通过程序可以看到在不同编译环境下运行程序的结果是不同的。这是因为在相同的数据类型在不同编译环境下所分配的字节长度不同，不同字节长度所对应的数据类型的取值范围自然也是不同的。表 3-2 所示为几种常见的适合 C 语言的编译环境所对应的不同数据类型的取值范围。实际上，同一数据类型前加不同修饰符，取值范围会变化。如整型（int）使用 signed、unsigned、short和 long 等修饰后的取值范围是不一样的。表 3-2 为 ANSI C 标准中数据类型的基本长度和取值范围及 ANSI C++标准中规定的基本数据类型和取值范围（ANSI C++标准是一种 C++标准）。

表 3-2　　　　　　　　　　　　　ANSI C 和 C++ 表中的数据类型与取值范围

数据类型	描述	ANSI C	取值范围	ANSI C++	取值范围	其他写法
		字节		字节		
char	字符型	1	ASCII 码	1	ASCII 码	
unsigned char	无符号字符型	1	0～255	1	0～255	
signed char	有符号字符型	1	−128～127	1	−128～127	
int	整型	2	−32768～32767	4	−2147483648 ～2147483647	signed int
unsigned	无符号整型	4	0～65535	4	0～4294967295	unsigned int
short		2	−32768～32767	2	−32768～32767	short int, signed short int
long	长整型	4	−2147483648 ～2147483647	4	−2147483648 ～2147483647	long int, signed long int
unsigned long	无符号长整型	4	0～4294967295	4	0～4294967295	unsigned long int
float	单精度实型	4	$\pm 3.4 \times 10^{\pm 38}$	4	$\pm 3.4 \times 10^{\pm 38}$	
double	双精度实型	8	$\pm 1.7 \times 10^{\pm 308}$	8	$\pm 1.7 \times 10^{\pm 308}$	

3.3　常量与变量

3.3.1　常量和符号常量

1. 标识符

C 语言程序中，除了常见的数字和运算符以外，还有很多我们并不熟悉的符号，如变量、常量、关键字等。

要了解不熟悉的符号，需先了解什么是标识符。

标识符：用来标识变量名、标号、函数名及其他各种用户定义名等的字符序列称为标识符。

在 C 语言中，标识符的组成必须满足以下条件。

（1）只能由字母、数字、下划线组成。

（2）第一个字符必须是字母或下划线，也就是第一个字符不能是数字。

（3）不能使用关键字，也不能和用户自定义的函数或 C 语言库函数同名。

（4）长度不超过 32 个字符。

例如，*sum*、*Sum*、*student_name*、*lotus_1_2_3*、*Date* 等均是符合条件的标识符，而 3day、$123、M.D.John、char 等不能作为标识符。

C 语言对标识符字符是区分大小写的，例如，*student*、*Student* 和 *STUDENT* 分别是不同的标识符。建议编写程序时养成良好的习惯，即"见名知其意"，采用一定实际含义单词缩写或日常常用标识，当然单词太长可以截取部分表示。

2. 常量

常量也称常数，指程序运行时其值不能改变的量，例如，日常使用的试卷总分 100，自然数 1～100，字符'A'～'Z'等，在任何时候任何地方这些数字和字符都不可能改变，即都是常量。

常量根据基本数据类型分为整型常量、实型常量、字符常量、字符串常量等 4 种，其中，整型常量、实型常量和字符常量是常见的常量，"hello""world"等结构是字符串常量。

（1）整型常量。整型常量是指表示的常量是整数，表示整型常量的方法通常有以下 3 种形式，见表 3-3。

① 十进制整数：由数字 0～9 和正负号表示，如 123、-456、0。

② 八进制整数：由数字 0 开头，后跟数字 0～7 表示，如 0123、011。

③ 十六进制整数：由 0x 开头，后跟 0～9、a～f、A～F 表示，如 0x123、0Xff。

表 3-3　　　　　　　　　　　　　　　整型常量的表示方法

整型常量	进制	十进制数
17	十进制	17
017	八进制	15
0X17	十六进制	23

注：对无符号的长整型常量，数值后的两个字母 u（unsigned 的首字母）和 l（long 的首字母）的大小写没有区别，如 17LU、17lu、17lU 或 17Lu。

八进制与十六进制一般只用于表示 unsigned 数据类型。

十进制、八进制与十六进制特殊的常数值见表 3-4。

表 3-4   特殊常数值的表示

进制	unsigned int 常数值的表示		
十进制	0	32767	65535
八进制	00	077777	0177777
十六进制	0X0000	0X7FFF	0XFFFF

【例 3-2】 不同进制数的表示方法。

```c
#include "stdio.h"
void main()
{
    int x=32767;
    int y=-32768;
    int z=0x123;
    printf("十进制 x=%d,  y=%d\n",x,y);
    printf("八进制 x=%o,  y=%o\n",x,y);
    printf("十六进制 x=%x,  y=%x\n",x,y);
    printf("z=0x123 的十进制数%d，八进制数为%o，十六进制数为%x \n",z,z,z);
}
```

运行结果如下。

```
十进制 x=32767,  y=-32768
八进制 x=77777,  y=37777700000
十六进制 x=7fff,  y=ffff8000
z=0x123 的十进制数 291，八进制数为 443，十六进制数为 123
```

（2）实型常量。实型常量表示的常量是实数。通常有两种表示形式：浮点计数法和科学计数法。

① 浮点计数法：通常表示成十进制数形式，其中必须有小数点，如 0.123，123.，123.0 和.123。

② 科学计数法：通常用指数形式表示，其中 e 或 E 之前必须有数字，指数必须为整数。例如，12.3e3、123E2、1.23e4 为正确的表示形式，而 e-5、1.2E-3.5 则为错误的表示形式。

一般情况下，对使用浮点计数法不方便表示的太大或太小的数，都会选择使用科学计数法，如 8.35E6、−1.23e-7 等。

（3）字符常量。字符常量是指程序中用半角单引号括起来的单个普通字符或转义字符，如'a'、'A'、'?'、'\n'、'\101'等均为字符常量。在这里单引号只起定界作用，并不表示字符。单引号中的字符不可以只有单引号和反斜杠，反斜杠本身是一个转义字符。

转义字符是 C 语言中表示字符的一种特殊形式。通常使用转义字符表示 ASCII 字符集中不可打印的控制字符和特定功能的字符（控制字符和不可显示字符等见附录 B ASCII 码），如单引号、双引号及反斜杠等使用转义字符。

转义字符用反斜杠后面跟一个字符、一个八进制或十六进制数的代码值表示，其中，八进制为 3 位，十六进制为 x+2 位，如'\101'、'\012'、'\376'、'\x61'、'\60'等。表 3-5 是常用的转义字符与含义。

表 3-5　　　　　　　　　　　　　　　　常用转义字符

转义字符	含义	转义字符	含义
\n	换到新的一行（LF）	\t	水平制表（HT）
\v	垂直制表（VT）	\b	退一格（BS）
\r	回车，回到本行行首（CR）	\f	换页（FF）
\a	响铃（BEL）	\\	反斜线
\'	单引号	\"	双引号
\ddd	3 位 8 进制数代表的字符	\xhh	2 位 16 进制代表的字符

　　字符常量的值与该字符的 ASCII 码值表示是相同的，如字符'A'-65（ASCII 码），字符'a'-97（ASCII 码），字符'0'- 48（ASCII 码），字符'\n'-10（ASCII 码）。

　　使用转义字符需要注意以下问题。

　　① 转义字符中的字母只能是小写字符，每个转义字符只能看作一个字符。

　　② 表中的 '\r' '\v' '\f' 对屏幕输出并不起作用，但会在控制打印机输出时响应其操作。

　　③ 在 C 程序中，使用不可打印字符时，通常用转义字符表示。

　　④ 在 C 语言中的字符常量是按 ASCII 码顺序存放的，有效值为 0～127，字符在 ASCII 中的顺序值可以像整数一样在程序中参与运算，但不能超出其有效取值范围。

【例 3-3】 了解转义字符的作用。

```
#include "stdio.h"
void main()
{
    printf("Y\b=\n");
    printf("\x41=%c\n",'\x41');
    printf("\101=%c\n",'\101');
    printf("A=%c\tB=%c\n",'A','B');
}
```

运行结果如下。

```
=
A=A
A=A
A=A     B=B
```

　　　　　实际上第一行显示的效果是屏幕效果，打印机打印出来的是：¥。

　　（4）字符串常量。字符串常量指程序中用半角双引号（""）括起来的字符序列或一串字符称为字符串常量，其中字符序列可以是单个字符，也可以是一串字符。双引号只起定界作用，如 "ABC"、"_r"等均为字符串常量。

　　C 语言中，字符串常量在内存中存储时，系统自动在字符串的末尾加一个"串结束标志"，即 ASCII 值为 0 的字符 NULL，用\0'表示。因此，长度为 n 个字符的字符串常量，在内存中占有 n+1 个字节的存储空间，但字符串的长度并没有把系统加入的'\0'作为长度计算在内，所以长度仍然为 n。

　　例如，字符串"student"有 7 个字符，作为字符串常量存储于内存中，占用了 8 个字节，系统自动在其后面加上结束标志\0，其存储形式如下。

s	t	u	d	e	n	t	\0

① 字符串和字符常量的区别。除了表示形式的不同外，存储性质也不相同，如'a'为字符常量，只占 1 个字节，而"a"作为字符串常量，占用 2 个字节。

② C 语言对字符串常量一般并不直接处理，字符串变量一般也是使用字符数组或字符指针来存储和处理的。

每个字符串尾自动加一个'\0'作为字符串结束标志。

（5）符号常量。C 语言允许将程序中的常量定义为一个标识符，称为符号常量，其在第 9 章被称为宏定义。习惯上用大写英语字母表示符号常量，以区别于用小写字母表示的变量。定义符号常量的作用是为了提高程序的可读性，便于程序的调试与修改。同时在定义符号常量时，应尽可能地使用常量要表达的含义的字符，即"见名知其义"。

符号常量应用前必须先定义（后续章节介绍的宏定义中的一种），其定义格式如下。

```
#define 标识符 常量
```

举例如下。

```
#define PI 3.14159
#define PRICE 30
```

这是用符号常量 PI、PRICE 在程序中分别替代常量 3.14159（圆周率π）和 30，这样编写程序需要圆周率π和价格 30 的时候，分别使用 PI 和 PRICE 替代，而程序在编译时，PI 和 PRICE 由 3.14159 和 30 替代。

用符号常量代替常量后，在程序编译时就会由原来的常量替代对应的常量符号。

符号常量的作用在于：减少程序代码编写中出现的重复型工作和失误，如定义基本工资#define SALARY 2000，后续工资调整为 3000 时，只需将其改成#define SALARY 3000 即可。

3.3.2　变量

变量：在程序运行过程中，其值是可以改变的量。一个变量应该有一个对应的名字，用来标示不同的变量，如数学中的时间 t，圆面积 s 以及体积 v 等，这些很明显不是常量。

变量在内存中占据一定的存储单元，在该存储单元中存放变量的值。

那么在 C 语言中如何定义这些变量呢？C 语言中变量定义格式如下。

数据类型名 变量1[，变量2…变量n]；

举例如下。

```
int a;
float x,y,z;
```

数据类型名是关键字，必须是有效的类型（图 3-1 类型总表中的基本类型或扩展类型）；变量1[，变量 2，…，变量 n]属于变量列表，可以由一个或多个逗号分隔开的标识符构成，变量列表中的所有变量均具有统一特性，即存储的数据的类型是其前对应的类型。例如，定义变量 int i,j;

float x,y,z;，则 *i*、*j* 只能存储整数数据（字符型也可），而 *x*、*y*、*z* 只能存储浮点型实数数据。

实型变量：实型变量主要包括 2 个，单精度实型（float）和双精度实型（double）。

单精度实型 float 占 4 字节，提供小数点后 6 位有效数字；双精度实型 double 占 8 字节，提供 16 位有效数字。

举例如下。

```
float   a;
a=111111.111;       // a=111111.1
double  b;
b=111111.111;       //b=111111.111
```

字符型变量：能够存储字符的变量称为字符变量。因为字符的 ASCII 码是正整数，所以字符变量在计算机内的存储是以该字符对应的 ASCII 码存放的。这样一来，一定条件下字符数据类型（char）变量与整数类型数据（int）可进行转换和算术运算。

举例如下。

```
a='D';          //a=68;
x='A'+5;        // x=65+5;
s='! '+'G'      //s=33+71;
```

如前所述，基本类型变量有整型、实型和字符型变量，但没有字符串变量。字符串的存储只能使用字符数组存储（见第 7 章数组）。

（1）变量定义中的数据类型是指 C 语言中所有的数据类型。

（2）[ ]内的变量可以有，也可以没有，实际上可以一次性定义多个变量，也可以一个一个单独定义。

（3）变量 1[，变量 2…变量 *n*]中任何一个变量的变量名，只要是一个正确的标识符即可。

（4）数据类型决定了变量的取值范围。

（5）变量的使用原则是先定义，再赋值，后使用，当然也允许对变量边定义边赋值。

（1）以下对变量的定义、赋值是合法的。

```
int  a;  float x,y;
a=10;x=7.2;y=9.546;
```

以下变量边定义，边赋值也是合法的。

```
int a=10;
float x=7.2,y,z=9.546;
```

但以下对变量的边定义边赋值就是非法的。

```
int y=z=10;
```

（2）如果存在对同一变量多次赋值，其结果是最后一次赋值。

int y=20; y=200*3; y=0;则最后输出 *y* 的值为 0。

（3）变量的定义一般放在函数开头{之后，与 C 语句执行严格的分界，不能混用。

3.3.3　变量类型的确定

C 语言中变量数据类型的定义主要取决以下几个方面。

（1）如果有要求，按照要求确定：如果需要解决的问题本身提出了要求，定义变量时以要求的数据类型为主。

（2）计算结果以准确性和完整性作为原则：无需初始赋值或输入变量数值时，对程序使用的变量根据其计算结果来定义对应的数据类型。

（3）整体上保持数据类型的一致性：需要输入的数据类型，要保持定义的数据类型与输入的类型一致。

 已定义数据类型的变量应在赋值和使用中尽量保持数据类型一致，否则会导致编译程序出错。

举例如下。

```
int x;
scanf("%f",&x);
```

定义的变量 x 为整数数据类型，而输入以浮点数输入，编译程序直接报错。

3.4　C 语言运算符

3.4.1　C 语言运算符简介

C 语言程序设计的运算符主要有算术、关系、逻辑、位、赋值、逗号等，如图 3-2 所示。

对运算符的学习，应主要掌握以下几个方面。

（1）运算符功能：掌握不同运算符的运算功能，尤其区分数学公式与 C 语言中的功能。

（2）与运算量关系。

（3）要求运算量个数（就是几目运算符）：对不同的运算符需要注意其对应的运算量个数的要求，不能自行添加或删除。

（4）要求的运算量类型：不同运算符对运算量有不同的要求，符合运算要求的运算量才能实行运算。

C 语言运算符	算术运算符：(+ - * / % ++ --)
	关系运算符：(< <= == > >= !=)
	逻辑运算符：((! && ||)
	位运算符：(<< >> ~ | ^ &)
	赋值运算符：(= 及其扩展)
	条件运算符：(?:)
	逗号运算符：(,)
	指针运算符：(* &)
	求字节数：(sizeof)
	强制类型转换：(类型)
	分量运算符：(. ->)
	下标运算符：([])
	其他：(( ) -)

图 3-2　C 语言运算符

（5）运算符优先级别：运算符的优先级一共设置了 15 级，最高级是 15 级，如()、[]等优先运算，最低级是 1 级，如逗号（,）最后运算，详细优先级见 3.4.11 小节。

（6）结合方向：不同运算符有不同的结合方向，多个运算符综合运算时需要注意其结合方向，如*p++的"*"和"++"优先级都是 14 级，但其运算方向都是自右向左，所以*p++等价于*(p++)，而不是等价于(*p)++。

（7）结果的类型：对运算符运算的结果需要区分使用。

下面详细介绍 C 语言运算符。

3.4.2　算术运算符和算术表达式

C 语言的基本表达式由操作数和操作符组成，其中，操作数一般由变量和常量表示，操作符由 C 语言规定的各种各样的运算符表示。构成基本表达式的运算符主要包含：算术运算符、赋值运算符、关系运算符、逻辑运算符、条件运算符等。

C 语言的算术运算符主要包括基本算术运算符和扩展算术运算符，如表 3-6 所示。

表 3-6 算术运算符

运算符	优先级	作用	实例
++	14	自加（变量值加 1）	i=10;i++;++i;
--		自减（变量值减 1）	j=9;j--;--j
*	13	乘法	i=9;j=10;i*j
/		除法	i=12;j=9;i/j
%		模运算（求余数）	i=9;j=10;i%j
+	12	加法	i=9;j=10;i+j
-		减法	i=9;j=10;i-j

1. 基本算术运算符

（1）基本算术运算符用于基本算术运算，主要包括加（+）、负（−）、减（−）、乘（*）、除（/）、求余（运算符为%，也称为求模）等运算符。除了负号（−）外，其他的都是双目运算符。

（2）基本算术运算符的结合方向是从左向右，也称为"左结合性"，如 $a-b+c$，先执行 "$a-b$"，再执行 "$+c$" 运算。

（3）基本算术运算符的优先级：负号（−）优先级为 14 级，大于优先级为 13 级的乘号（*）、除号（/）和求余（%），而乘号（*）、除号（/）和求余（%）大于优先级为 12 级的加号（+）和减号（−）。其中乘号（*）、除号（/）和求余（%）优先级相同，而加号（+）和减号（−）优先级相同。

（1）−作为负号时，为单目运算符，具有右结合性。

（2）C 语言规定：两整数相除，结果为整数，其结果遵循向 0 取整原则，如 5/2 结果为 2。

（3）%要求两侧均为整型数据，不能是浮点数，如 10%2.5 是错误的。

（4）对复杂表达式的运算处理，按照优先级进行，优先级高的先运算，优先级低的后运算，对优先级相同的运算符，按照从左到右的顺序进行计算。

2. 扩展算术运算符

常见的扩展运算符包括自增（++）、自减（--）运算符，作用分别为使变量值加 1、减 1。这两个运算符与其他运算符最重要的不同是：可以前置（即出现在变量的左边），也可以后置（即出现在变量的右边），如 $i++$、$++i$ 等。

前置++/--：先将变量的值加 1 或减 1，再使用该变量。

后置++/--：先使用该变量，再将变量的值加 1 或减 1。

例如，i 为整数变量，则：

前置，即$++i$ 或$--i$，这时先执行 $i+1$ 或 $i-1$，再使用 i 值；

后置，即 $i++$或 $i--$，这时先使用 i 值，再执行 $i+1$ 或 $i-1$。

【例 3-4】 了解 Visual C++6.0 编译软件的++和--组成的表达式的结果。

```
j=3;  printf("%d\n",++j);
j=3;  printf("%d\n",j++);
```

```
a=3;b=5;c=(++a)*b;printf("c=%d,a=%d\n",c,a);
a=3;b=5;c=(a++)*b;printf("c=%d,a=%d\n",c,a);
```

运行结果如下。

```
4
3
c=20,a=4
c=15,a=4
```

（1）自增（++）和自减（——）只能用于单个变量，而不能用于常量和表达式，如 5++、(a+b)++是不合法的。

（2）++、——的优先级为 14 级，结合方向是自右向左。如果出现多个运算符共存时，按照优先级和结合方向逐步运算。

3.4.3　赋值运算符和赋值表达式

赋值运算符用"="表示，其左为一个变量，其右可以是任意表达式，其功能是将右表达式计算结果赋值给左边变量。

赋值运算符格式如下。

变量标识符=表达式

如 $x=3$，$z=x+y$ 等都是正确的，其作用分别是将 3 赋值给 x，x+y 的和赋值给 z；而 4=x,x+y=9 等是错误的。

赋值号（=）是运算符，对应的运算优先级为 2，其结合方向为：自右向左。

对同一个变量可以多次赋值，当出现多次赋值时，以最后一次赋值为准，详见 3.3.2 小节。

赋值运算符可能会出现数据类型不匹配的情况。如果类型不匹配，首先按照编译环境设定的数据类型进行自动转换，无法实现自动转换的需要人工强制转换。既不符合自动转换条件，又缺少强制转换，则系统报错处理。

3.4.4　复合赋值运算符

复合赋值运算符是赋值号和其他运算符组合在一起形成的特殊运算符。

复合运算符种类：+=、-=、*=、/=、%=、<<=、>>=、&=、^=、|=。

复合运算符的具体运用实例如下。

（1）a+=3;等价于 a=a+3;

（2）x*=y+8;等价于 x=x*(y+8);

（3）x*=(y+8);等价于 x=x*(y+8);

复合赋值运算符优先级为 2 级，其结合性遵循自右向左。

（1）左侧必须是变量，不能是常量或表达式，例如，3=x-2*y;和 a+b=3;等都是错误的。

（2）表达式有多个复合赋值号时，按照自右向左的运算顺序运算。

（3）凡是二目运算符都可以与赋值符组合成复合赋值运算符。

（4）注意复合赋值运算符多次组合的运算顺序。

具体实例如下。

```
int a=12;      //定义
a+=a-=a*a;     //a=-264 等价于 a=a+(a=a-(a*a));
```

3.4.5 关系运算符和关系表达式

关系运算符是逻辑运算中比较简单的一种。所谓关系运算实际上就是比较运算，将两个值进行比较。如果满足比较条件（即比较条件成立），则对应的结果为真（true）；如果比较条件不成立，则对应的比较结果为假（false）。与计算机表示的机器语言对应，一般 true 表示为 1，而 false 表示为 0。

关系运算符的种类有<、<=、==、>=、>、!=，运算结合方向是自左向右，运算结果为逻辑值"真"（true，值为 1）或"假"（false，值为 0）。

关系运算符优先级别：<、<=、>、>=优先级为 10（高），而==和 != 优先级为 9（低）。

C 语言中，关系运算符主要用于条件判断，比较两个表达式的值，其关系运算符及其优先次序如表 3-7 所示。

表 3-7 关系运算符

关系运算符	优先级	含义	实例（x=7,y=8）	结果
>	10	大于	x>y	0
>=		大于等于	x>=y	0
<		小于	x<y	1
<=		小于等于	x<=y	1
==	9	等于	x==y	0
!=		不等于	x!=y	1

关系运算符与其他运算符并存时，按照优先级级别和结合方向进行运算，具体实例如下。

```
c>a+b      //c>(a+b)
a>b!=c     //(a>b)!=c
a==b<c     //a==(b<c)
a=b>c      //a=(b>c)
```

（1）关系比较运算可以连续比较，如 $a=0; b=0.5; x=0.3;$，则 $a<=x<=b$ 的值为 0，但 C 语言中的连续比较不同于数学中的连续比较。如 5>2>7>8 在 C 中是允许的，但值为 0。

（2）关系运算时，应尽量避免对实数做相等或不等的判断，如 1.0/3.0*3.0==1.0，结果为 0。使用实数可以改写为 fabs(1.0/3.0*3.0−1.0)<1e−6。

（3）正确区分赋值号（＝）和比较运算符（==）。

3.4.6 逻辑运算符和逻辑表达式

用逻辑运算符将关系表达式或逻辑值连接起来的式子称为逻辑表达式。

逻辑运算符种类与结合方向如下。

（1）!称为逻辑非，相当于 NOT，结合方向：自右向左。

（2）&&称为逻辑与，相当于 AND，结合方向：自左向右。

（3）||称为逻辑或，相当于 OR，结合方向：自左向右。

逻辑非（!）的优先级为 14 级，高于&&和||的优先级，而&&优先级为 5 级，略高于||的优先

级 4 级。

&&和||是双目运算符，而!是单目运算符，如 *a*&&*b*、*x*||*y*、!*z* 等。

C 语言中的逻辑运算符主要用于判断条件的逻辑，其运算符及其优先次序如表 3-8 所示，其值与关系表达的结果一样，即逻辑值"真"（true，值为 1）和"假"（false，值为 0）。

表 3-8　　　　　　　　　　　　逻辑运算符与逻辑运算规则

逻辑运算符	优先级	含义		*A*	*B*	!*A*	!*B*	*A*&&*B*	*A*||*B*
!	14	逻辑非	运算规则	真	真	假	假	真	真
&&	5	逻辑与		真	假	假	真	假	真
||	4	逻辑或		假	真	真	假	假	真
				假	假	真	真	假	假

注意

（1）表中的 *A* 或 *B* 可以是任意表达式。

（2）C 语言中规定：零值表示假，任何非零值均表示真。

（3）逻辑运算符可以与其他运算符结合成复杂逻辑表达式，运算顺序按优先级进行。

（4）特殊情况：短路。

短路与（&&）和短路或（||），若有 *a* && *b*，如果 *a* 的值为假，则整个表达式的值就为假。按照从左向右的执行顺序，执行该表达式后，*b* 的值被短路，无需进行后续运算。若有 *a* || *b*，如果 *a* 的值为真，整个表达式的值就为真，执行顺序同上，*b* 的真假由最初的真假来判断。也就是说，当 *a* 为真时，*b* 就不再参与运算而被短路了。

（1）（表达式 1）&&（表达式 2）。根据语法规则，只要表达式 1 为假，则不管表达式 2 的值如何，总表达式的结果都为假。因此，编译软件一旦确定表达式 1 的值为假，则表达式 2 被短路。

（2）（表达式 1）||（表达式 2）。根据语法规则，只要表达式 1 为真，则不管表达式 2 的值如何，总表达式的结果都为真。因此，编译软件一旦确定表达式 1 的值为真，则表达式 2 被短路。

【例 3-5】　逻辑运算符的应用。

```c
#include "stdio.h"
void main()
{
    int x=0,y=9,z=10,temp1,temp2;
    int a=0,b=1,c=2;
    temp1=++x||++y||++z;
    temp2=a++&&b++&&c++;
    printf("temp1=%d,x=%d,y=%d,z=%d\n",temp1,x,y,z);
    printf("temp2=%d,a=%d,b=%d,c=%d\n",temp2,a,b,c);
}
```

运行结果如下。

```
temp1=1,x=1,y=9,z=10
temp2=0,a=1,b=1,c=2
```

3.4.7　逗号运算符和逗号表达式

C 语言提供了一种特殊的运算符——逗号运算符（,），将两个或多个表示式连接起来。

逗号表达式是由逗号运算符"，"将两个或多个表达式连接起来组成的一个表达式。逗号表达式的一般形式如下。

表达式 1,表达式 2,……,表达式 n

逗号表达式结合性是从左向右，逗号表达式优先级为 1。

逗号表达式常用于循环 for 语句中，运算规则是先计算表达式 1，再计算表达式 2……最后计算表达式 n，整个逗号表达式的值等于最后一个表达式 n 的值，具体实例如下。

```
(a=3*5,a*4)        //a=15,表达式值 60
(a=3*5,a*4,a+5)    //a=15,表达式值 20
x=(a=3,6*3)        //赋值表达式,表达式值为 18,x=18
(x=a=3,6*a)        //逗号表达式,表达式值为 18,x=3
```

（1）逗号表达式可以嵌套。

（2）逗号除了可以用作运算符号外，另一个主要的用途是在变量定义或函数参数列表中作为各变量之间的间隔符，这个时候的逗号并不是运算符。

（3）逗号表达式运算时，需要注意表达式 n 的结果是否使用了其前的变量，如果使用了，则是否对其前的变量有多次赋值。

（4）逗号运算符的目的不是为了求整个逗号表达式的值，而是为了分别求逗号表达式中各个不同表达式的值。

3.4.8　条件运算符和条件表达式

条件运算符是 C 语言提供的唯一的一个三目运算符，由 "?" 和 ":" 组成，其中三目是指由 3 个操作数操作，可构成条件表达式。

条件运算符一般形式如下。

表达式 1 ? 表达式 2 : 表达式 3

条件运算符功能：相当于条件语句，但不能取代一般 if 语句，可理解为如果表达式 1 成立（结果为真），则结果为表达式 2 的值，反之，其结果为表达式 3 的值，如条件表达式 x>y?x:y。

条件运算符的优先级是 3，运算结合方向是自右向左。

例如 a>b?a:c>d?c:d 等价于 a>b?a:(c>d?c:d)。

（1）条件运算符可嵌套，如 x>0?1:(x<0?-1:0)。

（2）条件运算符中表达式 1、表达式 2、表达式 3 类型可不同，其中表达式 1 只需判断逻辑真假即可。

3.4.9　位运算符

在 C 语言中，数据的存储与处理不仅仅通过基本数据类型，有些时候还操作存储单元的二进制位。例如，可以使二进制位移动一位实现按位的加、减运算，这就需要了解位运算符。不过了解位运算符之前，先要了解二进制的补码，因为补码不但可以表示和存储数值，而且在数值存储与处理时可以将符号位和数值位统一处理，包含常用的加法和减法。下面着重讲述整数的补码。

1. 补码与原码

（1）原码是一种计算机中对数字的二进制表示方法，是最简单的机器数。数码序列中最高位为符号位，0 表示正数，1 表示负数，其余有效值部分用二进制的绝对值表示。补码是一种方便正负数据运算、用二进制表示数据的方法。正数与负数的原码转换为补码的规则是不一样的。下面以正整数和负整数为例讲述它的规则。

（2）原码转换成补码。正整数的补码是二进制数本身，也就是它的原码。例如，3 对应的 8 位二进制数为 00000011，其中首位为符号位（0 为正，1 为负）。负整数的补码是其正整数（负整数的绝对值）原码取反加 1（末尾数加 1）。例如，负整数−3 的绝对值是 3，3 的二进制原码是 00000011，取反为 11111100，末尾数加 1 为 11111101。

（3）补码转换成原码。已知一个整数的补码，如何转换成原码，可以分为正整数和负整数来讲。

① 正整数原码是其补码本身。例如，已知补码 00000011，因为最高位为 0，说明此数为一正整数，则其原码与补码相同，仍然为 00000011，此原码转换成整数为 3。

② 负整数的原码是其补码减 1（末尾数减 1）取反，再加上符号。例如，已知某个数的补码 11111101，最高位为 1，故此数为负整数。转换原码的过程为：补码减 1 变为 11111100，再取反为 00000011，此原码转换成整数为 3，加上负号（−），故补码为 11111101，十进制数为−3。

2. 位运算符

在 C 语言中，位运算符主要是针对整型和字符型数据类型而言的，直接使用二进制按位进行操作，不适合浮点型等其他数据类型。位运算符和优先级以及运算规则如表 3-9 所示。

表 3-9　　　　　　　　　　　　　　　　　位运算符与运算规则

位运算符	优先级	含义	运算条件	运算法则	举例
&	8	位与	二进制位进行"与"运算	两个相应的二进制位都是 1，则结果为 1，否则为 0	3 & 5=1 (−3) & (−5) =−7
|	6	位或	二进制位进行"或"运算	两个相应的二进制位有一个 1，则结果为 1，否则为 0	3 | 5=7 (−3) | (−5)= −1
^	7	位异或	二进制位"异或"运算	两个相应的二进制位同号，则结果为 0，否则为 1	3^5=6 (−3) ^ (−5) =6
~	14	按位取反	二进制位"取反"运算	二进制位数按位取反，则 0 变 1，1 变 0	~3 =2 ~(−3)=−4
<<	11	位左移	二进制位"左移"运算	左移 n 位，则二进制位数左移 n 位，右补 0	int a=15; a<<2，结果为 60
>>	11	位右移	二进制位"右移"运算	右移 n 位，则二进制位数右移 n 位，低位被舍弃，无符号数高位补 0，而正数补 0，负数不确定	int a=15; a>>2，结果为 3

3. 位运算应用

【例 3-6】 位操作应用实例。

（1）如何实现一个整数 x 各位（二进制位）清零。设 x=0110 1100，则可使用位与（&）运算，运算如下。

$$x = 01101100$$
$$\& y = 00000000$$
$$\overline{}$$
$$00000000$$

（2）如何实现一个整数 x 部分屏蔽，如取低位字节，屏蔽高位。设 x=0110 1100，则使用位与（&）运算。详细运算如下。

$$x = 01101100$$
$$\underline{\& y = 00001111}$$
$$00001100$$

（3）如何实现一个整数 x 的奇数位变成 1，偶数位保持不变。设 x=0110 1100，则可使用位或（｜）运算，详细运算如下。

$$x = 01101100$$
$$\underline{| y = 01010101}$$
$$01111101$$

（4）如何实现一个整数 x 指定位的值取反，如低 4 位取反，高 4 位不变。设 x=0110 1100，则使用位异或（^）运算，详细运算如下。

$$x = 01101100$$
$$\underline{^{\wedge} y = 00001111}$$
$$01100011$$

3.4.10　数值类型数据间的混合运算

C 语言中，涉及的数据类型很多，应该尽可能地使一个表达式中各变量的类型保持一致，以保证编译、构建的正确运行和计算结果的准确性。但如果在一个表达式中出现多个不同的数据类型，有时也是允许的，编译环境会视情况转换。

1. 自动转换

自动转换规则：不同类型数据运算时先自动转换成同一类型，较短的数据类型向较长的数据类型转换。

如果一个表达式中混合不同数据类型变量和常量，C 语言的编译程序会自动把较短的数据类型转换成较长的数据类型的值，保证数据运算的正确性。

如果 float x=4.5，z；　int y=5；，那么 z=x+y;中 y 会自动转换成实数 5.0，这样能保证运算结果 z 为实数。再如 int x=3，z; float y=4.7；，那么 z=x+y 在运算中把 y 转换成整数会产生数据丢失，数据就不准确了。因此，建议适当避免表达式运算的自动转换，如果确实有必要，可以使用强制转换以保证数据的正确性。

2. 强制转换

强制转换一般形式如下。

（类型名）（表达式或变量）

上述含义是：把表达式或变量的类型强制转换为表达式前的圆括号内的数据类型，具体实例如下。

```
(int) (x+y)      //强制转换"x+y"为 int
(float)x+y       //强制转换 x 为 float，而 y 的数据类型保持不变
(double)(3/2)    //强制转换 3/2 为 double 类型
(int)3.6         //强制转换 3.6 为 int
```

强制转换得到所需类型的中间变量，原变量类型不变。

例如有如下程序。

```
void main()
{  float x;  int i;
   x=3.6;
   i=(int)x;
   printf("x=%f,i=%d",x,i);
}
```

运行结果如下。

```
x=3.600000,i=3
```

自动转换的原则是保持数据的准确性，而强制转换则没有这个原则。
强制转换并不改变表达式或变量的数据类型。

3.4.11 C 语言运算符的运算顺序

C 语言中各种运算符一共有 44 个，按优先级可分为 11 个类型 15 个优先级别。除了已经介绍的常用运算符外，后续会继续介绍其他运算符。一般情况下，程序会先算圆括号内的表达式，然后根据优先级的级别和结合方向依次计算其表达式的值。运算符与其结合方向如表 3-10 所示，各运算符的优先顺序按序号由高到低。

表 3-10 C 语言运算符

序号	类别	运算符	名称	优先级	结合性	使用形式	说明
1	强制	( )	类型转换 参数表 函数调用	15 (最高)	自左向右	(int)x int max(int x,int y) sorted(a);	单目
	下标	[]	数组元素的下标			a[i]	
	成员	->.	结构或联合成员			student.sno p->sno	
2	逻辑	!	逻辑非	14	自右向左	!x	单目
	位	~	位非			~x	
	算术自增、自减	++, —	增加 1，减少 1			++x,y++ —x.y—	
	指针	& *	取地址 取内容			&x	
	算术	+ −	取正 取负			+x,-y	
	长度	sizeof	（数据）长度			sizeof(x)	
3	算术	* / %	乘、除、 求模（取余）	13	自左向右	x*y x/y x%4	双目
	+ -	+ −	加、减	12		x+y,x-y	双目
4	位	<<	左移位	11		x<<2	单目
		>>	右移位			y>>2	

续表

序号	类别	运算符	名称	优先级	结合性	使用形式	说明
5	关系	>= > <= <	大于等于 大于 小于等于 小于	10	自左向右	x>=y x<y	双目
		== !=	等于 不等于	9		x==y,x!=y	
6	位	&	位与	8	自左向右	x&y	双目
		^	位异或	7		x^y	
		|	位或	6		x|y	
7	逻辑	&&	逻辑与	5		x&&y	双目
		||	逻辑或	4		x||y	
8	条件	? :	条件	3	自右向左	x>y?x:y	三目
9	赋值	=	赋值		自右向左	x=y	单目
10	复合	+= −=	加赋值 减赋值	2	自右向左	x+=y	单目
		*= /=	乘赋值 除赋值			x*=y	
		%= &=	模赋值 位与赋值			x%=y	
		^=	按位异域赋值			x^=2	
		|=	位或赋值			x|=2	
		<<=	位左移赋值			x<<=2	
		>>=	位右移赋值			y>>=2	
11	逗号	,	逗号	1 （最低）	自左向右	x+1,y−3,x+y	

本章小结

本章内容主要讨论了 C 语言最基础的内容——数据类型、运算符和表达式。数据类型主要包含基本数据类型、构造类型、指针、空类型 void 和自定义类型 typedef，其中基本数据类型包括整数型 int、字符型 char、实数型（float 和 double）。运算符一共有 44 个，按优先级可分为 11 个类型 15 个优先级别。

本章在讲述基础内容的同时，对数据类型的表示和运算符所使用的运算量也做了说明。标识符是用来标识变量名、标号、函数名及其他各种用户定义名等的字符序列。常量是程序运行时其值不能改变的量，即常数，一般根据基本数据类型分为整型常量、实型常量、字符常量、字符串常量等 4 种。变量是程序在运行过程中，其值是可以改变的量。

本章主要讲述算术运算符与其扩展运算符、赋值运算符、复合赋值运算符、关系运算符、逻辑运算符、逗号运算符、条件运算符及位运算符等。其他运算符在后续章节中有介绍。

不同的运算符可以与其他运算符在表达式中混用，运算顺序按照不同运算符的优先级和结合性进行运算。

除此之外，对一些常量可以使用"#define"定义，后续章节称为宏定义。而常量中的转义字符可以表示 ASCII 码中不可打印的和特定功能的字符。这些都是后续章节或实例中常用到的基础知识，需要认真学习深化记忆熟练掌握。

习　　题

一、选择题

1. 下列关于 long、int、short 数据类型在编译系统中占用内存大小的叙述正确是（　　）。

　　A. 均占用 4 个字节

　　B. 根据数据的大小来决定占用内存的字节数

　　C. 由用户自己定义

　　D. 由 C 语言编译系统决定

2. 下列选项中，不能作为合法常量的是（　　）。

　　A. 1.234e04　　　　　B. 1.234e0.4　　　C. 1.234e+4　　　　D. 1.234e0

3. 下列不合法的用户标识符是（　　）。

　　A. J2_key　　　　　　B. Double　　　　C. 4d　　　　　　　D. _8_

4. 下列选项合法的一项 C 语言数值常量是（　　）。

　　A. 028　　.5e-3　　.0xf　　　　　B. 12　　0xa23　　4.5e0

　　C. 177　　4e1.5　　0abc　　　　　D. 0x8A　10000　　3e.5

5. 下列选项中，计算结果的数值等于 1 的表达式是（　　）。

　　A. 1-'0'　　　　　　B. 1-'\0'　　　　C. '1'-0　　　　　D. '\0'-'0'

6. 下列合法的字符常量是（　　）。

　　A. '\x13'　　　　　　B. '\081'　　　　C. '65'　　　　　　D. "\n"

7. 下列能正确定义且赋初值正确的语句是（　　）。

　　A. int n1=n=10;　　　　　　　　　B. char c=32;

　　C. float f=f+1.1;　　　　　　　　D. double x=12.3e2.5;

8. 有关下列程序的相关叙述正确的是（　　）。

```c
#include "stdio.h"
void main()
{
    char a1='M',a2='m';
    printf("%c\n",(a1,a2));
}
```

　　A. 程序输出大写字母 M　　　　　　B. 程序输出小写字母 m

　　C. 程序输出 M-m 的差值　　　　　　D. 程序运行时产生错误信息

9. 数字字符 0 的 ASCII 码值为 48，运行下列程序。

```c
#include "stdio.h"
void main()
{
    char a='1',b='2';
    printf("%c,",b++);
    printf("%d\n,",b-a);
}
```

程序的输出结果为（　　　）。

    A.　3,2　　　　　　　　B.　50,2　　　　　　C.　2,2　　　　　　D.　2,50

10.　已知大写字母 A 的 ASCII 码为 65，小写字母 a 的 ASCII 码是 97，则下列不能把 c 中大写字母转换成小写字母的是（　　　）。

    A.　c=(c-'A')%26+'a'　　　　　　　　B.　c=c+32

    C.　c=c+'a'-'A'　　　　　　　　　　　D.　c=('A'+c)%26-'a'

11.　下列程序的输出结果是（　　　）。

```
#include "stdio.h"
void main()
{
    int m=12,n=34;
    printf("%d%d",m++,++n);
    printf("%d%d\n",n++,++m);
}
```

    A.　12353514　　　　B.　12353513　　　　C.　12343514　　　　D.　12343513

12.　表达式 3.6-5/2+1.2+5%2 的值是（　　　）。

    A.　4.3　　　　　　　　B.　4.8　　　　　　　C.　3.3　　　　　　D.　3.8

13.　有定义 int $k=0$;，则下列选项的 4 个表达式中与其他 3 个表达式的值不同的是（　　　）。

    A.　$k++$　　　　　　　B.　$k+=1$　　　　　　C.　$++k$　　　　　　D.　$k+1$

14.　下列选项中，当 x 为大于 1 的奇数时，与其他 3 项不同的是（　　　）。

    A.　$x\%2==1$　　　　B.　$x\%2$　　　　　　C.　$x\%2!=0$　　　　D.　$x\%2==0$

15.　若已有定义和赋值 float $x=1.0,y=2,4$;，则下列符合 C 语言语法的表达式是（　　　）。

    A.　$++x, y=x--$　　　B.　$x+1=y$　　　　　C.　$x=x+10=x+y$　　D.　double$(x)/10$

16.　设 x、y 均为 int 型变量，则执行以下语句的输出为（　　　）。

```
x=15;
y=5;
printf("%d\n",x%=(y%=2));
```

    A.　0　　　　　　　　B.　1　　　　　　　　C.　6　　　　　　　D.　12

17.　若变量均已正确定义并赋值，则以下合法的 C 语言赋值语句是（　　　）。

    A.　x=y==5;　　　　B.　x=n%2.5;　　　　C.　x+n=i;　　　　D.　x=5=4+1;

18.　若 x、y、z 均为 int 型变量，则以下语句的输出为（　　　）。

```
x=(y=(z=10)+5)-5;
printf("x=%d,y=%d,z=%d\n",x,y,z);
y=(z=x=0,x+10);
printf("x=%d,y=%d,z=%d\n",x,y,z)
```

    A.　x=10,y=15,z=10
       x=0,y=10,z=0

    B.　x=10,y=10,z=10
       x=0,y=10,z=0

    C.　x=10,y=15,z=10
       x=10,y=10,z=0

    D.　x=10,y=10,z=10
       x=0,y=10,z=0

19. 有以下程序段。

```
char ch; int k;
ch='a'; k=12;
printf("%c,%d",ch,ch,k);
printf("k=%d\n",k);
```

已知字符 a 的 ASCII 码十进制代号为 97，则执行上述程序段后的输出结果为（　　　）。

    A. 因为变量类型与格式描述符的类型不匹配，输出无定值

    B. 输出项与格式描述符个数不符，输出为零值或不定值

    C. a,97,12k=12

    D. a,97k=12

20. 有以下程序，其中 "%u" 表示按无符号整数输出。

```
void main()
{
unsigned int x=0XFFFF;
printf("%u\n",x);
}
```

程序运行后的输出结果为（　　　）。

    A. −1　　　　　　　B. 65535　　　　　　C. 32767　　　　　　D. 0XFFFF

21. 有以下程序。

```
void main()
{
int m=0256,n=256;
printf("%o %o\n",m,n);
}
```

程序运行后的输出结果为（　　　）。

    A. 0256 0400　　　　B. 0256　256　　　　C. 256　400　　　　D. 400 400

二、填空题

1. 下列程序运行后的输出结果为（　　　）。

```
void main()
{
    int x=0210;
    printf("%X\n",x);
}
```

2. 下列程序运行后的输出结果为（　　　）。

```
#include "stdio.h"
void main()
{
    int m=011,n=11;
    printf("%d,%d\n",++m,n++);
}
```

3. 下列程序运行后的输出结果为（　　　）。

```
#include "stdio.h"
void main()
{
```

```
    int a=10;
    a=(3*5,a+4);
    printf("a=%d\n",a);
}
```

4. 设 x 和 y 均为 int 型变量，且 $x=1$，$y=2$，则表达式 $1.0+x/y$ 的值为（   ）。

5. 设 a、b、c 为整型数，且 $a=2$，$b=3$，$c=4$，则执行完语句 a*=16+(b++)-(++c);后，a 的值为（   ）。

6. 设 y 为 float 型变量,执行表达式 $y=6/5$ 后 y 的值为（   ）。

7. 执行 char ch='A'; ch=(ch>='A'&&ch<='Z')?(ch+32):ch;语句后，ch 的值是（   ）。

8. i 为 int 变量，且初值为 3，有表达式 "i++-3;"，则表达式的值是（   ），变量 i 的值是（   ）。

9. 若 $x=2,y=3$,则 $x\%=y+3$ 之值为（   ）。

10. 若 $a=1$，$b=2$，$c=3$，则执行表达式（a>b）&&(c++);后 c 的值为（   ）。

11. 0777 的十进制数是（   ），0123 的十进制数是（   ），0x29 的十进制数是（   ），0XBBC 的十进制数是（   ）。

12. 若有说明 char s1='\077',s2='\'; 则 $s1$ 中包含（   ）个字符，$s2$ 中包含（   ）个字符。

13. 设 x、y、z 为 int 型变量，且 $x=3$，$y=-4$，$z=5$,则表示式 x++-y+(++z) 的值是（   ）。

14. 设 x、y、z 均为 int 型变量，请用 C 语言表达式描述下列命题。

（1）x 和 y 中有一个小于 z。

（2）x、y、z 中有两个为负数。

（3）y 为奇数。

15. 若已说明 x、y、z 均为 int 变量，请写出下列输出语句的输出结果。

（1）x=y=z=0;

++x||++y&&++z;

printf("x=%d\ty=%d\tz=%d\n",x,y,z);

（2）x=y=z=-1;

++x&&++y&&++z;

printf("x=%d\ty=%d\tz=%d\n",x,y,z);

（3）x=y=z=-1;

x++&&--y&&z--||--x;

printf("x=%d\ty=%d\tz=%d\n",x,y,z);

16. 已知字母 A 的 ASCII 码为 65，以下程序运行后的输出结果是（   ）。

```
#include "stdio.h"
void main()
{
    char a,b;
    a='A'+'5'-'3';b=a+'6'-'2';
    printf("%d,%c\n",a,b);
}
```

17. 若 $x=1$，$y=2$，$z=3$，则表达式 z+=++x+y++;的值为（   ）。

三、程序填空

已知两个整数 $x=55$，$y=99$，请补充以下程序，需在交换 x、y 的值后输出结果。

```
#include "stdio.h"
void main()
{
    int x=55,y=99;
    int t;
    _____;
    _____;
    _____;          //x,y实现交换
    printf("x=%d,y=%d\n",x,y);
}
```

四、程序设计

1. 编写程序，从键盘输入一个角度 angle，根据弧度 rad 与角度转换公式 $rad = \dfrac{angle \times \pi}{180}$，计算该角度的余弦值，将计算结果输出到屏幕。

2. 编写程序，从键盘上输入半径 r 和高 h，根据公式 $v = \dfrac{1}{3}\pi r^2 h$ 计算圆锥体积 v 并输出，其中 π 为圆周率 3.1415。

3. 一辆汽车以 15m/s 的速度先行开出，10min 后另一辆汽车以 20m/s 的速度追赶，问多少时间后可以追上？

第 2 部分　程序设计基本结构

第 4 章
顺序结构程序设计

先看以下程序。

```
#include "stdio.h"
void main()
{
    int x,y s;
    x=10;
    y=20;
    s=x+y;
    printf("s=%d\n",s);
}
```

尽管我们在前述章节中已经学习了 C 语言程序的相关知识，那以上程序属于什么类型的程序呢？它的输出又有什么要求呢？输入呢？要解答以上疑惑，我们学习本章内容——顺序结构程序设计。

4.1　顺序程序设计概述

从程序流程的角度来看，程序可以分为 3 种基本结构，即顺序结构、选择结构、循环结构。使用这 3 种基本结构可以组成所有复杂的程序。顺序结构程序设计最简单，是指按照代码程序的前后顺序依次执行。C 语言提供了多种语句来实现这些程序结构。本章介绍这些基本语句及其在顺序结构中的应用。

4.2　C 语句

C 语言利用函数体中的可执行语句，向计算机系统发出操作命令，一个语句经过编译后可以产生若干条机器指令。通常，C 语句都用来完成一定的操作任务，一个实际程序应该包含若干语句。

4.2.1　C 语句的分类

按照语句功能或构成的不同，可将 C 语言的语句分为 5 类。

1．控制语句

控制语句用以完成一定的程序流程控制功能。C 语言有 9 种控制语句。这些语句又可细分为 3 类：选择结构控制语句 if...else、switch；循环结构控制语句 do…while、for、while、break、continue；其他控制语句 goto、return。

2．函数调用语句

函数调用语句由函数名加上实际参数加上半角分号 ";" 组成，其一般形式如下。

```
函数名(实际参数表);
```

具体实例如下。

```
printf("This is a C function statement.");
        max(a, b);
```

3．表达式语句

表达式语句由表达式加一个半角分号构成，其一般形式为："表达式;"。

执行表达式语句就是计算表达式的值。

例如，*num*=13 是一个赋值表达式，而 "*num*=13；" 是一个赋值语句。"y+z；" 是加法运算语句，但计算结果不能保留，无实际意义。"i++；" 自增 1 语句，等价于赋值语句 "i=i+1；"。

任何表达式都可以加上半角分号成为语句，其中赋值语句是最常用的 C 语句。

4．空语句

空语句仅由一个分号构成。显然，空语句什么操作也不执行，起到一个占位的作用。

例如，下面就是一个空语句。

```
;
```

5．复合语句

复合语句由半角大括号括起来的一条或多条语句构成，具体实例如下。

```
void main( )
{
    int x,y,z;
    ...
    {
        int a,b;
        z=x+y;
        x=a+b;
    }        /*复合语句。注意：右括号后不需要分号。*/
    ...
}
```

复合语句的性质如下。

（1）在语法上和单一语句相同，即单一语句可以出现的地方，也可以使用复合语句。

（2）复合语句可以嵌套，即复合语句中也可出现复合语句。

4.2.2　赋值语句

前面已经介绍，赋值语句是由赋值表达式再加上半角分号构成的表达式语句。由于赋值语句应用广泛，所以本节单独讨论一下赋值语句的使用。

在赋值语句的使用中需要注意以下几点。

（1）在赋值符"="右边的表达式也可以是一个赋值表达式，因此，下述形式是成立的，从而形成嵌套的情形。

变量1=(变量2=表达式);

上述形式展开之后的一般形式如下。

变量1=变量2=…=表达式;

具体实例如下。

a=b=c=d=e=5;

按照赋值运算符的右结合性，上述实例实际上等效于"$e=5$; $d=e$; $c=d$; $b=c$; $a=b$;"。

（2）注意在变量说明中给变量赋初值和赋值语句的区别。给变量赋初值是变量说明的一部分，赋初值后的变量与其后的其他同类变量之间仍必须用半角逗号间隔，而赋值语句则必须用分号结尾，具体实例如下。

int a=5,b,c;

（3）在变量说明中，不允许连续给多个变量赋初值。例如，下述说明是错误的。

int a=b=c=5;

可以写为如下形式。

int a=5,b=5,c=5;

而赋值语句允许连续赋值。

（4）注意赋值表达式和赋值语句的区别。赋值表达式是一种表达式，其可以出现在任何允许表达式出现的地方，而赋值语句则不能。

下述语句是合法的。

if((x=y+13)>0) z=x;

上述语句的功能是：若表达式 $x=y+13$ 的值大于 0，则将 x 的值赋给 z。但下述语句是非法的。

if((x=y+13;)>0) z=x;

因为"$x=y+13$;"是语句，不能出现在表达式中。

4.3　数据的格式输入/输出

C 语言本身不提供输入/输出语句，其输入和输出功能的实现是通过标准输入函数 scanf 和标准输出函数 printf 来实现的。C 的标准函数库提供了许多具有输入/输出功能的函数，但是在使用它们时，不要简单地认为它们是 C 语言的"输入/输出语句"。printf 和 scanf 并不是 C 语言的关键字，完全可以不用 printf 和 scanf 这两个名字，而另外编写两个函数，另用其他函数名。C 提供的函数以库的形式存放在系统中，在各种不同的计算机系统中，各个函数的功能和名字可能有所不同。在标准 C 的编译系统中，printf 和 scanf 函数允许在程序中直接使用而不需要指定头文件，如 Turbo C2.0，但在 C++标准编译系统中除外，如 Visual C++ 6.0。

4.3.1　printf 格式输出函数

本节介绍的是向标准输出设备（一般指终端或显示器）输出数据的语句——printf 函数。printf 函数称为格式输出函数，其关键字最末一个字母 "f" 即为 "格式"（format）之意，其功能是按用户指定的格式，把指定的数据显示到显示器屏幕上。在前面的例题中我们已多次使用过这个函数。

printf( ) 函数的作用：向计算机系统默认的输出设备输出一个或多个任意类型的数据。

printf( ) 函数调用的一般形式如下。

printf("格式控制字符串",[输出表列]);

1．格式控制字符串

格式控制字符串也称转换控制字符串，用于指定输出格式，包含格式控制符、转义字符和普通字符等 3 种类型。

（1）格式控制符。格式控制符的一般形式如下。

%[标志][输出宽度][.精度][长度]类型

方括号（[]）中的项为可选项。各项的含义介绍如下。

① 类型：类型字符用以表示输出数据的类型，其格式符和意义如表 4-1 所示。

表 4-1　　　　　　　　　　　　　　　　　格式字符

格式字符	含义
d	以十进制形式输出带符号整数（正数不输出符号）
o	以八进制形式输出无符号整数（不输出前缀 0）
x，X	以十六进制形式输出无符号整数（不输出前缀 0x）
u	以十进制形式输出无符号整数
f	以小数形式输出单、双精度实数
e，E	以指数形式输出单、双精度实数
g，G	以%f 或%e 中较短的输出宽度输出单、双精度实数，不输出无意义的零
c	输出单个字符
s	输出字符串
p	指针

② 标志：标志字符为-、+、#、空格 4 种，其意义如表 4-2 所示。

表 4-2　　　　　　　　　　　　　　　　　标志字符

标志	含义
-	结果左对齐，右边填空格
+	输出符号（正号或负号），输出值为正时冠以空格，为负时冠以负号
#	对 c、s、d、u 等 4 种类型符无影响；对 o 类型，在输出时加前缀 o；对 x 类型，在输出时加前缀 0x；对 e、g、f 类型，当结果有小数时给出小数点

③ 输出宽度：用十进制整数来表示输出的最少位数。若实际位数多于定义的宽度，则按实际位数输出；若实际位数少于定义的宽度，则补以空格。

④ 精度：精度格式符以 "." 开头，后跟十进制整数。本项的意义是：如果输出的是数字，

则表示小数的位数；如果输出的是字符，则表示输出字符的个数；若实际位数大于所定义的精度数，则截去超过的部分。

⑤ 长度：长度格式符为 h、l 两种，h 表示按短整型量输出，l 表示按长整型量输出。

（2）转义字符。转义字符在第 3 章介绍过，如函数 printf("\n") 中的\n 就是转义字符，输出时产生一个"换行"操作。

（3）普通字符

除格式控制符和转义字符之外的其他字符，在显示中起提示作用，原样输出。例如，输出语句"printf("radius=%f\n", radius);"中的"radius="就是普通字符，运行时会原样输出。

2．输出表列

输出表列是需要输出的数据或表达式，输出表列是可选的，如果要输出的数据有多个，相邻两个之间用半角逗号分开。例如，下面的 printf( )函数都是合法的。

① printf("I am a student.\n");

② printf("%d",13);

③ printf("a=%f b=%5d\n", a,b);

应当注意，输出表列中给出的各个输出项，要求格式字符串和各输出项在数量和类型上应该一一对应。例如，输出语句"printf("a=%f b=%5d\n", *a,b*);"中的输出项 *a* 和 *b* 应该分别定义为 float 和 int 类型，对应格式控制符%f 和%d。

【例 4-1】 整型数据的基本输出。

```
#include <stdio.h>
void main( )
{
  int a=97,b=98;
  printf("%d,%d\n",a,b);
  printf("%c,%c\n",a,b);
  printf("a=%d,b=%d",a,b);
}
```

程序运行结果如下。

```
97,98
a,b
a=97,b=98
```

本例中 4 次输出了 *a*、*b* 的值，但由于格式控制串不同，输出的结果也不相同。第五行的输出语句格式控制串中，两格式串%d 之间加了一个空格（非格式控制符，原样输出），所以输出的 *a*、*b* 值之间有一个空格。第六行的 printf 语句格式控制串中加入的也是非格式控制符逗号，因此输出的 *a*、*b* 值之间加了一个逗号。第七行的格式串要求按字符型输出 *a*、*b* 值。第八行中为了提示输出结果又增加了普通字符"a="和"b="，也是原样输出。

【例 4-2】 整型数据的格式输出。

```
#include <stdio.h>
void main( )
{
  int a=123;
  long b=123456;
  printf("a=%d,a=%5d,a=%-5d,a=%2d\n",a,a,a,a);
  printf("b=%ld,b=%8ld,b=%5ld\n",b,b,b);
```

```
}
```

程序运行结果如下。

```
a=123,a=□□123,a=123□□,a=123
b=123456,b=□□123456,b=123456
```

【例 4-3】 实型数据的格式输出。

```
#include <stdio.h>
void main( )
{
    float f=123.456;
    double d1,d2;
    d1=1111111111111.111111111;
    d2=2222222222222.222222222;
    printf("%f,%12f,%12.2f,%-12.2f,%.2f\n",f,f,f,f,f);
    printf("d1+d2=%1f\n",d1+d2);
}
```

程序运行结果如下。

```
123.456001,□□123.456001,□□□□□□123.46,123.46□□□□□□,123.46
d1+d2=3333333333333.333000
```

本程序的输出结果中，数据 123.456001 和 3333333333333.333000 中的 001 和 000 都是无意义的数据，因为它们超出了实型数据有效数字的范围，不能认为计算机输出的数字都是有效的。

对于实数，还可使用格式符%e，以标准指数形式输出。尾数中的整数部分大于等于 1、小于 10，小数点占一位，尾数中的小数部分占 5 位；指数部分占 5 位（如 e-003），其中 e 占一位，指数符号占一位，指数占 3 位，共计 11 位。也可使用格式符%g，让系统根据数值的大小，自动选择%f 或%e 格式，且不输出无意义的零。

【例 4-4】 字符型数据的格式输出。

```
#include <stdio.h>
void main( )
{
    char c='A';
    int x=65;
    printf("c=%c,%3c,%d\n",c,c,c);
    printf("x=%d,%c", x ,x);
}
```

程序运行结果如下。

```
c=A,□□A,65
x=65,A
```

在使用%c 时，每次只输出一个字符，只占一列宽度。需要强调的是：在 C 语言中，整数可以用字符形式输出，字符数据也可以用整数形式输出（输出该字符对应的 ASCII 码）。将整数用字符形式输出时，系统首先将该数对 256 求余数，然后将余数作为 ASCII 码，转换成相应的字符输出。

使用 printf( )函数的注意事项如下。

（1）printf( )可以输出常量、变量和表达式的值。但格式控制中的格式说明符，必须按从左到右的顺序，与输出项表中的每个数据一一对应，否则会出错。例如，"printf("str=%s, f=%d, i=%f\n", "hello", 1.0 / 2.0, 3 + 5, "happy");" 是错误的。

（2）格式字符 x、e、g 可以用小写字母，也可以用大写字母。使用大写字母时，输出数据中包含的字母也大写。除了 x、e、g 格式字符外，其他格式字符必须用小写字母。例如，%f 不能写成%F。

（3）格式字符紧跟在 "%" 后面就作为格式字符，否则将作为普通字符使用（原样输出）。

（4）若是双精度型变量输出时应用%lf 格式控制，例如，若有 "double f;" 输出时应使用语句 "printf（"%lf",f);"。

4.3.2　scanf 格式输入函数

scanf 函数的作用是从外部标准输入设备（一般指键盘）输入数据到计算机。scanf 函数也是一个标准库函数，其函数原型在头文件 "stdio.h" 中，一般形式如下。

```
scanf("格式控制字符串", 地址表列);
```

（1）格式控制字符串。格式控制字符串可以包含 3 种类型的字符：格式控制符、空白字符（空格、Tab 键和回车键等）和非空白字符（又称普通字符）。

这里的格式控制符与 printf( )函数的相似，空白字符作为相邻两个输入数据的默认分隔符，非空白字符在输入有效数据时，必须原样一起输入。

（2）地址表列。由若干个输入项的首地址组成，相邻两个输入项首地址之间，用半角逗号分开。

与 printf 函数相比，scanf 函数有两个特殊点。

（1）格式控制字符串的作用与 printf 函数相同，但不能显示非格式字符串，也就是不能显示提示字符串。

（2）地址表列中给出的是各变量的首地址。地址是由地址运算符（&）后跟变量名组成的。例如，&a、&b 分别表示变量 a 的地址和变量 b 的地址。这个地址就是编译系统在内存中给 a、b 变量分配的地址。C 语言中使用地址这个概念，我们应该把变量的值和变量的地址这两个不同的概念区别开来。变量的地址是 C 编译系统分配的，用户不必关心具体的地址是多少。scanf 函数在本质上也是给变量赋值，但要求写变量的地址，如&a。&是一个取地址运算符，&a 是一个表达式，其功能是求变量的地址。

【例 4-5】 输入圆柱体的底面半径 r 和高 h，求其体积。
```
#include <stdio.h>
void main( )
{
  float r,h,vol,pi=3.1415926;    /*定义实型变量*/
  printf("Please input radius & high: ");
  scanf("%f%f",&r,&h);           /*从键盘输入两个实数赋给变量 r、h*/
  vof=pi*r*r*h;
  printf("r=%5.2f, h=%5.2f, vol=%7.2f\n",r,h,vol);
}
```

程序运行结果如下。

```
Please input radius & high: 1.5□2.0
r=□1.50,h=□2.00,vol=□□14.14
```

在 C 语言中，使用 scanf( )函数，通过键盘输入，可以给计算机程序同时提供多个、任意类型的数据。本书使用"↙"表示键盘输入，使用"□"表示空格输入。

【例 4-6】 字符数据的输入/输出。

```
#include <stdio.h>
void main( )
{
    char a,b;
    printf("Input character a,b:");
    scanf("%c%c",&a,&b);
    printf("%c%c\n",a,b);
}
```

程序运行结果如下。

```
Input character a,b:MN
MN
```

由于 scanf 函数""%c%c""中没有空格，输入 M N，结果输出只有 M。而输入改为 MN 时则可输出 MN 两字符，如果 scanf 函数的格式控制符中有空格如"%c□%c"，则输入的数据之间可以用空格间隔。

使用 scanf 函数还必须注意以下几点。

（1）scanf( )的返回值是成功读入的项目个数。如果它没有读取任何项目（比如，当期望输入的是数字，而实际输入了一个非数字字符串时就会发生这种情况），scanf()会返回值 0。

（2）当 scanf( )期望输入的是数字，而实际输入了空格、回车等，scanf( )将跳过这些字符，继续等待正确的（数字）输入。如果输入的是一个字符串时，scanf( )不会将该字符串读入给程序，而是直接返回，执行下一语句。

（3）如果在格式控制字符串中除了格式说明以外还有其他字符，则在输入数据时应输入与这些字符相同的字符。例如，相关输入函数实例代码及相关输入数据如下。

scanf ("%d;%d", &a, &b);	
3;4↙	正确的输入（注意 3 后面有一个分号";"，这和上面的格式相同）
3 4↙	错误的输入
3,4↙	错误的输入

另外，scanf( )函数中、格式字符串内的转义字符，如\n，系统并不把它当作转义字符来解释，从而产生一个控制操作，应尽量避免在 scanf( )函数格式控制符的末尾使用空格、制表符、换行符、回车符等空白符。scanf()函数将会跳过这些空白符，等待读取下一个有效字符。

（1）在用%c 格式输入数据时，空格字符和转义字符都作为有效字符输入，具体实例如下。

```
scanf ("%c%c%c", &a, &b, &c);
```

若输入的数据为 a□b□c↙，则变量 a 中存入的是字符'a'，变量 b 中存入的是空格，变量 c 中存入的是字符'b'。

（2）在输入数据时，遇以下情况时该数据认为结束。

① 遇空格或按回车键或跳格（Tab）键。

② 遇宽度结束，如 "%3d"，表示只取数的前三列（百位）。

③ 遇非法输入。

（3）"*"符。用以表示该输入项读入后不赋予相应的变量，即跳过该输入值，具体实例如下。

```
scanf("%d %*d %d",&a,&b);
```

当输入为 10□20□30✓时，把 10 赋予 a，20 被跳过，30 赋予 b。

（4）宽度。用十进制整数指定输入的宽度，即字符数。例如，若有"scanf("%5d",&a);"，则当输入为 1234567✓时，只把 12345 赋予变量 a，其余部分被截去。

（5）scanf 函数中没有精度控制，如"scanf("%4.2f",&a);"是非法的。不能企图用该语句输入包含 2 位小数的实数。

4.3.3　字符数据的输入/输出

1.　单字符输入函数 getchar( )

getchar( )和 putchar( )是最基本的字符 I/O 函数。getchar( )函数用于从键盘读入一个字符，其一般形式如下。

```
getchar( );
```

通常把输入的字符赋给一个字符变量，构成赋值语句，具体实例如下。

```
char c;
c=getchar( );
```

2.　单字符输出函数 putchar( )

putchar( )的功能是在显示器上输出单个字符，即把 putchar( )函数中的字符参数显示在光标当前的位置，其一般形式如下。

```
putchar(字符变量);
```

具体实例如下。

```
putchar('A');            /*输出大写字母 A*/
putchar(x);              /*输出字符变量 x 的值*/
putchar('\101');         /*输出转义字符，结果也是输出字符 A*/
putchar('\n');           /*换行*/
```

对控制字符则执行控制功能，不在屏幕上显示。putchar( )函数的作用等同于语"printf("%c",ch);"，在使用 getchar 和 putchar 函数时，需要使用文件包含#include <stdio.h>，见下面的程序例子。

【例 4-7】 利用 getchar 和 putchar 函数输入/输出单个字符。

```
#include<stdio.h>
void main( )
{
    char ch;
    ch=getchar( );        /*从键盘读入一个字符送给字符变量 ch*/
    putchar(ch);          /*在当前屏幕光标位置上输出该字符*/
}
```

使用 getchar 函数时应注意，getchar 函数只能接收单个字符数据，输入数字也按字符处理。输入多于一个字符时，只接收第一个字符。另外，getchar 函数是缓冲型输入方式，在运行时如果从键盘输入字符'a'，输入'a'后按回车键，字符才送到内存。这样可能在 getchar()返回之后留下回车符在缓冲队列当中，有可能对后续函数的调用产生问题，要慎重使用，如【例 4-8】所示。

【例 4-8】 利用 getchar 函数获取两个字符并输出。

```c
#include<stdio.h>
void main( )
{
    char a,b;
    a=getchar( );              /*从键盘读入一个字符送给字符变量*/
    b=getchar( );
    putchar(a);
    putchar(b);
}
```

程序运行结果：当输入 m↙时，变量 a 获取到字符'm'，变量 b 获取到回车换行符，程序输出字符'm'和一个换行符，如果要输出两个可显字符'm'和'n'，应输入 mn↙。

4.4　顺序程序设计实例

对于顺序结构程序设计，其基本思路是：相关头文件的包含，（不同类型）变量的定义，变量的输入（初始化），计算处理，结果输出。

【例 4-9】 输入两个字符型数据，对其进行求和运算和除法运算并输出结果。

```c
#include <stdio.h>
void main( )
{
    char a,b;        /*定义不同类型变量*/
    int sum;
    float div;
    scanf("%c,%c",&a,&b);
    sum=a+b;
    div=(float)a/b;
    printf("sum is %d\n div is %f\n",sum,div);  /*注意输出数据类型的格式符*/
}
```

【例 4-10】 输入圆的半径，求圆的周长和面积。

分析：定义实型变量 r、l、s 分别表示圆的半径、周长和面积，利用圆的面积和周长计算公式 $s=\pi \times r \times r$ 和 $l=2 \times \pi \times r$ 求解，注意变量的数据类型为实型。

```c
#include <stdio.h>
void main( )
{
    float r,l,s;                  /*定义实型变量*/
    printf("请输入半径: \n");      /*输出屏幕提示信息*/
    scanf("%f",&r);               /*输入实型变量的值*/
    l=2*3.14159*r;
    s=3.14159*r*r;
    printf("r=%f, l=%f, s=%f\n", r, l, s);
}
```

【例 4-11】 输入三角形的三边长，求三角形面积。

分析：定义变量 a、b、c 表示三角形三边，利用如下面积公式求解。

$area^2=s*(s-a)*(s-b)*(s-c)$

其中 $s=(a+b+c)/2$，注意变量的数据类型为实型。

```
#include <stdio.h>
#include <math.h>
void main()
 {
   float  a,b,c,s,area;
   scanf("%f,%f,%f",&a,&b,&c);
   s=1.0/2*(a+b+c);     /*注意实型数据的表示*/
   area=sqrt(s*(s-a)*(s-b)*(s-c));
   printf("a=%7.2f,b=%7.2f,c=%7.2f,s=%7.2f\n",a,b,c,s);
   printf("area=%7.2f\n",area);
 }
```

【例 4-12】 输入小写字母，输出，并输出对应的大写字母。

```
#include <stdio.h>
void main( )
{
   char c1,c2;
   c1=getchar();
   c2=getchar();
   putchar(c1); putchar(c2); putchar('\n');
   putchar(c1-32); putchar(c2-32);
   putchar('\n');
}
```

【例 4-13】 从键盘输入两个整数 a 和 b 的值，输出 $a/b+b/a$ 的值。

分析：在 C 语言中，应随时注意参与运算的变量类型和运算之后的当前值，显然对于整型变量 a 和 b，$a/b+b/a$ 的值是一个实型数据，应注意 a/b 和 b/a 得到都是整型数据，直接求和可能会出现错误的结果，因此要在中间进行强制类型转换。

```
#include <stdio.h>
void main( )
{
   int a,b;
   float y;
   printf("\ninput a, b: ");
   scanf("%d,%d",&a,&b);
   y=(float)a/b+(float)b/a;   //该句如果写成 y=a/b+b/a;运行结果将会如何？为什么？
   printf("y=%f\n",y);
}
```

本章小结

本章主要介绍了最简单的 C 语言程序设计——顺序结构程序设计的基本思路和方法，描述了 C 语言语句的作用和分类，重点讲解了使用广泛的赋值语句应用注意事项，给出了格式输入/输出函数 scanf 和 printf 的使用方法和注意事项，以及单字符输入/输出函数 getchar 和 putchar 的用法。本章是 C 语言编程的重要基础。对本章给出的编程基础知识，读者应结合具体的实例，多上机调试、运行，通过运行结果来分析问题，及时纠正程序设计中的错误，从整体上把握 C 语言程序设计的基本方法，养成良好的编程习惯和程序书写风格。

习 题

一、选择题

1. 已有如下定义和输入语句。

```
int a,b;
scanf("%d,%d",&a,&b);
```

若要求 a 和 b 的值分别为 10 和 20，正确的数据输入是（   ）。

    A. 10 20   B. 10,20   C. a=10,b=20   D. 10;20

2. 若有 "double a;"，则使用 scanf()函数输入一个数值给变量 a，正确的函数调用是（   ）。

    A. scanf("%ld",&a);   B. scanf("%d",&a);

    C. scanf("%4.2f",&a);   D. scanf("%lf",&a);

3. 若有 "char a;"，则使用 scanf()函数输入一个字符给变量 a，不正确的函数调用是（   ）。

    A. scanf("%d",&a);   B. scanf("%lf",&a);

    C. scanf("%c",&a);   D. scanf("%u",&a);

4. getchar()函数的功能是从终端输入（   ）。

    A. 一个整型变量值   B. 一个实型变量值

    C. 多个字符   D. 一个字符

5. putchar()函数的功能是向终端输出（   ）。

    A. 多个字符   B. 一个字符

    C. 一个实型变量值   D. 一个整型变量表达式

6. 若有定义 "int x=1234,y=123,z=12;"，则语句 "printf("%4d+%3d+%2d", x, y, z);" 运行后输出结果为（   ）。

    A. 123412312   B. 123412341234   C. 1234+1234+1234 D. 1234+123+12

7. 以下程序的运行结果是（   ）。

```
void main()
{
  int a=65;
  char c='A';
  printf("%x,%d",a,c);
}
```

    A. 65,a   B. 41,a   C. 65,65   D. 41,65

8. 若有以下变量说明和数据的输入方式，则正确的输入语句为（   ）。

变量说明：float x1,x2;

数据的输入方式：1.52<回车>

                       2.5<回车>

    A. scanf（"%f,%f",&x1,&x2）;   B. scanf（"%f%f",&x1,&x2）;

    C. scanf（"%3.2f,%2.1f",&x1,&x2）;   D. scanf（"%3.2f%2.1f",&x1,&x2）;

9. 根据下面的程序及数据的输入和输出形式，程序中输入语句的正确形式应该为（   ）。

```
#include "stdio.h"
void main( )
{
  char ch1,ch2,ch3;
  (输入语句)
  printf("%c%c%c",ch1,ch2,ch3);
}
```

输入形式：A□B□C

输出形式：A□B

　　A．scanf("%c,%c,%c",&ch1,&ch2,&ch3); B．scanf("%2c%2c%2c",&ch1,&ch2,&ch3);

　　C．scanf("%c %c %c",&ch1,&ch2,&ch3); 　D．scanf("%c%c%c",&ch1,&ch2,&ch3);

10．以下程序，输入数据的形式为"25,13,10<CR>"，则正确的输出结果是（　　　）。

```
#include "stdio.h"
void main( )
{
  int x,y,z;
  scanf("%d%d%d",&x,&y,&z);
  printf("x+y+z=%d\n",x+y+z);
}
```

　　A．x+y+z=8　　　　B．x+y+z=35　　　C．x+y=35　　　　D．不确定值

二、判断题

1．输入语句的格式为"scanf("%d%d%d",&a,&b,&c);"是正确的。

2．在 scanf("%d,%d",&a,&b)函数中，可以使用一个或多个空格作为两个输入数之间的间隔。

3．getchar 函数的功能是接收从键盘输入的一个字符。

4．printf 函数是一个标准库函数，它的函数原型在头文件"stdio.h"中。

5．getchar 函数称为格式输入函数，它的函数原型在头文件"stdio.h"中。

6．在 printf 函数中，不同系统对输出表列的求值顺序不一定相同，VC++6.0 环境是按从右到左进行的。

7．若"int x=3; printf("%d",&x);"，则编译系统会报错，无法输出结果。

8．输入项可以是一个实型常量，如相关语言可写作"scanf ("%f",2.5);"。

9．只有格式控制，没有输入项，也能正确输入数据到内存，例如"scanf("a=%d,b=%d");"。

10．getchar 函数可以接收单个字符，输入数字也按字符处理。

三、编程题

1．用 scanf 函数语句"scanf("%5d%d%c%c%f%f*f,%f",&a,&b,&c1,&c2,&x,&y,&z);"输入数据，使 $a=10,b=20,c1='A',c2='a',x=1.5,y=-3.75,z=67.8$，请给出键盘输入数据的格式，并编写程序进行测试。

2．编程，输入一个华氏温度，输出摄氏温度，公式为 $C=5/9（F-32）$，输出要有文字说明，输出结果保留两位小数。

3．编程，输入 3 个大写字母，输出其 ASCII 码和对应的小写字母。

4．编程，从键盘输入 a、b、c 的值，求 $ax^2+bx+c=0$ 方程的根，假设 $b^2-4ac>0$。

第5章
选择结构程序设计

5.1 选择结构概述

在解决实际问题时，有时需要根据不同的条件，执行不同的操作，即对指定的条件进行判断，来决定选择执行哪些程序语句。在【例 1-3】中我们使用了函数求两个数的最大值，下面我们编写一个 main 程序求两个数 x、y 的最大值的程序。

```
#include "stdio.h"
void main()
{
    int x,y,max;
    scanf("%d%d",&x,&y);
    c=max(a,b);
    if(x>y) max=x;
    else max=y;
    printf("the max data is %d\n",max);
}
```

以上程序中对两个数求最大值的解决中就使用了 C 语言中的选择结构。选择结构又称为分支结构，是结构化程序设计的 3 种基本结构之一。

常见的选择结构有 3 种类型：单分支、双分支和多分支。

本章将详细介绍 C 程序中的选择结构。

5.2 用 if 语句实现选择结构

if 语句是最常用的一种选择结构。用 if 语句可以实现单分支、双分支和多分支选择结构。

5.2.1 单分支 if 语句

单分支 if 语句的一般形式如下。

```
if(表达式)
    语句块 1;
```

执行过程：先判断表达式的逻辑值，若该值为"真"，执行语句块 1，否则，什么也不执行，直接向下执行，如图 5-1 所示。

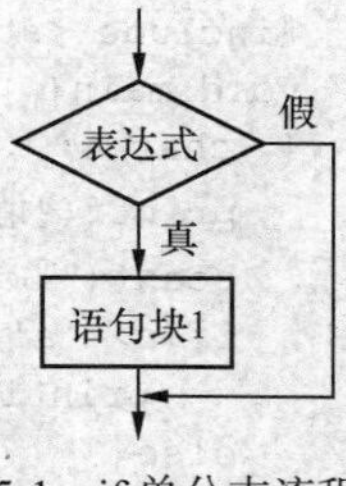

下面看一个例子。

【例 5-1】 从键盘输入一个整数 n，求该数的绝对值。

```c
#include <stdio.h>
void main( )
{  int n;
   printf("Please enter a number: ");
   scanf("%d",&n);
   if(n<0)
     n=-n;
   printf("The result is:%d.\n",n);
}
```

图 5-1 if 单分支流程图

程序运行后输出结果如下。

```
Please enter a number: -6
The result is 6.
```

需要读者注意的是，语句块 1 一般情况下都是以复合语句的形式出现的，即用一对花括号将语句括起来。如果 if 结构中的语句只有一条，则可以不需要花括号。

请分析下面两个程序段的不同。

程序段 1

```c
int a=2,b=3,t=4;
if(a>b)
{  t=a;
   a=b;
   b=t;
}
```

程序段 2

```c
int a=2,b=3,t=4;
if(a>b)
   t=a;
   a=b;
   b=t;
```

5.2.2 双分支 if-else 语句

双分支 if-else 语句的一般形式如下。

```c
if(表达式)
   语句块 1;
else
   语句块 2;
```

执行过程是：先判断表达式的逻辑值，若该值为"真"，则执行语句块 1；否则，执行语句块 2，如图 5-2 所示。

下面看一个例子。

【例 5-2】 从键盘输入一个字符，若是英文字母，则输出"YES!"，否则输出"NO!"。

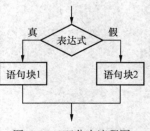

图 5-2 if 双分支流程图

```
#include <stdio.h>
void main( )
{  char c;
   printf("请输入一个字符: ");
   scanf("%c",&c);
   if(c>='a'&&c<='z'||c>='A'&&c<='Z')
       printf("YES\n");
   else
       printf("NO!\n");
}
```

程序运行后输出结果如下。

请输入一个字符: x
YES!

同样需要读者注意的是，语句块 1 和语句块 2 一般情况下也都是以复合语句的形式出现的，即用一对花括号将语句括起来。

5.2.3 多分支

单分支和双分支属于分支结构中比较简单的两种，实际中很多选择并不是只有两种，可能会存在很多种。例如，从青岛去北京的选择方案就不仅仅是坐火车或坐飞机两种，还可以坐长途客车或者自驾车等。通常把多于等于 3 种的选择称为多分支。

多分支结构的一般形式如下。

```
if ( 表达式 1 )         语句组 1;
else if (表达式 2 )     语句组 2;
else if (表达式 3 )     语句组 3;
...
[ else                  语句组 n+1 ;]
```

上述表达式都是条件，如果条件的值为真时，执行对应的语句组，否则转向下一个条件判断，一直找到条件为真的表达式，然后执行对应的语句组。如果都不能满足，则执行最后 else 对应的语句。这种多选择出口的 if 语句称为多分支，每一个 else 必有一个 if 与它对应，是一种比较规则的分支语句。多分支流程图比单分支和双分支增加了不少选择，如图 5-3 所示。

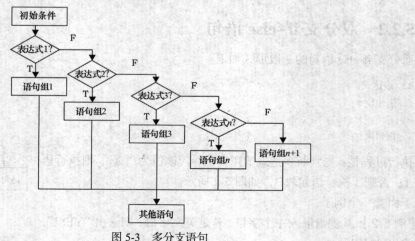

图 5-3 多分支语句

【**例 5-3**】 从键盘输入+、−、*、/中的任一个，输出对应的英文单词 plus、minus、multiply、divide。若输入的不是这 4 个字符中的任一个，则输出"sorry"。

该问题的算法流程如图 5-4 所示，虚线框所示为 if-else 的规则嵌套。根据图 5-4 所示的流程图写出的程序如下。

```c
/*example5_3.c  输入算术运算符，输出对应的单词 */
#include<stdio.h>
void main()
{
    char ch;
    ch=getchar();
    if (ch=='+')
        printf("plus\n");
    else if (ch=='-')
        printf("minus\n");
    else if(ch=='*')
        printf("multiply\n");
    else if (ch=='/')
        printf("divide\n");
    else
        printf("sorry\n");
}
```

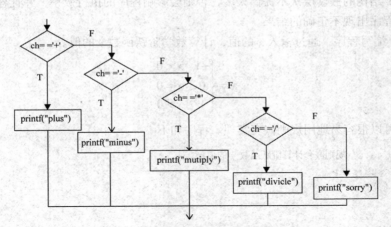

图 5-4　if-else 的规则嵌套流程图

5.3　选择语句嵌套

选择语句嵌套是指在已有的选择语句中又加入选择语句，如在 if 或 else 的分支下又可以包含另一个 if 语句或 if-else 语句。

选择语句嵌套的形式有两种：规则嵌套和任意嵌套。规则嵌套的形式与多分支结构是一样的，每个 else 都与它前面最近的 if 匹配。

任意嵌套与规则嵌套不同，任意嵌套是在 if 结构或者 if-else 结构中的任一执行框中插入 if 结构或者 if-else 结构，主要有如下几种方式。

if(表达式 1)
　　if(表达式 2)
　　　语句A；
　　else
　　　语句B；
	if(表达式 1)
	　{　*if(表达式 2)*
	　　　语句A；
	　}
	　else
	　　语句 C；

if(表达式 1)
　　if(表达式 2)
　　　语句C；
　　else
　　　语句D；
　else
　　语句 B；
	if(表达式 1)
	　　if(表达式 2)　　*语句A；*
	　　else　　　*语句B；*
	　else
	　　if(表达式 2)　　*语句C；*
	　　　else　　　*语句D；*

以上都为任意嵌套的 if 结构，斜体部分为内嵌的 if 结构或者 if-else 结构。在任意嵌套中，需注意以下几点

（1）在 if-else 嵌套的结构中，else 总是与离它最近的上一个且没有被匹配的 if 配对。

（2）if-else 结构的嵌套层次不提倡太多，否则会影响程序的执行效率，并且容易出现判断上的漏洞，导致程序出现不正确的结果。

【例 5-4】 编写程序，通过输入 x 的值，计算数学阶跃函数 y 的值。

$$y = \begin{cases} -1 & x < 0 \\ 0 & x = 0 \\ 1 & x > 0 \end{cases}$$

分段函数可以很容易地用规则嵌套实现。程序如下。

```
/*example5_4a.c  规则嵌套计算阶跃函数 y 的值*/
#include <stdio.h>
void main( )
{
    float x,y;
    printf("please input x:\n");
    scanf("%f",&x);
    if(x<0)
        y=-1;
    else if (x==0)
        y=0;
    else
        y=1;
    printf("y=%-4.0f\n",y);
}
```

分段函数分支较少，我们也可以使用任意嵌套。算法流程如图 5-5 所示。主程序段如下。

```
/*example5_4b.c  任意嵌套计算阶跃函数 y 的值*/
......
    scanf("%f",&x);
    if(x>=0)
```

```
    if(x>0)
        y=1;
    else
        y=0;
else
    y=-1;
......
```

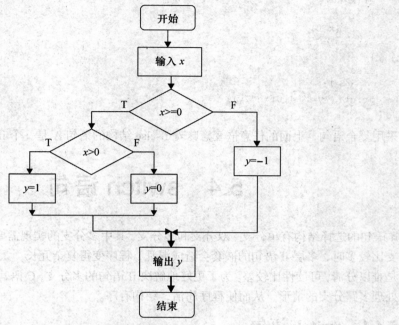

图 5-5　算法流程图

【例 5-5】 了解 if-else 结构的正确表达，改写【例 5-4】。

```
......
scanf("%f",&x);
    y=0;
    if(x>=0)
        if(x>0)
            y=1;
    else
        y=-1;
......
```

从程序的缩进形式上看，似乎是希望 else 与第一个 if 配对，但程序并不会像我们想象的那样。一定注意：在 if-else 嵌套的结构中，else 总是与离它最近的上一个没有配对的 if 配对。我们采用缩进是为了程序可读性强，但程序的思想并不会因程序的书写方式而改变。上面程序所解决的是另一个函数，表达式如下。

$$y=\begin{cases} 0 & x<0 \\ -1 & x=0 \\ 1 & x>0 \end{cases}$$

改写程序，使其正确地实现阶跃函数。

```
/*example5_5b.c */
```

```
#include<stdio.h>
void main( )
{
    float x,y;
    printf("Please input x,y:");
    scanf("%f",&x);
    y=0;
    if(x>=0)
    {
        if(x>0)
            y=1;
    }
    else
        y=-1;
    printf("y=%-4.0f\n",y);
}
```

采用复合语句，上面的任意嵌套意味着 if-else 结构的语句 A 是一个 if 结构。

5.4　switch 语句

if 语句的选择结构有单分支、双分支和多分支，其中多分支的实现需要借助于 if 语句的嵌套。当分支比较多时，多层 if 语句的嵌套会造成混乱，程序变得复杂冗长，尤其在与 else 的匹配对应上更是难以分清，可读性比较差。为了更好地解决 if 语句的多分支，C 语言提供了开关语句 switch 专门处理多路分支的情形，从而使程序简洁，结构有序。

5.4.1　switch 语句

switch 语句是一种多路分支开关语句，以 switch 开始，一般形式如下。

```
switch（表达式）
{
    case  E1: 语句组 1;break;
    case  E2: 语句组 2;break;
    …
    case  En: 语句组 n;break;
    [default]: 语句组;break;
}
```

switch 语句结构的流程图如图 5-6 所示，相关说明如下。

（1）E1…En 是一个整型常数、字符常数或枚举类型，值互不相同。

（2）每个 case 条件对应一个结束标志 break，也是唯一结束开关语句的标志。break 只能结束起作用的 switch 选择结构，并不能结束所有 switch 语句。

（3）如果表达式满足 E1～En 和 default 中的任何一个，则后续的其他常量将不再进行判断，唯一能够结束 switch 开关语句的只有 break，如果没有 break，则其后续语句继续执行到 break 语句结束。

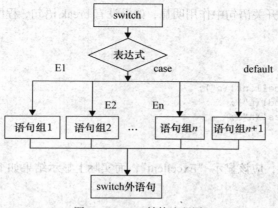

图 5-6　switch 结构流程图

（4）case 后的语句可以包含多条，且不必加 { }。

（5）允许 switch 语句嵌套，且 default 位置可变。

switch 语句的执行流程是先计算表达式的值，再从上到下依次判断哪个常量或常量表达式的值与之匹配。一旦匹配成功，则执行其后的语句组，直到出现 break 语句结束。如果 default 之前的所有常量值都不匹配，则执行 default 其后的语句组。

例如，变量 score 作为选修课的成绩（五分制），下列程序是一个典型的 switch 语句。

```
switch(score)
{
case 5:printf("Excellent!\n");break;
case 4:printf("Good!\n");break;
case 3:printf("Pass!\n");break;
default:printf("Sorry,failure !\n");break;
}
```

因为 case 后的常量值互不相同，所以能够匹配表达式的值只有一个。一旦满足条件，其他条件不再约束，break 成为唯一结束开关语句的标志。

当然在程序设计中，有一些语句组在多个条件下是重复的。为了精炼和减少代码，这时重复的语句组可以合并在满足条件的最后。例如，上面程序的成绩变量 score 很多时候只显示 "Pass" 或 "Fail"，这时可以使用下面的程序。

```
switch(score)
{
case 5:
case 4:
case 3:printf("Pass!\n");break;
default:printf("Fail !\n");break;
}
```

5.4.2　break 语句

从开关语句 switch 结构可以看出，break 语句可以使用在 switch 语句中，作用是中断和跳出 switch 开关结构。实际上 break 除了可以使用在 switch 开关语句外，还可以在循环语句中使用。这将在第 6 章循环结构中单独介绍。

break 语句在 switch 开关语句中作用明显，如果没有 break 语句，程序结构将陷入混乱，如以下程序段。

```
switch(score)
{
case 5:printf("Excellent!\n");
case 4:printf("Good!\n");
case 3:printf("Pass!\n");
default:printf("Sorry,failure !\n");
}
```

当成绩 score 为 5 时，应该显示 "Excellent"，而实际上显示结果如下。

```
Excellent!
Good!
Pass!
Sorry, failure!
```

以上结果的错误就在于缺少 switch 开关语句的结束标志 break。对此需要对 switch 语句和 break 应用认真分析。分析以下程序，对比结果的不同可以更好地了解 break 语句。

程序	```#include "stdio.h"
	void main()
	{
	    int x=3,y=0,a=0,b=0;
	    switch(x)
	    {
	    case 2: a++;b++;
	    default: a++;b++; break;
	    case 1:
	        switch(y)
	        {
	        case 0: a++; break;
	        case 1: b++; break;
	        }
	    }
	    printf("\n a=%d,b=%d ",a,b);
	}```
		``#include "stdio.h"
		void main()
		{
		    int x=3,y=0,a=0,b=0;
		    switch(x)
		    {
		    case 2: a++;b++;
		    default: a++;b++;
		    case 1:
		        switch(y)
		        {
		        case 0: a++; break;
		        case 1: b++; break;
		        }break;
		    }
		    printf("\n a=%d,b=%d ",a,b);
		}```

结果	a=1,b=1	a=2,b=1

【例 5-6】 编写程序，从键盘上输入某一年月，判断这年的这个月份有多少天。

相关分析如下。

（1）任意一年的月份是固定的，都是 1 月～12 月，对月份的判断使用 if 语句判断嵌套太多，可以选择使用 switch 语句。

（2）任意一年分闰年和平年，闰年的 2 月份是 29 天，平年的 2 月份是 28 天，所以需要判断年份是否闰年。闰年的判断条件是能被 4 整除且不能被 100 整除或能被 400 整除的都是闰年。

参考程序如下。

```
#include <stdio.h>
void main( )
{
    int year,month,days;
    printf("Please enter year and month: ");
```

```
scanf("%d%d",&year,&month);
if(month<=0||month>=13) printf("You input Error Data\n");
else
switch(month)
{
case 2: if(year%4==0&&year%100!=0||year%400==0)
            days=29;
        else
            days=28;
    break;
case 1:
case 3:
case 5:
case 7:
case 8:
case 10:
case 12: days=31; break;
case 4:
case 6:
case 9:
case 11: days=30; break;
}
printf("%d年%d月有%d天\n",year,month,days);
}
```

程序运行结果如下。

（1）Please enter year and month: 2012　2

2012 年 2 月有 29 天

（2）Please enter year and month: 2014　12

2014 年 12 月有 31 天

5.5　综　合　实　例

【例 5-7】 输入 a、b、c，编写程序，求数学一元二次方程 $ax^2+bx+c=0$ 的所有解。

分析：根据 3 个变量的不同情况，方程的根有如下几种情况。

（1）a = 0，则上述表达式不是二次方程。

（2）$b^2-4ac=0$，有两个相等的实根。

（3）$b^2-4ac>0$，有两个不等的实根。

（4）$b^2-4ac<0$，有两个共轭复根。

流程图如图 5-7 所示。

据此写出的程序如下。

```
/*examplezh5_7.c  求一元二次方程的根*/
#include <math.h>
#include <stdio.h>
void main()
{  float a,b,c;
   double s,x1,x2;
   printf("please input a,b,c:\n");
   scanf("%f%f%f",&a,&b,&c);
```

```
if(a>=-(1e-6) && a<=(1e-6))
    printf("Sorry! You have a wrong number a.\n");
else
{
    s=b*b-4*a*c;
    if(s>(1e-6))
    {
        /* 计算两不相等实根*/
        x1=(-b+sqrt(s))/(2*a);
        x2=(-b-sqrt(s))/(2*a);
        printf("There are two different real:\nx1=%5.2f, x2=%5.2f\n" ,x1,x2);
    }
    else
        if(s>=-(1e-6) && s<=(1e-6))
        {
            /* 计算两相等实根*/
            x1=x2=-b/(2*a);
            printf("There are two equal real:\nx1=x2=%5.2f\n",x1);
        }
        else
        {
            /* 计算两不相等共轭复根*/
            s=-s;
            x1=-b/(2*a);
            x2=fabs(sqrt(s)/(2*a));
            printf("There are two different complex:\n");
            printf("x1=%5.2f+%5.2fi, x2=%5.2f-%5.2fi\n",x1,x2,x1,x2 );
        }
}
}
```

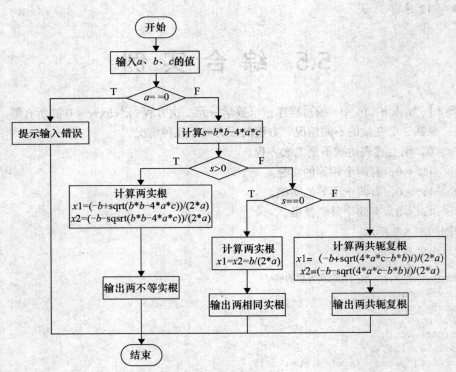

图 5-7 算法流程图

在这个程序中，对浮点数 *a* 和 *s* 的 3 个条件判断分别引入了一个微小量（1e−6）来判断，a==0 用 a>=−(1e−6) && a<=(1e−6)来表示，s>0 用 s>(1e−6)来表示，s==0 用 s>=−(1e−6)&& s<=(1e−6) 来表示，其目的是为了避免将实数转化为计算机浮点数时带来的误差。

本章小结

本章主要对 3 种结构化程序设计之一的选择结构做了介绍。选择结构也称为分支结构，主要包括单分支、双分支和多分支。为了解决多分支的混乱，C 语言提供了 switch 开关语句解决多路分支。为了更好地应用 switch 语句，引入了开关中断语句 break。

分支结构在生活中应用很广，超市柜台的打折促销、数学上的分段函数、考试成绩的等级划分等都是分支结构的好例子。对此本章做了详细介绍与说明，尤其是应用方面更是不吝啬。

本章的相关内容可以很好地培养读者的程序设计能力和算法应用能力，为读者后续学习奠定基础。

习　　题

一、选择题

1. Visual C++6.0 环境下，以下 4 个 if 语句的条件表达式最准确的选项是（　　）。

　　A. if x=y　max=1; else max=−1;　　　　B. if x==y　max=1; else max=−1;

　　C. if(x=y)　max=1; else max=−1　　　　D. if(x==y) max=1; else max=−1;

2. 若有定义 int x,y;，并且已经正确赋值，则下列表达式中与(x−y)?(x++):(y++)中的条件表达式 x−y 等价的是（　　）。

　　A. (x−y>0)　　　　B. (x−y<0)　　　　C. (x−y<0||x−y>0)　D. (x−y==0)

3. 下列程序的输出结果为（　　）。

```
#include <stdio.h>
void main( )
{
    int i=1,j=2,k=3;
    if(i++==1&&(++j==3||k++==3))
        printf("%d %d %d\n",i,j,k);
}
```

　　A. 1 2 3　　　　　B. 2 3 4　　　　　C. 2 2 3　　　　　D. 2 3 3

4. 在嵌套使用 if 语句时，C 语言规定，else 总是与（　　）。

　　A. 和之前与其具有相同缩进位置的 if 配对

　　B. 和之前与其最近的 if 配对

　　C. 和之前与其最近且不带有 else 的 if 配对

　　D. 和之前的第一个 if 配对

5. 下列叙述正确的是（　　）。

　　A. break 只能用于 switch 语句

　　B. 在 break 语句中必须使用 default

C． break 语句必须与 switch 语句中的 case 配对

D． 在 switch 语句中，不一定使用 break 语句

6． 判断 char 型变量 c1 是否为小写字母的最正确表达式是（　　）。

A． 'a'<=c1<='z'　　　　　　　　　　　B． (c1>=a)&&(c1<=z)

C． ('a'<=c1)||('z'>=c1)　　　　　　　D． (c1>='a')&&(c1<='z')

7． 有以下计算公式。

$$y = \begin{cases} \sqrt{x} & (x \geq 0) \\ \sqrt{-x} & (x < 0) \end{cases}$$

若程序前有头文件#include "math.h"，以下不能正确计算以上算术公式的是（　　）。

A． if(x>=0) y=sqrt(x); else y=sqrt(-x);　　　B． y=sqrt(x);if(x<0) y=sqrt(-x);

C． if(x>=0) y=sqrt(x) ;if(x<0)　y=sqrt(-x);　　D． y=sqrt(x>=0?x:-x);

8． 有以下程序，输出结果是（　　）。

```c
#include "stdio.h"
void main( )
{
    int a=0,b=0,c=0,d=0;
    if(a=1)  b=1;c=2;
    else d=3;
    printf("%d,%d,%d,%d \n",a,b,c,d);
}
```

A． 0,1,2,0　　　　　B． 0,0,0,3　　　　　C． 1,1,2,0　　　　　D． 编译有错

9． 若有定义 float x=1.5;int a=1,b=3,c=2;，则正确的 switch 语句是（　　）。

A． switch(x)　　　　　　　　　　　B． switch(x)
```c
    {
        case 1.0:printf("*\n");
        case 2.0:printf("***\n");
    }
```
```c
    {
        case 1:printf("*\n");
        case 2:printf("***\n");
    }
```

C． switch(a+b)　　　　　　　　　　D． switch(a+b);
```c
    {
        case 1:printf("*\n");
        case 2+1:printf("***\n");
    }
```
```c
    {
        case 1:printf("*\n");
        case c:printf("***\n");
    }
```

10． 以下程序的输出结果为（　　）。

```c
#include "stdio.h"
void main( )
{
    int a=0,i=1;
    switch(i)
    {
    case 0:
    case 1:a+=2;
    case 2:
    case 3:a+=3;
    default:a+=7;
```

```
    }
    printf("%d \n",a);
}
```

  A. 12   B. 7   C. 2   D. 5

二、填空题

1. 以下程序的运行结果为＿＿＿＿＿＿＿＿＿。

```
#include "stdio.h"
void main( )
{
    int a=1,b=2,c=3;
    if(a=c) printf("%d\n",c);
    else  printf("%d\n",b);
}
```

2. 以下程序的运行结果为＿＿＿＿＿＿＿＿＿。

```
#include "stdio.h"
void main( )
{
    int a=3,b=4,c=5,t=9;
    if(b<a&&a<c) t=a; a=c; c=t;
    if(a<c&&b<c) t=b; b=a; a=t;
     printf("%d %d %d\n",a,b,c);
}
```

3. 运行两次以下程序，如果分别从键盘上输入数值 6 和 4，则请分别写出结果。

```
#include "stdio.h"
void main( )
{
    int x;
    scanf("%d",&x);
    if(x++>5)
     printf("%d \n",x);
    else
        printf("%d \n",x--);
}
```

输入 6 时，结果为＿＿＿＿＿＿＿＿＿。

输入 4 时，结果为＿＿＿＿＿＿＿＿＿。

4. 有以下程序，执行后的输出结果为＿＿＿＿＿＿＿＿＿。

```
#include "stdio.h"
void main( )
{
    int p,a=5;
    if(p=a!=0)
     printf("%d \n",p);
    else
        printf("%d \n",p+2);
}
```

5. 下列程序运行后的输出结果是＿＿＿＿＿＿＿＿＿。

```
#include <stdio.h>
void main( )
```

```
{
    int a,b,c;
    a=10;b=20;
    c=(a%b<1)||(a/b>1);
    printf("%d %d %d\n",a,b,c);
}
```

6. 数学表达式 "20≤x≤30" 在 Visual C++6.0 环境下的条件表达式的正确写法是_____。

7. 数学表达式 "x≤0 或 x≥100" 在 Visual C++6.0 环境下的条件表达式的正确写法是____。

8. 运行以下程序，如果从键盘上输入数值 3，结果为_____。

```
#include "stdio.h"
void main( )
{
    int x;
    scanf("%d",&x);
    switch(x)
    {
    case 1:printf("xinxi");
    case 2:printf("university"); break;
    case 3:printf("welcome");
    case 4:printf("qingdao"); break;
    default: printf("error");break;
    }
}
```

三、程序填空

1. 下列程序为了判定是否能够形成三角形，如果是，输出 "Yes"，如果不是，输出 "No"，三角形的三条边是 a、b、c，请填空以下程序。

```
#include <stdio.h>
void main( )
{
    float a,b,c;
    scanf("%f%f%f",&a,&b,&c);
    _____        //判断三角形成立条件
        printf("Yes\n");
    else printf("No\n");
}
```

2. 下列程序为了判定输入的字符是回车键（Enter），如果是，输出 "您刚才输入了：Enter 键"，如果不是，输出输入的字符，请填空完成以下程序。

```
#include "stdio.h"
void main()
{
char ch;
    _____        //判定输入的是否是 Enter 键
printf("您刚才输入了: Enter 键\n");
else printf("您输入的字符是: %c\n",ch);
}
```

四、编程题

1. 编写程序，对于给定的学生百分制成绩，分别输出等级 A、B、C、D、E，其中 90 分以上为 A，80～89 分以上为 B，70～79 分以上为 C，60～69 分以上为 D，60 分以下为 E（要求分别使用 switch 和 if 语句实现）。

2．编写程序，从键盘上输入一个字符。如果该字符是小写字母，则转换成大写字母输出；如果是大写字母，则转换成小写字母输出；如果是其他字符，原样输出。

3．编写程序，从键盘上输入一个整数，将数值按照小于 10、10～99、100～999、1000 以上分类几位数，并显示结果。

4．编写程序，实现以下数学分段函数。

$$y = \begin{cases} \sqrt{x}+12 & (x \geqslant 20) \\ x^2-2x & (10 \geqslant x \geqslant -10) \\ 2|x|+11 & (x \leqslant -20) \end{cases}$$

5．某大型商场周年庆，对服装进行返券促销。若花费在 8000 元以上，打 8 折并满 1000 送 200 电子券；若花费满 6000 元，打 8.5 折并满 1000 送 150 电子券；若花费满 4000 元以上，打 9 折并满 1000 送 100 电子券；若花费满 2000 元，打 9.5 折不送电子券；若花费低于 2000 元，不打折也不送电子券。编写程序描述以上促销活动。

第6章
循环结构程序设计

前面章节中编写的程序和实例在运行的时候运行一次，而实际上有很多的问题需要重复或连续执行很多次，或者某些语句需要连续执行很多遍，以保证一些特殊要求和功能。例如，在制作蛋糕的过程中，有"打鸡蛋直到泡沫状"这样的操作步骤，就是说鸡蛋没有打成泡沫状时要不停重复地打。如何体现重复的"打"呢？C 语言提供了一种程序设计结构——循环结构，可以描述打鸡蛋这一过程。例如，在 C 语言中让 *sum=sum+i*;执行 100 次，其中，用数学形式表示变量 i，则 i∈[1,100]。

循环就是连续或重复地执行。在程序设计时，大量重复的动作，采用循环处理可以降低复杂度，使程序代码简化，提高程序的可读性和执行速度。

程序中可被连续或重复执行的步骤称为循环，循环执行的语句或语句组称为循环体。循环重复执行的次数由循环条件和循环变量增幅来决定。C 语言主要提供了 4 种循环结构语句，分别为 while 语句、do...while 语句、goto 语句和 for 语句，其中，goto 应用不是很广了，本章不做叙述。

6.1　while 语句

现在我们再看求几何级数的数学题，如 $sum = \sum\limits_{i=1}^{100} i$。

很明显，开始时，*i*=1，*sum*=0；当 *i*≤100 时，*sum*=*sum*+*i*。

根据以上总结，定义循环中的 while 结构形式。

while 语句是 C 语言循环语句的一种常用形式，while 语句的一般形式如下。

```
起始条件;
while(expression)
{
循环体语句;
循环变量增幅;
}
```

while 语句的执行流程：先判断条件（expression）是否成立，如果成立，则执行循环体语句，然后改变循环变量幅度，转而重新判断循环条件是否成立；如果循环条件不成立，那么退出循环，转而执行循环体外的其他语句。

while 语句的特点与解析：

（1）循环体语句能否执行，取决于 while 后的条件 expression 是否成立，与其他项无关。成立则执行，不成立则不执行。

（2）while 循环语句的一个显著特点：先判断循环条件是否成立，再决定是否执行循环体语句，简单地说就是先判断后执行。

（3）能执行的判断条件称为循环条件，与结束条件相反。通过改变循环变量来控制循环次数，一般循环变量的改变称为循环变量有增（减）值。无法控制结束的循环称为无限循环，简称死循环，原因是没有控制好把循环条件过渡到结束条件。

（4）循环的开始简称为起始条件，加上（1）～（3）的解析，凑成了循环四要素：起始条件、循环条件、循环变量增值和循环体语句。

循环四要素的位置一般是：起始条件在 while 形式之外（其前），循环条件出现在 while 后的半角圆括号内，循环体语句和循环变量增值放置在{}内，但先后顺序根据执行情况安排。除此之外，如果需要，部分起始条件也可以调整在()之中，也就是与循环条件放置在一起，这时需要注意彼此之间的关系。

循环语句如果有多条，必须看做复合语句，把多条循环语句作为一个循环整体。如果不使用复合语句，那么只执行以第一个半角分号（;）作为结束符的一条语句。

while 循环结构流程图如图 6-1（a）所示。

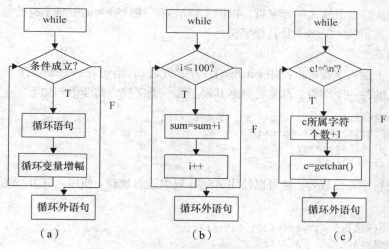

图 6-1　while 循环流程图

【例 6-1】 编写程序，计算几何级数 $sum = \sum\limits_{i=1}^{100} i$。

使用 while 循环结构，其中循环要素如下。

① 初始条件：$sum=0$，$i=1$。

② 循环规律：$sum=sum+i$，i 从 1 到 100。

③ 循环增值：相邻两数递增 1。

④ 循环条件：数学条件 $1 \leqslant i \leqslant 100$ 是循环条件，当 $i > 100$ 是结束条件。

算法流程图如图 6-1（b）所示。

实现计算几何级数的程序如下。

```
#include "stdio.h"
void main()
```

```
{
    int i=1,sum=0;
    while(i<=100)
    {
        sum=sum+i;
        i++;
    }
    printf("sum=%d\n",sum);
}
```

程序运行后输出结果如下。

```
sum=5050
```

（1）while 循环结构的特点是先判断，后执行，如果循环条件不成立，则循环体语句一次也不执行。

（2）循环体语句没有要求，可以是任意类型的 C 语句。

（3）下列条件会退出 while 循环：循环表达式不成立；循环体内出现并执行了 break 或 return 语句。

（4）控制循环是否结束的是循环条件，程序一直重复执行不能结束，则称的是为无限循环。例如， while（1）循环体语句，就是无限循环。

【例 6-2】 从键盘上输入一行字符，以回车键结束，统计输入的一行字符的空格数、字母数（大小写字母）、数字数（0～9）及其他字符。

相关分析如下。

（1）从键盘上输入字符可以使用 getchar()，并赋值给 c，语句为 c=getchar();。

（2）对输入的每一个字符 c 都需要判断其属于哪一类字符。判断语句如下。

```
if(c>='A'&&c<='Z'||c>='a'&&c<='z') letter++;
else if(c>='0'&&c<='9') data++;
else if(c==' ') space++;
else others++;
```

除了直接进行字符比较外，还可以使用 ASCII 码值进行比较。使用 ASCII 码值进行判断的语句如下。

```
if(c>=65&&c<=90||c>=97&&c<=122) letter++;
else if(c>=48&&c<=57) data++;
else if(c==32) space++;
else others++;
```

程序如下。

```
#include "stdio.h"
void main()
{
    int letter=0,data=0,space=0,others=0;
    char c;
    printf("请输入一行字符，以回车键结束：");
    //使用 getchar()输入字符，并赋值给 c
    while((c=getchar())!='\n')
    {
        if(c>='A'&&c<='Z'||c>='a'&&c<='z') letter++;
        else if(c>='0'&&c<='9') data++;
        else if(c==' ') space++;
```

```
    else others++;
    }
    printf("letter=%d,data=%d,space=%d,others=%d\n",letter,data,space,others);
}
```

算法流程图如图 6-1（c）所示。程序运行结果如下。

请输入一行字符，以回车键结束：good   thanks123 +-*/% s

```
letter=11,data=3,space=4,others=5
```

6.2　do-while 语句

do-while 语句是另外一种实现循环结构的语句，一般形式如下。

```
起始条件;
do
{
循环体语句;
循环变量增幅;
}
 while(循环条件);
```

do-while 语句的执行过程是：先执行一次 do 后面的循环体语句；然后对 while 的循环条件进行判定，如此反复，直到循环条件不成立时，循环结束。详细流程图如图 6-2（a）所示。

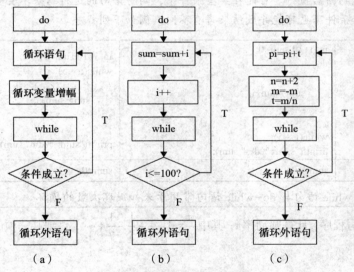

图 6-2　do-while 循环流程图

对比 do-while 和 while 结构发现以下几点不同。

（1）do-while 语句至少能够执行一次循环语句。因为相对于 while 循环语句，do-while 语句的判断条件放在循环语句之后，所以 do-while 语句的典型特点是：先执行语句，后判断条件，简称先执行后判断。

（2）循环体语句的结束主要取决于 while 后的条件的真假，如果 expression 表达式的值为真（非零），则循环语句连续执行，反之循环结束。

【例 6-3】 编写程序，使用 do-while 语句计算几何级数 $sum = \sum_{i=1}^{100} i$。

分析：循环四要素与【例 6-1】一致的情况下，按照如图 6-2（b）所示的流程图，以及 do-while 语句的结构形式，编写的程序如下。

```c
#include "stdio.h"
void main()
{
    int i=1,sum=0;
    do
    {
        sum=sum+i;
        i++;
    }
    while(i<=100);
    printf("sum=%d\n",sum);
}
```

运行结果如下。

```
sum=5050
```

（1）虽然 do-while 与 while 两种结构不同，但结果一致，所以 while 语句与 do-while 语句循环结构可以互换。

（2）do-while 语句与 while 语句特点不一致，do-while 语句是先执行后判断，而 while 语句是先判断后执行。可能在某些条件下，两种语句的运行结果不会受什么影响，但在某些起始条件下也可能导致结果将有不同，例如下列程序。

程序	int i=10,sum=0;
	do
	{
	    sum=sum+i;
	    i++;
	}
	while(i<=5);
	printf("sum=%d\n",sum);
		int i=10,sum=0;
		while(i<=5)
		{
		    sum=sum+i;
		    i++;
		}
		printf("sum=%d\n",sum);

结果	sum=10	sum=0

（3）while 语句与 do-while 语句常用于未知循环次数的循环。

【例 6-4】 编写程序，计算圆周率π，其中 $\frac{\pi}{4} \approx 1-\frac{1}{3}+\frac{1}{5}-\frac{1}{7}+\cdots$，直到某一项的绝对值小于 10^{-6} 为止。

相关分析如下。

（1）把原 $\frac{\pi}{4} \approx 1-\frac{1}{3}+\frac{1}{5}-\frac{1}{7}+\cdots$ 转变成 $\frac{\pi}{4} \approx \frac{1}{1}+\frac{-1}{3}+\frac{1}{5}+\frac{-1}{7}+\cdots$，并设置变量 pi，

$pi = \frac{1}{1}+\frac{-1}{3}+\frac{1}{5}+\frac{-1}{7}+\cdots$。

（2）分数形成的表达式可以对分子分母分开寻找规律，例如，分子为变量 m，分母为变量 n，则 m 从第一项开始分别为 1，−1，1，−1，1，…，而 n 从第一项开始分别为 1，3，5，7，…。规律为：$m=-m$；$n=n+2$；

（3）设置变量 $t = \dfrac{m}{n}$，这样计算圆周率公式类似于求级数和，不过级数变量不是【例 6-2】中的 i，而是变量 t，但循环规律一致，其循环体语句为 $pi=pi+t;$。

（4）循环结束条件 $|t| < 10^{-6}$，与之对应的循环条件应该是 $|t| \geqslant 10^{-6}$。

算法流程图如图 6-1（c）所示。

设计实现的程序如下。

```c
#include "stdio.h"
#include "math.h"
void main()
{
    int n;
    float m,t,pi;
    pi =0;n=1;m=1.0;t=1.0;
    do
    {
        pi = pi +t;
        n=n+2;
        m=-m;
        t=m/n;
    } while(fabs(t)>=1e-6);
    pi = pi *4;
    printf("圆周率 pi =%10.6f\n", pi);
}
```

运行结果如下。

```
圆周率 pi = 3.141594
```

6.3 for 语句

C 语言中，循环结构除了 while 语句、do-while 语句外，常用的还有 for 语句。for 语句在循环结构中比较灵活，不但可以应用在已知循环次数的情况下，还可以与 while、do-while 语句互相转换，其在未知循环次数的情况下也能应用。

for 语句的一般形式如下。

```
for([起始条件] ;[循环条件] ;[ 循环变量增幅])
    循环体语句;
```

for 循环语句的流程图如图 6-3（a）所示。

for 循环语句的执行过程如下。

（1）起始条件赋值。

（2）对循环条件是否满足进行判别。如果为真，则执行后续的循环体语句；否则，退出循环体语句，结束循环。

（3）执行循环变量增幅语句，实现循环变量的变化。

（4）转向步骤（2），再次判断循环条件是否成立，重复执行步骤（2）和步骤（3）。

（5）循环条件不成立，循环结束，执行 for 循环结构外的语句。

在理解上述执行过程时，需了解以下几点。

（1）for 语句的一般形式中的()内的语句或条件允许有变化或省略，但两个分号（;）必不可少，第一个半角分号前是起始条件，第二个半角分号前是循环条件，半角分号后是循环变量增幅，循环变量增幅其后没有分号。

（2）起始条件可以有多个初始值用半角逗号（,）分开。当然初始条件的位置比较灵活，可以在 for 语句之前，如 for(i=1,sum=0;i<=100;i++)和 int i=1,sum=0; for(;i<=100;i++)都是对的。

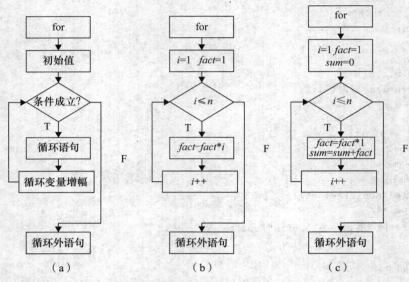

图 6-3　for 循环语句流程图

（3）循环条件的类型任意，只要能够判断真假即可。如果循环条件恒真或缺少循环判断条件，则 for 循环也将进入无限循环，如 for(;i=1;i++)就是无限循环。

（4）循环变量的增值可以放在()内，也可以跟循环体语句放在一起。循环变量增幅可以不只一个变量，多个变量也是可以的。多个循环变量增幅用半角逗号分隔开，如 for(i=1,j=1;i<=100;i++,j=j+2)是允许的。

（5）循环体语句可以是一条或多条语句，如果多条语句循环执行，用{}使之成为复合语句。如果没有{}，则以第一个半角分号作为语句（循环）结束符。

（6）for(;;)会进入无限循环。结束无限循环在 Visual C++6.0 中要启动任务管理器，关闭无限循环应用程序。

（7）for 语句的一般形式内的语句或条件位置允许变化，for 语句与 while、do-while 语句可互相转换。

【例 6-5】 编写程序，从键盘上输入整数 n，计算 $n!$ 并输出到屏幕上。

分析：$n!=n*(n-1)*(n-2)*\cdots*2*1$，通过对比【例 6-1】发现，$n!$ 与级数求和 $sum=\sum_{i=1}^{n}i$ 仅仅是运算符号和初始值的区别，其中阶乘初值 $fact=1$，流程图如图 6-3（b）所示。

使用 for 语句实现的程序如下。

```c
#include "stdio.h"
void main()
```

```
{
    int n,i;
    long fact=1;
    printf("你想求阶乘的数: ");
    scanf("%d",&n);
    for(i=1;i<=n;i++)
        fact=fact*i;
    printf("计算结果为: %d!=%1d\n",n,fact);
}
```

运行结果如下。

你想求阶乘的数: 10
计算结果为: 10!=3628800

【例 6-6】　编写程序，从键盘上输入正整数 n，计算 1!+2!+3!⋯+(n−1)!+n!，并输出结果到屏幕上。

分析：在【例 6-5】的基础上，在计算出 $i!$ 的阶乘后随之求和 $sum = \sum_{i=1}^{n} i!$，流程图如图 6-3（c）所示。当然也可以换一种思路，分别计算出所有数的阶乘，再计算所有阶乘的和。

```
#include "stdio.h"
void main()
{
    int n,i;
    long fact=1,sum=0;
    printf("请输入阶乘求和的正整数: ");
    scanf("%d",&n);
    for(i=1;i<=n;i++)
    {
        fact=fact*i;
        sum=sum+fact;
    }
    printf("计算结果为: 1!+2!+...%d!=%ld\n",n,sum);
}
```

程序运行结果如下。

请输入阶乘求和的正整数: 10
计算结果为: 1!+2!+...10!=4037913

先计算出所有数的阶乘后再计算和的主要程序段如下。

```
for(i=1;i<=n;i++)
{
    fact=1;
    for(j=1;j<=i;j++)
    fact=fact*j;
    sum=sum+fact;
}
```

6.4 循环嵌套与几何图案

6.4.1 循环嵌套

循环结构的语句中又包含另一个循环结构，称为循环嵌套。如果只有两个循环结构，最外面的一层称为外循环，最里面的一层称为内循环。实际上循环嵌套中并不仅仅有两层循环，理论上循环嵌套深度不受限制，但嵌套层次太多并不提倡。

使用循环嵌套时需要注意：不同嵌套层次必须使用不同的循环控制变量，并列结构的内外层循环则允许使用同名的循环变量。因此，以下程序是正确的。

```
for(i=1;i<5;i++)              //外层循环变量 i
{
    for(j=0;j<5-i;j++)        //内层循环变量 j
        printf(" ");
    for(j=1;j<=2*i-1;j++)     //内层循环变量 j

        printf("X");
    printf("\n");
}
```

6.4.2 几何图案

几何图案在生活中很常见，如何使用 C 语言程序绘制几何图案？有规律的重复图案使用循环实现：只有一行或一列有规律的几何图案，至少使用一层循环；对于有行也有列的二维几何图案，至少使用两层循环结构，也就是两层循环嵌套，其中一般外层循环变量使用 i 表示行，内层循环控制变量使用 j 表示列。

（1）编写程序打印图 6-4 方框内的几何图案 1。

XXXXXXXXXX

图 6-4 几何图案 1

分析：以上几何图案是连续输出 10 次 "X"，使用循环实现即可。

```
for(j=1;j<=10;j++)
    printf("X");
```

（2）编写程序打印图 6-5 方框内的几何图案 2。

XXXXXXXXXX
XXXXXXXXXX
XXXXXXXXXX

图 6-5 几何图案 2

分析：上图几何图形是在图 6-4 基础上连续输出 3 行，每行结束后换行。用变量 i 表示行，i 从 1 到 3；用变量 j 表示列，j 从 1 到 10。主程序段如下。

```
for(i=1;i<=3;i++)
{
    for(j=1;j<=10;j++)
```

```
        printf("X");
    printf("\n");
}
```

（3）编写程序打印图 6-6 方框内的几何图案 3。

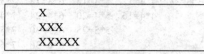

图 6-6　几何图案 3

分析：几何图形中行变量 i 从 1 到 3，其中，在 $i=1$ 时，列变量 $j=1$；$i=2$ 时，$j=1$、2、3；$i=3$ 时，$j=1$、2、3、4、5。两者的关系为 $j<=2*i-1$，主程序段如下。

```
for(i=1;i<=3;i++)
{
    for(j=1;j<=2*i-1;j++)
        printf("X");
    printf("\n");
}
```

（4）编写程序打印图 6-7 方框内的几何图案 4。

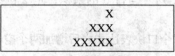

图 6-7　几何图案 4

分析：在每一行中不仅仅需要打印几何图案 "X"，还需要打印图案前的空格。行变量 i 从 1 到 3；在 $i=1$ 时，空格列变量 $j=1$、2、3、4；$i=2$ 时，$j=1$、2；$i=3$ 时，$j=0$。两者的关系为 $j<=6-2*i$，几何图案 "X" 没变。主程序段如下。

```
for(i=1;i<=3;i++)
{
    for(j=1;j<=6-2*i;j++)
        printf(" ");
    for(j=1;j<=2*i-1;j++)
        printf("X");
    printf("\n");
}
```

【例 6-7】 编写程序，打印如表 6-1 所示的阶梯式的左下三角九九乘法口诀表和右上三角九九乘法口诀表。

表 6-1　　　　　　　　　　　　　　　　　九九乘法口诀表

左下三角	左下三角九九乘法口诀表：----------
	1*1= 1
	1*2= 2　2*2= 4
	1*3= 3　2*3= 6　3*3= 9
	1*4= 4　2*4= 8　3*4=12　4*4=16
	1*5= 5　2*5=10　3*5=15　4*5=20　5*5=25
	1*6= 6　2*6=12　3*6=18　4*6=24　5*6=30　6*6=36
	1*7= 7　2*7=14　3*7=21　4*7=28　5*7=35　6*7=42　7*7=49
	1*8= 8　2*8=16　3*8=24　4*8=32　5*8=40　6*8=48　7*8=56　8*8=64
	1*9= 9　2*9=18　3*9=27　4*9=36　5*9=45　6*9=54　7*9=63　8*9=72　9*9=81

右上三角	右上三角九九乘法口诀表：-----------------								
	1*1= 1	2*1= 2	3*1= 3	4*1= 4	5*1= 5	6*1= 6	7*1= 7	8*1= 8	9*1= 9
		2*2= 4	3*2= 6	4*2= 8	5*2=10	6*2=12	7*2=14	8*2=16	9*2=18
			3*3= 9	4*3=12	5*3=15	6*3=18	7*3=21	8*3=24	9*3=27
				4*4=16	5*4=20	6*4=24	7*4=28	8*4=32	9*4=36
					5*5=25	6*5=30	7*5=35	8*5=40	9*5=45
						6*6=36	7*6=42	8*6=48	9*6=54
							7*7=49	8*7=56	9*7=63
								8*8=64	9*8=72
									9*9=81

相关分析如下。

（1）左上三角九九乘法口诀表容易实现，每一行的口诀表只有表达式，前面没有其他字符，输出一种几何图案即可；而右上三角口诀表的每一行既有口诀表达式，又有空格，需要输出两种几何图案。

（2）九九乘法口诀表的输入，以一个口诀表达式作为单位，例如，选取左上角的表达式"4*6=24"，口诀表达式包含 2 个字符（*与=）、3 个整数，其中第一个整数 4 是所在列，第二个整数 6 是所在行，第三个整数 24 是列 4 与行 6 的乘积，是 2 位数，所以表达式的执行语句可写成 printf("%d*%d=%2d   ",j,i,j*i)。

为了清晰地区分表达式，在每个口诀表达式之后增加两个空格，用来分隔开下一个口诀表达式。

左下三角程序如下。

```c
#include "stdio.h"
void main()
{
    int i,j;
    printf("左下三角九九乘法口诀表：----------\n");
    for(i=1;i<=9;i++)
    {
        for(j=1;j<=i;j++)
            printf("%d*%d=%2d  ",j,i,j*i);
        printf("\n");
    }
}
```

右上三角程序如下。

```c
#include "stdio.h"
void main()
{
    int i,j;
    printf("右上三角九九乘法口诀表：-----------------\n");
    for(i=1;i<=9;i++)
    {
        for(j=1;j<=8*(i-1);j++)
            printf(" ");
        for(j=i;j<=9;j++)
            printf("%d*%d=%2d  ",j,i,j*i);
        printf("\n");
    }
}
```

6.5 循环状态控制

6.5.1 break 语句

break 语句除了能够运用在 switch 结构中的应用外，还可以应用在循环结构中，作用是从循环体语句内跳出循环体，提前终止循环，转而执行终止的循环体结构外的下一条语句。

break 语句的一般形式如下。

```
break;
```

break 语句在循环体内的位置需要根据情况确定，其目的是终止对应的能够起作用的循环，对已经执行完毕的循环无需终止。

break 语句终止循环体是彻底终止本层循环，这与本书 6.5.2 小节 coutinue 的终止次循环是不同的，如下列程序。

```
#include "stdio.h"
void main()
{
    int i,sum=0;
    for(i=1;i<=100;i++)
    {
        sum=sum+i;
        if(sum>100) break;
    }
    printf("i=%d\n",i);
    printf("sum=%d\n",sum);
}
```

执行结果为如下。

```
i=14
sum=105
```

for(i=1;i<=100;i++)就一层循环，如果没有 break 语句，循环次数应该是从 1 到 100 共 100 次，但 break 语句的存在，使得循环在满足条件（sum>100）后，彻底终止，尽管此时 i=14，但本层剩下的循环次数也不再执行。

6.5.2 continue 语句

continue 的一般形式如下。

```
continue;
```

上述语句的作用是结束本次循环，即跳过本次循环体中 continue 语句后尚未执行的语句，随之进入下一次循环是否执行的判定。

continue 语句与 break 语句有很大的不同。其一，continue 语句只能用于循环语句，而 break 语句既可以应用于循环结构，还可以应用于 switch 语句；其二，continue 语句只能终止本次循环（某一次），而不能终止整层循环的执行；而 break 语句则是结束整层循环过程。如下列程序。

```
#include "stdio.h"
void main()
{
    int i,sum=0;
    for(i=1;i<=100;i++)
    {
        sum=sum+i;
        if(sum>100) continue;
    }
    printf("i=%d\n",i);
    printf("sum=%d\n",sum);
}
```

程序运行结果如下。

```
i=101
sum=5050
```

循环控制语句 break 与 continue 在循环结构中的作用是不同的，尤其是在循环嵌套和复合语句{}中需要仔细分析才能得出正确的结果。

分析以下程序，体会 break 与 continue 对循环结构的影响。

程序	`int i,sum=0,j;`
	`for(i=1;i<20;i=i+4)`
	`{`
	`for(j=2;j<19;j=j+3)`
	`sum=sum+j;`
	`    if(sum>200) break;`
	`}`
	`printf("sum=%d\n",sum);`
		`int i,sum=0,j;`
		`for(i=1;i<20;i=i+4)`
		`{`
		`    for(j=2;j<19;j=j+3)`
		`    sum=sum+j;`
		`    if(sum>200) continue;`
		`}`
		`printf("sum=%d\n",sum);`
			`int i,sum=0,j;`
			`for(i=1;i<20;i=i+4)`
			`for(j=2;j<19;j=j+3)`
			`{`
			`    sum=sum+j;`
			`if(sum>200) break;`
			`}`
			`printf("sum=%d\n",sum);`

运行结果	sum=228	sum=285	sum=213

6.6　综合应用实例

【例 6-8】 编写程序，从键盘上输入 x 的值，根据公式 $\sin(x) = x - \dfrac{x^3}{3!} + \dfrac{x^5}{5!} - \dfrac{x^7}{7!} + \cdots$ 计算 $\sin(x)$ 的值，直到最后一项的绝对值小于 10^{-6} 为止（ x 为弧度值）。

分析：本题与【例 6-2】比较类似，找出每一个单项变量的规律，对每一个单项的分子与分母分别分析。系统提供了计算 x^y 的数学公式 pow(x,y)。角度与弧度有一个转换公式：弧度 $= \dfrac{\pi}{180} *$ 角度。

```
#include "stdio.h"
#include "math.h"
#define PI 3.1415926
void main()
{
    int i=1;
    long n=1,f=1,flag=1;
    double t,sum=0.0,x;
    float angle;
```

```
    printf("请输入角度 angle 的值: ");
    scanf("%f",&angle);
    x=PI/180*angle;//角度转换成弧度公式
    t=x/f;
    while(fabs(t)>=1e-6)
    {
        printf("第%d 次循环 t 的值: ",i++);
        printf("t=%lf\n",t);//输出每一项 t 的值
        sum=sum+t;
        n=n+2;
        flag=-flag;
        f=f*n*(n-1);
        t=flag*pow(x,n)/f;
    }
    printf("计算结果为: sin(%f°)=%lf\n",angle,sum);
}
```

运行结果如下。

```
请输入角度 angle 的值: 90
第 1 次循环 t 的值: t=1.570796
第 2 次循环 t 的值: t=-0.645964
第 3 次循环 t 的值: t=0.079693
第 4 次循环 t 的值: t=-0.004682
第 5 次循环 t 的值: t=0.000160
第 6 次循环 t 的值: t=-0.000004
计算结果为: sin(90.000000°)=1.000000
```

如果不使用 x^y 的数学公式 pow(x,y)，也可以根据后一项与前一项的关系推导数学规律。对第一项 t 来说，后续的项 $t = t * \dfrac{(-x*x)}{n*(n-1)}$，运行结果不变。这样上述程序段可修改如下。

```
while(fabs(t)>=1e-6)
{
    printf("第%d 次循环 t 的值: ",i++);
    printf("t=%lf\n",t);//输出每一项 t 的值
    sum=sum+t;
    n=n+2;
    flag=-flag;
    f=f*n*(n-1);
    t=t*(-x*x)/(n*(n-1));
}
```

【例 6-9】 编写程序，计算出 Fibonacci（斐波那契）序列的前 20 个数，每行 5 个数。这个数列的特点是：第 1 个数和第 2 个数都为 1，从第 3 个数开始，任意数是前面两数之和。满足如下数学公式。

$$\begin{cases} F(0)=1 & (n=0) \\ F(1)=1 & (n=1) \\ F(n)=F(n-1)+F(n-2) & (n>=2) \end{cases}$$

　　分析：这是典型有趣的斐波那契《算盘书》中的兔子问题：兔子在出生两个月后就有繁殖能力，一对兔子每个月能生出一对小兔子来。如果所有兔子都不死，那么一年以后可以繁殖多少对兔子？变量 *f*1 表示第 1 个数，*f*2 表示第 2 个数，*f*3 表示第 3 个数，则这 3 个数满足以下条件。

（1）当 *n*=0,*f*1=1 时，有 *f*3=*f*1。

（2）当 *n*=1,*f*2=1 时，有 *f*3=*f*2。

（3）当 *n*>=2 时,有 *f*3=*f*1+*f*2,*f*1=*f*2,*f*2=*f*3。

```c
#include "stdio.h"
void main()
{
    int month,j;
    long f1=1,f2=1,f3;
    printf("Fibonacci 数列的前 20 项为：\n");
    for(month=0,j=1;month<20;month++,j++)
    {
        if(month==0) printf("%8d  ",f3=f1);
        else if(month==1) printf("%8d  ",f3=f2);
        else
        {
            f3=f1+f2;f1=f2;f2=f3;printf("%8d  ",f3);
        }
        if(j%5==0) printf("\n");//变量 j 控制每行输出 5 个数据
    }
}
```

运行结果如下。

```
Fibonacci 数列的前 20 项为：
    1        1        2        3        5
    8       13       21       34       55
   89      144      233      377      610
  987     1597     2584     4181     6765
```

本题使用循环变量 month 应用 switch 语句，主程序段如下。

```c
for(month=0,j=1;month<20;month++,j++)
{
    switch(month)
    {
    case 0:f3=f1;break;
    case 1:f3=f2;break;
    default:
        f3=f1+f2;
        f1=f2;
        f2=f3;
        break;
    }
    printf("%8d  ",f3);
    if(j%5==0) printf("\n");//变量 j 控制每行输出 5 个数据
}
```

【例 6-10】 编写程序，从键盘上输入正整数 *m*，判断 *m* 是否为质数。

相关分析如下。

（1）质数也称素数，在数学中是指除了 1 和本身外不能被其他数整除的数。在改进的算法中，不能被 $2\sim\sqrt{m}$ 整除的数称为质数（素数）。

（2）判断一个整数 m 是否为质数常用的算法有两种。一种是反证法，先假设整数 m 为质数，如果在验证 m 为质数过程中发现相反的结论，则证明起始的假设错误，m 不是质数；否则说明起始的假设正确；另一种是直接验证，使用 if(m%i==0) 终止对 m 的验证（其中 i 在 $2\sim\sqrt{m}$），如果 $i>\sqrt{m}$，则 m 是质数，否则 m 不是质数。

反证法程序如下。

```
#include "stdio.h"
#include "math.h"
void main()
{
    int m,i=2;
    int flag=1;
    printf("输入一个数验证是否为质数：");
    scanf("%d",&m);
    for(i=2;i<=sqrt(m);i++)
        if(m%i==0) {flag=0;break;}
    if(flag==1) printf("恭喜，你输入的数%d 是质数！\n",m);
    else printf("对不起，你输入的数%d 不是质数！\n",m);
}
```

直接验证程序可部分修改如下。

```
for(i=2;i<=sqrt(m);i++)
    if(m%i==0) break;
if(i>sqrt(m)) printf("恭喜，你输入的数%d 是质数！\n",m);
else printf("对不起，你输入的数%d 不是质数！\n",m);
```

运行结果如下。

```
输入一个数验证是否为质数：37
恭喜，你输入的数 37 是质数！
```

【例 6-11】 编写程序，输出 100～200 的所有质数，每一行 10 个整数。

分析：在上题对任意整数 m 盘算是否为质数的基础上增加一层循环，对 100～200 的所有整数进行验证判断即可。

```
#include "stdio.h"
#include "math.h"
void main()
{
    int m,i,j=0;
    printf("整数 100～200 之间的质数为：\n");
    for(m=100;m<=200;m++)
    {
        for(i=2;i<=sqrt(m);i++)
        if(m%i==0) break;
        if(i>sqrt(m))
        {
            printf("%5d",m);
            j++;
            if(j%10==0) printf("\n");
```

```
        }
      }
}
```

运行结果如下。

整数 100～200 之间的质数为:
```
101  103  107  109  113  127  131  137  139  149
151  157  163  167  173  179  181  191  193  197
199
```

本章小结

本章主要讨论了循环定义和 3 种循环结构 while 语句、do-while 语句、for 语句。循环就是能够连续重复的执行的动作。循环结构就是解决有规律的问题,包含数学问题和有规律的几何图案。

一般情况下,常用的 3 种循环语句可以互相转换,但在已知循环次数的情况下,使用 for 语句比较多,而在未知循环次数时更多的是使用 while 或 do-while 语句。

3 种循环语句均可以嵌套,嵌套时不同层次的循环控制变量必须不同,否则会引起混乱。

本章对控制语句 break 与 continue 做了讨论,需要注意二者在功能上的区别。break 在 switch 结构和循环结构中都能用,在循环结构中其功能是终止一层循环;而 continue 只能应用在循环语句中,终止本次循环。

while 语句循环的典型特点是先判断后执行,因此很有可能一次也不执行;do-while 循环语句的典型特点是先执行后判断,至少会执行一次。

使用循环结构解决问题时需要注意:循环条件的设置必须能够终止,防止出现无限循环。

如果循环体语句不是复合语句,则循环体语句的结束标志是半角分号(;);如果重复执行多条语句,应该使用复合语句。

习　　题

一、选择题

1. 有以下程序,程序执行后的结果为(　　　　)。

```
#include "stdio.h"
void main()
{
    int y=10;
    while(y--);
    printf("y=%d\n",y);
}
```

    A. y=0　　　　　　　　　　　　　　　　B. y=−1

    C. y=1　　　　　　　　　　　　　　　　D. while 构成无限循环,无结果

2. 下列程序的输出结果是(　　　　)。

```
#include "stdio.h"
void main()
```

```
{
    int k=0,m=0,i,j;
    for(i=0;i<=2;i++)
    {    for(j=0;j<3;j++) k++;k=k-j;    }
    m=i+j;
    printf("k=%d,m=%d",k,m);
}
```

  A．k=0,m=6　　　　　B．k=0,m=5　　　　C．k=1,m=3　　　　D．k=1,m=5

3．有以下程序，程序执行后的结果为（　　）。

```
#include "stdio.h"
void main()
{
    int i;
    for(i=1;i<=40;i++)
    {   if(i++%5==0)
     if(++i%8==0)
        printf("%d",i);
    }
    printf("\n");
}
```

  A．5　　　　　　　　B．24　　　　　　　C．32　　　　　　　D．40

4．下面程序的运行结果是（　　）。

```
#include "stdio.h"
void main()
{
    int y=10;
    for(;y>0;y--)
        if(y%3==0)
        {
            printf("%d",--y);
            continue;
        }
}
```

  A．741　　　　　　　B．852　　　　　　　C．963　　　　　　　D．875421

5．以下程序中，while 循环的次数是（　　）。

```
#include "stdio.h"
void main()
{
    int i=0;
    while(i<10)
    {
        if(i<1) continue;
        if(i==5) break;
        i++;
    }
    ...
}
```

  A．1　　　　　　　　B．10　　　　　　　C．6　　　　　　　　D．死循环

6．t 为 int 类型，进入下面的循环前 t 的值为 0，则以下叙述正确的是（　　）。

```
while(t=1)
```

{…}
- A. 循环控制表达式的值为 0
- B. 循环控制表达式的值为 1
- C. 循环控制表达式不合法
- D. 以上说法都不对

7. 以下程序执行后的输出结果是（　　）。

```c
#include "stdio.h"
void main()
{
    int i=0,a=0;
    while(i<20)
    {
        for(; ;)
        {   if((i%10)==0) break;
                else i--;
         }
        i+=11;
        a+=i;
     }
     printf("%d",a);
}
```

- A. 21
- B. 32
- C. 33
- D. 11

8. 对于下面两个循环语句，叙述正确的是（　　）。

（1）while(1);　　（2）for(; ;);

- A. （1）（2）都是无限循环
- B. （1）是无限循环，（2）错误
- C. （1）循环一次，（2）错误
- D. （1）（2）皆错误

9. 下列程序段的执行结果为（　　）。

```c
{
    int x=3;
    do
    {
        printf("%3d",x-=2);
    }while(!(--x));
}
```

- A. 1
- B. 3　0
- C. 1　-2
- D. 死循环

10. 下面程序的运行结果是（　　）。

```c
#include "stdio.h"
void  main()
{
    int x,i;
    for(i=1;i<=100;i++)
    {
        x=i;
        if(++x%2==0)
         if(++x%3==0)
          if(++x%7==0)
            printf("%d",x);
    }
    printf("\n");
}
```

- A. 39　81
- B. 42　84
- C. 26　68
- D. 28　70

11. 设有程序段 int k=10;while(k==0) k=k-1;，则下面描述中正确的是（　　　）。

    A.　while 循环执行 10 次
    B.　循环是无限循环

    C.　循环语句一次也不执行
    D.　循环体语句执行一次

二、填空题

1. 下列程序运行后的输出结果为（　　　）。

```c
#include "stdio.h"
void main()
{
    char c1,c2;
    for(c1='0',c2='9';c1<c2;c1++,c2--)
        printf("%c%c",c1,c2);
    printf("\n");
}
```

2. 执行以下程序，输出的半径是（　　　）。

```c
#include "stdio.h"
#define pi 3.14159
void main()
{
    int r;float area;
    for(r=1;r<=10;r++)
    {
        area=pi*r*r;
        if(area>100) break;     }
    printf("r=%d\n ",r);
}
```

3. 以下程序执行后的输出结果是（　　　）。

```c
#include "stdio.h"
void main()
{
    int x=15;
    while(x>10&&x<50)
    {
        x++;
        if(x/3) {x++;break;}
        else  continue;
    }
    printf("x =%d",x);
}
```

4. 运行如下程序，如果从键盘上输入 1298，输出结果为（　　　）。

```c
#include "stdio.h"
void main()
{
    int n1,n2;
    scanf("%d",&n2);
    while(n2!=0)
    {
        n1=n2%10;
        n2=n2/10;
        printf("%d",n1);
```

5. 从键盘上输入若干学生的成绩 0～100，统计并输出最高成绩和最低成绩，当输入为负数时结束输入。请在下列程序中根据注释填空。

```c
#include "stdio.h"
void main()
{
    float x,max,min;
    printf("please input scores:");
    scanf("%f",&x);
    max=min=x;
    (            ) //判断条件
    {
        if(max<x) max=x;
        if(min>x) min=x;
        scanf("%f",&x);
    }
    printf("\nmax=%f\nmin=%f\n",max,min);
}
```

6. 下面程序的运行结果是 (   )。

```c
#include "stdio.h"
void main()
{
    int i,m=0,n=0,k=0;
    for (i=8;i<=11;i++)
    {
        switch(i%10)
        {
        case  0: m++;n++;break;
        case 10: n++;break;
        default: k++;n++;
        }
    }
    printf("k=%d,m=%d",m,n,k);
}
```

7. 执行下列程序的结果为 (   )。

```c
#include "stdio.h"
void main()
{
    int i,j,m=55;
    for(i=1;i<=3;i++)
        for(j=3;j<=i;j++)
            m=m%j;
    printf("m=%d\n",m);
}
```

8. 下面程序的输出结果是 (   )。

```c
#include "stdio.h"
void main()
{
    int a,b;
```

```
for(a=1,b=1;a<=100;a++)
{
    if(b>20) break;
    if(b%3==1)
    { b+=3; continue; }
    b=5;
}
printf("a=%d,b=%d",a,b);
}
```

三、判断题

1. 表达式（"!E==0"）与 while(E)中的 "E" 是等价的表达式。

2. do-while 语句循环体至少执行一次。

3. 当执行程序段 x=-1;do{ x=x*x; }while(!x);时，循环体将执行一次。

4. break 和 continue 在循环结构中的作用是一样的。

5. 程序段 a=5; while (1) {a--; if (a<0) break ; }为死循环。

6. continue 与 break 不同，只能应用在循环语句中，并且对循环语句也没有影响。

7. 虽然循环结构有多种，但它们互相嵌套也是允许的。

8. while、do-while 与 for 循环结构中，未知循环次数一般使用 for 循环比较方便。

9. 因为对 while 和 do-while 循环结构比较熟悉，所以比较适合输出二维平面几何图案。

10. do-while 循环更容易出错，所以少用为妙。

四、修改错误

以下程序的功能是：按顺序读入 10 名学生 4 门课程的成绩，计算出每位学生的平均分并输出。

```
#include "stdio.h"
void main()
{
    int n,k;
    float score,sum,ave;
    sum=0.0;
    for(n=1;n<=10;n++)
    {
        for(k=1;k<=4;k++)
        {
            scanf("%f",&score);
            sum+=score;
        }
        ave=sum/4.0;
        printf("第%d 人的平均成绩为%f\n",n,ave);
    }
}
```

上述程序运行后的结果不正确，调试中发现有一条语句出现在程序中的位置不正确。请找出这条语句并修改程序。

五、完善程序

1. 有一分数序列 2/1, 3/2, 5/3, 8/5, 13/8, 21/13…，求出这个数列的前 20 项之和。

```
#include "stdio.h"
void main()
{
    int i,n=20;
```

```
float a=2,b=1,s=0,t;
for (i=1;i<=20;i++)
{
    _____;
    _____;
    _____;
    _____;
}
printf("s=%f\n",s);
}
```

2. 下列程序的功能是计算 s=1+12+123+1234+12345，请补充程序填空。

```
#include "stdio.h"
void main()
{
    int t=0,s=0,i;
    for(i=1;i<=5;i++)
    {
        _____;
        s=s+t;
    }
    printf("s=%d\n",s);
}
```

输出结果如下。

```
s=13715
```

六、程序设计

1. 编写程序，从键盘上输入正整数 n，计算 $1!-2!+3!-\cdots+(-1)^n(n-1)!+(-1)^{n+1}n!$ 的值并输出到屏幕上。

2. 编写程序，依次输入 10 个学生成绩 4 门功课的考试成绩，并统计每个学生的总分和平均分。

3. 编写程序，计算两个正整数的最大公约数和最小公倍数。

4. 编写程序，在校园辩论赛决赛中有 7 个评委参加打分，去掉一个最高分，去掉一个最低分，计算辩论赛双方的得分。

5. 编写程序，打印其他格式的九九乘法口表。

6. 编写程序，用牛顿迭代法求方程 $2x^3-4x^2+3x-6=0$ 在 1.5 附近的根。

7. 编写程序，解决猴子吃桃问题。猴子第一天摘下若干个桃子，当即吃了一半，又多吃了一个；第二天早上将剩下的桃子吃掉一半，又多吃了一个；以后每天早上都吃了前一天剩下的一半零一个。到第 10 天早上还想再吃时发现只剩下一个桃子，求第一天一共摘了多少个桃子。

8. 请编写程序解决我国古代数学家张丘建在《算经》一书中曾提出过著名的"百钱买百鸡"问题。该问题叙述如下：鸡翁一，值钱五；鸡母一，值钱三；鸡雏三，值钱一；百钱买百鸡，则翁、母、雏各几何？

第3部分　程序设计方法和具体应用

第7章
数组

在程序设计中，对变量的需求不可能总是单个的，有很多时候需要大量的变量存储一些相同的数据。这时，如果仍然采用单个变量的形式，则需要大量的不同的标识符变量名，存储的随机性和变量名的无序性导致管理和组织混乱，因此需要引入或采用一种全新的存储形式存储数据。

例如，一个自然班的30名同学，输入全班同学的期末考试成绩，并计算平均分。若单个变量定义，最少也需要30多个才能完整地解答本题。但仔细解析能发现一些规律：30名同学的成绩属于同一种数据类型的数据。这样我们可以一次性定义这30个同学的存储成绩的变量。这种具有相同数据类型的变量定义称之为数组。

数组定义：一系列有序数据的集合，其中数组名是数组最重要的标识。

元素：数组中的某个数称之为元素，通常元素在C语言中用数组名和下标来确定。

在C语言中，数组中的数据具有以下相同特点。

（1）数组是一个具有相同类型的多个变量的集合。

（2）数组是一个集合，是总体，而数组中的元素是个别，相当于单个变量。

（3）一个数组在内存中所占据的地址空间是连续的，就是说内存对同一个数组的元素的空间分配是连续的，不间断。

数组在内存中占用字节数的计算公式为：内存字节数=数组元素个数* sizeof(元素数据类型)。

除此之外，C语言规定数组名代表数组在内存中的首地址，是（地址）常量。

本章着重介绍数组在C语言中如何定义与应用。

7.1　一维数组

7.1.1　一维数组的定义

我们把物理上前后相邻、类型相同表示一种类别的一系列有序数据集合称之为一维数组。一维数组中每个变量称为数组元素，变量的个数称为数组长度或数组容量。

C 语言中，一维数组的定义方式如下。

[存储类型] 数据类型　数组名[数组长度]；

例如，int　a[30]；表示定义了具有 30 个元素的整数类型的一维数组，而 float　score[10]；表示定义了具有 10 个元素的单精度实数类型的一维数组，其中 a 和 score 都是数组名，而 30 和 10 分别是数组元素个数。

一维数组的说明如下。

（1）数据类型可以是常见基本类型，也可以是后续章节中的构造数据类型等。

（2）数组名是合法的标识符。

（3）数组长度（数组元素的个数）在 C 语言中必须在定义时就确定，是定值常量，也可以是常量表达式，但不能是变量动态的，即数组元素个数是固定值。

（4）数组元素的下标是从 0 开始的，并且下标必须是整数类型或表达式，如定义 int a[10]；对应的数组元素为 a[0]～a[9]共 10 个。

（5）定义的数组元素在内存中是按顺序连续存放的，占用的内存大小为所有元素占用内存大小的总和。如 int a[30]；在内存中连续存放 30 个数组元素，其占用的内存为 30 个整数数据类型的字节总数。

（6）存储类型有 auto、static 等，本章暂不介绍，将在后续章节第 8 章单独讲解。

7.1.2　一维数组的赋值

C 语言对一维数组的赋初值类同于普通变量的赋值，一是可以在定义数组的同时利用序列对数组元素进行赋值，二是可以通过赋值语句对数组元素进行赋值。对一维数组元素的赋初值称之为一维数组的初始化，一般格式如下。

数据类型　数组名[数组元素个数]={初始值列表}；

一维数组初始化的分类如下。

（1）数组全部赋初值。例如，int a[5]={1, 2, 3, 4, 5}；等价于 a[0]=1; a[1]=2;a[2]=3; a[3]=4; a[4]=5;。

（2）当数组元素赋初值个数等于数组长度时，可不指定数组长度，具体实例如下。

```
int a[]={1,2,3,4,5,6};
```

系统根据初值个数确定数组长度，即等价于 int a[6]={1,2,3,4,5,6}；。

（3）数组不初始化，其元素值为随机数；但如果定义数组类型前有 static，且数组元素不赋初值，则系统默认为 0 值。

如 int a[6]；，后续没有赋初值时，此时对应的 a[0]～a[5]的值为随机数。

如 static int a[6]；，此时对应的 a[0]～a[5]的值皆为 0。

（4）部分赋初值。当定义的数组部分元素赋初值，也就是初始列表值的个数少于数组定义的长度，则按照从前至后的原则顺序对数组元素赋初值，缺少的数组元素初始值为 0。

如 int a[5]={6,2,3}；等价于 a[0]=6; a[1]=2;a[2]=3; a[3]=0; a[4]=0；。

（5）当数组长度<赋值数组个数，则结果为错误。例如 int a[3]={6,2,3,5,1};是错误的。

【例 7-1】　编写程序，实现对初始化的一维数组元素输出。

```
#include "stdio.h"
void main()
```

```
{
    static int a[6];
    int b[6];
    int c[6]={1,3,5};
    int w[]={1,2,3,4,5,6};
    int i;
    printf("请输出 a 数组中的数据元素：\n");
    for(i=0;i<6;i++)
        printf("a[%d]=%d  ",i,a[i]);
printf("\n 请输出 b 数组中的数据元素：\n");
    for(i=0;i<6;i++)
        printf("b[%d]=%d  ",i,b[i]);
    printf("\n 请输出 c 数组中的数据元素：\n");
    for(i=0;i<6;i++)
        printf("c[%d]=%d   ",i,c[i]);
    printf("\n 请输出 d 数组中的数据元素：\n");
    for(i=0;i<6;i++)
        printf("w[%d]=%d  ",i,w[i]);
    printf("\n");
}
```

程序运行结果如下。

请输出 a 数组中的数据元素：

a[0]=0 a[1]=0 a[2]=0 a[3]=0 a[4]=0 a[5]=0

请输出 b 数组中的数据元素：

b[0]=-858993460 b[1]=-858993460 b[2]=-858993460 b[3]=-858993460 b[4]=-858993460 b[5]=-858993460

请输出 c 数组中的数据元素：

c[0]=1   c[1]=3   c[2]=5   c[3]=0   c[4]=0   c[5]=0

请输出 d 数组中的数据元素：

w[0]=1 w[1]=2 w[2]=3 w[3]=4 w[4]=5 w[5]=6

7.1.3　一维数组的引用

C 语言的程序在数组定义和赋值后，就可以引用数组元素了。数组元素的作用非常类似于单个变量，其赋值与运算可参照单个变量应用，数组元素在引用前也必须执行"先定义，再赋值，后使用"的规则。数组元素的引用格式如下。

数组名[下标]

一维数组的引用需注意以下几点。

（1）下标是从 0 开始的，并且下标必须是整数类型，其可以是单个变量、常量或表达式。如已经有定义 int a[6],b[10]; int i,j; 则 a[0]、a[5]、b[2+3]、a[i]、b[j+1]等引用格式是合规的，当然 i 和 j 取值在合理的区间。

（2）下标的值不能越界。如定义 int a[6];，则引用的数组元素不能出现 a[6]，只能是 a[0]～a[5]，虽然 C 程序对"越界"并不检测，但 a[6] "越界"会导致数值的不可控。因此，C 语言对数组的引用必须控制下标在合理的范围内。

（3）数组元素的引用只能单个引用，不能一次性引用整个数组，尤其不能用数组名代替数组中的全部元素。如 int a[10];，则语句 printf("%d",a);是错的，而 for(j=0;j<10;j++) printf("%d\t",a[j]);则是对的。

 学习数组，要能正确区分数组定义与数组元素引用。数组定义一般置于程序起始位置，并且必须有数据类型，而引用数组元素时，是不能有数据类型的。

【例 7-2】 编写程序，定义 6 个元素的一维数组，使用输入函数输出，并使用输出函数输出数组的元素。

```c
#include "stdio.h"
void main()
{
    int a[6];
    int i;
    printf("请连续输入 6 个整数到数组中:\n");
    for(i=0;i<6;i++)
        scanf("%d",&a[i]);
    printf("输入数组中的 6 个整数输出结果如下: \n");
    for(i=0;i<6;i++)
        printf("a[%d]=%d  \n",i,a[i]);
}
```

程序运行结果因数组元素输入格式不同而结果不一致。

（1）请连续输入 6 个整数到数组中：

1 2 3 4 5 6

输入数组中的 6 个整数输出结果如下：

a[0]=1
a[1]=2
a[2]=3
a[3]=4
a[4]=5
a[5]=6

以上输入格式为正确输入。

（2）另一种输入格式下的运行结果。

请连续输入 6 个整数到数组中：
1,2,3,4,5,6

输入数组中的 6 个整数输出结果如下：

a[0]=1
a[1]=-858993460
a[2]=-858993460
a[3]=-858993460
a[4]=-858993460
a[5]=-858993460

以上输入格式为错误输入。

（3）如果输入数据为 1 2 3 4 5 6 7 8 9 10，则运行结果如图 7-1 所示。

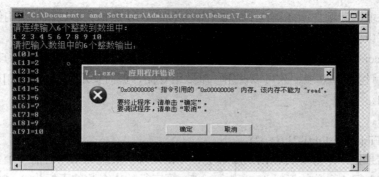

图 7-1　【例 7-1】运行效果图

分析程序运行后的结果，可得出如下结论。

（1）数组的输入与输出要有正确的格式才能保证数组元素的正确性。

（2）对越界的非数组元素，其结果无法预料，甚至会出现严重的错误。

7.1.4　一维数组的应用

一维数组的应用主要在两个方面：其一是数学运算，如在一维数组中找到最大最小值、最大/小值的位置，计算平均值，统计数据，以及 Fibonacci 数列等数学规律；其二是一维数组的排序与数据检索。

【例 7-3】　从键盘上读入 10 个整数存入数组 a，编写程序找出数组 a 中数的最大值。

相关分析如下。

（1）从键盘上连续输入 10 个整数，具有相同的数据类型，故使用数组；连续 10 个整数的重复输入，使用 for 循环。

（2）10 个整数求最大值，其处理流程为：先令 $max = a[0]$，依次用 $a[i]$ 和 max 比较（循环），若 $max<a[i]$，令 $max=a[i]$;，输出 max。

程序如下。

```c
#include "stdio.h"
void main()
{
    int i,a[10],max;
    printf("Input 10 integer data:\n");
    for(i=0;i<10;i++)
        scanf("%d",&a[i]);
    max=a[0];
    for(i=1;i<10;i++)//此处最好 for（i=1;i<10;i++）
        if(max<a[i]) max=a[i];
    printf("max=%d \n ",max);
}
```

运行结果如下。

```
Input 10 integer data:
10 9 8 7 6 5 4 1 2 3
max=10
```

【例 7-4】　编写程序，计算出 Fibonacci 数列前 20 项的值，并将结果按 4 个数一行输出到屏幕上。

分析：本题求解问题与循环结构中的 6.7 节的【例 6-9】类似，不过循环结构保存的结果是变量，在本节中可以使用数组。

（1）Fibonacci 数列的规律已经分析过了，从第 3 项开始，每个数据项的值为其前两个数据项的和。本题要求计算前 20 项，故可以使用一维数组存储，但需要定义 int Fib[20];。

则 Fib[0]=1;

Fib[1]=1;

Fib[i]= Fib[i-1]+ Fib[i-2];(i>=2)

（2）程序结果按 4 个数一行输出到屏幕上，分析发现：数组的第一行前 4 个数的下标分别为 0、1、2、3，第 2 行 4 个数的下标为 4、5、6、7，第三行的 4 个数的下标为 8、9、10、11……由此可见，每行的第一个数的下标分别为 0、4、8、12……均能被 4 整除。例如，数组元素的下标为 i，则对应的规律可描述为语句 if(i%4==0) printf("\n");。

```c
#include "stdio.h"
void main()
{
    int i;
    int Fib[20];
    Fib[0]=1;
    Fib[1]=1;
    for(i=2;i<20;i++)
        Fib[i]=Fib[i-1]+Fib[i-2];
    printf("Fibonacci 数列前 20 项如下:\n");
    for(i=0;i<20;i++)
    {
        if(i%4==0) printf("\n");
        printf("Fib[%2d]=%5d   ",i,Fib[i]);
    }
    printf("\n");
}
```

【例 7-5】 从键盘上输入 10 个整数，然后按照从小到大的顺序把这 10 个数排序后并输出到屏幕上。

分析：将 10 个整数存放到一维数组 a[10] 中，排序实际上就是比较数据元素大小交换顺序。

本题采用冒泡排序（Bubble Sort）算法，其中心思想是依次比较相邻的两个数，将小数放在前面，大数放在后面。

冒泡排序过程如下。

（1）先比较一维数组中的第一个元素 a[0] 和第二个元素 a[1]，若为逆序，则交换，执行语句 if（a[0]>a[1]）{ t=a[0];a[0]=a[1];a[1]=t;}，然后比较第二个元素 a[1] 与第三个元素 a[2]，若为逆序，依然交换，执行语句 if(a[1]>a[2]) {t=a[1];a[1]=a[2];a[2]=t;}。依此类推，直至第 9 个元素 a[8] 和第 10 个元素 a[9] 比较完为止，依然是逆序，则继续交换，执行语句 if(a[8]>a[9]) {t=a[8];a[8]=a[9];a[9]=t;}。第一趟冒泡排序，结果最大的数被安置在最后一个元素位置上。分析此排序步骤发现，比较的两个数组元素总是相邻的，可表示为 a[i] 和 a[i+1]（也可以是 a[i-1] 和 a[i]），比较大小，若为逆序则交换位置，执行语句 if(a[i]>a[i+1]) {t=a[i];a[i]=a[i+1];a[i+1]=t;}。

（2）对剩余的未排序的前 9 个数进行第二趟冒泡排序，结果使次大的数被安置在次后位置上。

（3）重复上述过程，共经过 9 趟冒泡排序后，排序结束。

冒泡排序算法的程序如下。

```
#include "stdio.h"
#define N 10
void main()
{   int a[N],i,j,t;
    printf("Input 10 numbers:\n");
    for(i=0;i<N;i++)
      scanf("%d",&a[i]);
    for(j=0;j<N-1;j++)
      for(i=0;i<N-1-j;i++)
        if(a[i]>a[i+1])
        {t=a[i]; a[i]=a[i+1]; a[i+1]=t;}
    printf("The sorted numbers:\n");
    for(i=0;i<N;i++)
    printf("%d  ",a[i]);
    printf("\n");
}
```

运行结果如下。

```
Input 10 numbers:
56 98 456 362 123 2 58 78 451 100
The sorted numbers:
2  56  58  78  98  100  123  362  451  456
```

（1）在程序设计的两层循环中，外层循环 for(j=0;j<N-1;j++)确定总共需要比较的趟数 0～8，共 9 趟。内存循环 for(i=0;i<N-1-j;i++)确定每一趟比较的数组元素数，因为比较一趟就排定一个数组元素，所以执行一次外循环，内循环就减少一数，所以 $i<N-1-j$。

（2）如果想仔细了解每一次排序后的数组顺序，可以加上一行测试排序结果的输出语句。

为了测试排序结果输出语句的程序如下。

```
#include "stdio.h"
#define N 10
void main()
{   int a[N],i,j,t;
    printf("Input 10 numbers:\n");
    for(i=0;i<N;i++)
      scanf("%d",&a[i]);
    for(j=0;j<N-1;j++)
    {
      for(i=0;i<N-1-j;i++)
        if(a[i]>a[i+1])
        {t=a[i]; a[i]=a[i+1]; a[i+1]=t;}
      printf("第%d 次排序结果: \n",j+1);
      for(i=0;i<N;i++)
          printf("%d  ",a[i]);
      printf("\n");
      }
    printf("The sorted numbers:\n");
    for(i=0;i<N;i++)
        printf("%d  ",a[i]);
    printf("\n");
}
```

运行结果如下。

```
Input 10 numbers:
78 52 14 3 69 84 365 482 6 100
第 1 次排序结果：
52  14  3  69  78  84  365  6  100  482
第 2 次排序结果：
14  3  52  69  78  84  6  100  365  482
第 3 次排序结果：
3  14  52  69  78  6  84  100  365  482
第 4 次排序结果：
3  14  52  69  6  78  84  100  365  482
第 5 次排序结果：
3  14  52  6  69  78  84  100  365  482
第 6 次排序结果：
3  14  6  52  69  78  84  100  365  482
第 7 次排序结果：
3  6  14  52  69  78  84  100  365  482
第 8 次排序结果：
3  6  14  52  69  78  84  100  365  482
第 9 次排序结果：
3  6  14  52  69  78  84  100  365  482
The sorted numbers:
3  6  14  52  69  78  84  100  365  482
```

【例 7-6】 从键盘上输入 10 个整数，然后按照从小到大的顺序把这 10 个数用选择排序算法实现排序并输出到屏幕上。

分析：选择排序算法的思想：① 选中第一个数并做标记 $p=0$；② 从后续的数中选择最小的数做标记；③ 完成第一个数与最小数的交换排序。

选择算法排序的详细过程如下：在定义的整数数组 a 中首先做标记 p，p 为第一个元素的位置 $p=0$。

（1）比较第二个元素 $a[1]$ 与标记 p 元素，若为逆序，则 $a[1]$ 为最小元素，即标记 p 移到 $a[1]$ 位置标记其下标，相应执行语句为 if(a[1]<a[p]) p=1;。然后比较 $a[2]$ 元素与标记元素 $a[p]$，执行语句为 if(a[2]<a[p]) p=2;。依次类推，直至 $a[n-1]$ 和 $a[p]$ 比较为止，对应执行语句为 if(a[n-1]<a[p]) p=n-1;。比较一趟结束后，交换 a[0] 与 a[p]，执行语句 {t=a[0];a[0]=a[p];a[p]=t;}。第一趟选择排序结束后，结果最小的元素被安置在第一个标记的位置上。

（2）对后面未排序的 $N-1$ 个元素进行第二趟选择排序，结果使次小的元素安置次前位置上。

（3）重复上述过程，共经过 $N-1$ 趟选择排序后，排序结束。

```c
#include "stdio.h"
#define N 10
void main()
{   int a[N],i,j,t,p;
    printf("Input 10 numbers:\n");
    for(i=0;i<N;i++)
      scanf("%d",&a[i]);
    for(i=0;i<N-1;i++)
      {
```

```
        p=i;
        for(j=i+1;j<N;j++)
          if(a[j]<a[p]) p=j;
         if(p!=i) {t=a[i]; a[i]=a[p]; a[p]=t;}
     printf("第%d 次排序结果: \n",i+1);
      for(j=0;j<N;j++)
          printf("%d  ",a[j]);
      printf("\n");
      }
   printf("The sorted numbers:\n");
   for(i=0;i<N;i++)
       printf("%d  ",a[i]);
   printf("\n");
}
```

运行结果如下。

```
Input 10 numbers:
36 58 95 100 4 563 128 985 100 8
第 1 次排序结果:
4  58  95  100  36  563  128  985  100  8
第 2 次排序结果:
4  8  95  100  36  563  128  985  100  58
第 3 次排序结果:
4  8  36  100  95  563  128  985  100  58
第 4 次排序结果:
4  8  36  58  95  563  128  985  100  100
第 5 次排序结果:
4  8  36  58  95  563  128  985  100  100
第 6 次排序结果:
4  8  36  58  95  100  128  985  563  100
第 7 次排序结果:
4  8  36  58  95  100  100  985  563  128
第 8 次排序结果:
4  8  36  58  95  100  100  128  563  985
第 9 次排序结果:
4  8  36  58  95  100  100  128  563  985
The sorted numbers:
4  8  36  58  95  100  100  128  563  985
```

7.2　二维数组及多维数组

如果说一维数组主要解决普通数学计算和排序的问题,那么二维数组就可以解决平面问题了。例如,线性代数问题可以使用二维数组或多维数组存储空间数据。多维数组的定义与引用与二维数组大同小异,下面详细讲解二维数组。

7.2.1　二维数组的定义

二维或多维数组与一维数组相比,就是多了维数,多了下标,定义格式与一维类似。

二维数组的定义方式如下。

数据类型 数组名[常数1][常数2];

多维数组的定义方式如下。

数据类型 数组名[常数1][常数2]…[常数n];

例如以下语句都是错误的。

```
int a[3][4];
float b[2][5];
int c[2][3][4];
而 int a[3,4];
```

说明

（1）二维数值中，常数1表示二维数组的行数，常数2表示二维数组的列数，二维数组的元素个数=行数*列数。

（2）数组元素的存放顺序是按行优先，如果存放的是多维数组，那么必然多维数组的最右下标变化最快。

（3）多维数组的下标也是从0开始。

7.2.2 二维数组的存储与表示

定义 int a[3][4]; 对应的二维数组如下。

$$
\begin{bmatrix}
a[0][0] & a[0][1] & a[0][2] & a[0][3] \\
a[1][0] & a[1][1] & a[1][2] & a[1][3] \\
a[2][0] & a[2][1] & a[2][2] & a[2][3]
\end{bmatrix}
$$

二（多）维数组在内存中的存储顺序以行优先，即先存放第一行，然后存放第二行、第三行……直到最后一行。例如，以上定义的 int a[3][4]在内存中的存放顺序如下。

a[0][0]
a[0][1]
a[0][2]
a[0][3]
a[1][0]
a[1][1]
a[1][2]
a[1][3]
a[2][0]
a[2][1]
a[2][2]
a[2][3]

二维数组的理解如下。

（1）观察上述二维数组的存储与格式层发现，二维数组 int a[3][4]的第一行元素 a[0][0]、a[0][1]、 a[0][2]、a[0][3]，与一维数组 int b[4]的数组元素 b[0]、b[1]、b[2]、b[3]可以类比，可以把二维数组的 a[0]理解为一维数组的数组名 b。

（2）定义的 int a[3][4]的每个元素 a[i]由包含 4 个元素的一维数组组成，而二维数组 a 就可以理解为由 3 个元素 a[0]、a[1]、a[2]组成。

（3）在二维数组 int a[m][n]中，已知任意元素 a[i][j]地址为 IP，则如何求解另外一个元素 a[p][q]的地址？实际上根据二维数组的存储形式可以推导如下等式。

```
a[p][q]=IP+((p-i)*n+(q-j))*sizeof(数据类型)
```

例如，在 Visual C++6.0 环境下，定义的二维数组 int a[3][4]，已知元素 a[0][3]的地址为 1020，则另一数组元素 a[2][1]的地址如下。

```
1020+((2-0)*4+(1-3))*4=1044
```

7.2.3　二维数组的初始化

二维数组的初始化分两类，一是分行初始化，二是数组元素初始化。如果对二维数组赋值，还可以使用直接对数组元素赋值或通过键盘输入赋值。

1．分行初始化

（1）二维数组全部元素初始化，具体实例如下。

```
int a[2][3]={{1,2,3},{4,5,6}};
```

上述语句等价于 int a[0][0]=1,a[0][1]=2,a[0][2]=3,a[1][0]=4,a[1][1]=5,a[1][2]=6；。

（2）二维数组部分元素初始化，具体实例如下。

```
int a[2][3]={{1,2},{4}};
```

上述语句等价于 int a[0][0]=1,a[0][1]=2,a[0][2]=0,a[1][0]=4,a[1][1]=0,a[1][2]=0；。

（3）二维数组中第一维长度省略初始化，具体实例如下。

```
int a[][3]={{1,2,3},{4,5}};
```

系统自动加上第一维维数 2。

上述语句等价于 int a[0][0]=1,a[0][1]=2,a[0][2]=3,a[1][0]=4,a[1][1]=5,a[1][2]=0；。

2．按元素排列顺序初始化

（1）二维数组全部元素初始化，具体实例如下。

```
int a[2][3]={1,2,3,4,5,6};
```

上述语句等价于 int a[0][0]=1,a[0][1]=2,a[0][2]=3,a[1][0]=4,a[1][1]=5,a[1][2]=6；。

（2）二维数组部分元素初始化，具体实例如下。

```
int a[2][3]={1,2,4};
```

上述语句等价于 int a[0][0]=1,a[0][1]=2,a[0][2]=4,a[1][0]=0,a[1][1]=0,a[1][2]=0；。

（3）二维数组中第一维长度省略初始化，具体实例如下。

```
int a[][3]={1,2,3,4,5};
```

系统自动加上第一维维数 2，

上述语句等价于 int a[0][0]=1,a[0][1]=2,a[0][2]=3,a[1][0]=4,a[1][1]=5,a[1][2]=0；。

3. 直接赋值或键盘输入赋值

有定义二维数组 int a[3][4];，使用赋值语句对数组中的单个元素赋值是允许的，如 a[0][2]=12;
是对的。

使用键盘输入的格式对数组元素赋值也是对的。

```
for(i=0;i<3;i++)
    for(j=0;j<4;j++)
        scanf("%d",&a[i][j]);
```

7.2.4　二维数组的引用

二维数组的引用形式如下。

数组名[下标][下标]

例如，a[2][3]是引用二维数组 a 中的第 3 行第 4 列的元素。但请注意，二维数组元素的下标
是从 0 开始的。二维数组元素引用的下标必须是整数类型。其他写法在 C 语言程序中都不是正确
的形式，如 a[2,3]、a[1.5,3]等都不是正确的引用数组元素的形式。

二维数组在生活中的应用，除了和一维数组一样可以进行数学基本运算，如求和、平均值及
数据统计外，线性代数的二维矩阵也可以使用二维数组建模。

【例 7-7】 编写程序，将 2 行 3 列的二维数组实现行列转置（行列元素互换），存到另一个数组中。

分析：定义二维数组分别为 a[2][3]和 b[3][2]，其中数组 b 存放转置后的数据元素。假设二维
数组 a 的数组元素如下。

$$\begin{bmatrix} 1 & 2 & 3 \\ 4 & 5 & 6 \end{bmatrix}$$

那么，转置后的二维数组 b 的数组元素如下。

$$\begin{bmatrix} 1 & 4 \\ 2 & 5 \\ 3 & 6 \end{bmatrix}$$

比较每个数在不同数组中的表示形式会发现：二维数组的转置规律为：数组 a 的任意元素
a[i][j]，转置后在数组 b 中为 b[j][i]（二维数组的转置规律）。

```
#include <stdio.h>
void main()
{
    int i,j,a[2][3],b[3][2];
    printf("Input 数组 a 共 6 个元素: \n");
    for(i=0;i<2;i++)
        for(j=0;j<3;j++)
            scanf("%d",&a[i][j]);
    for(i=0;i<2;i++)
        for(j=0;j<3;j++)
            b[j][i]=a[i][j];
    printf("OUTput 转置后的数组元素: \n");
    for(i=0;i<3;i++)
        for(j=0;j<2;j++)
        {
            if(j%2==0) printf("\n");
            printf("%3d ",b[i][j]);
```

```
    }
    printf("\n");
}
```

运行结果如下。

```
Input 数组 a 共 6 个元素:
1 2 3
4 5 6
```

OUTput 转置后的数组元素:

```
    1      4
    2      5
    3      6
```

【例 7-8】 编写程序，求二维数组 a[3][4]中的最小元素值，并输出最小元素的行标和列标（下标从 0 开始），数组元素从键盘输入。

分析：

与【例 7-3】相比，除了【例 7-3】是一维数组外，本题是二维数组，其他的区别不大。

```
#include <stdio.h>
void main()
{   int i,j,a[3][4];
    int row,column,min;
    printf("Input 3*4 二维数组: \n");
    for(i=0;i<3;i++)
      for(j=0;j<4;j++)
    scanf("%d",&a[i][j]);
      min=a[0][0];row=0;column=0;
  for(i=0;i<3;i++)
      for(j=0;j<4;j++)
          if(a[i][j]<min) { min=a[i][j]; row=i; column=j;}
    printf("min=%d,row=%d, column=%d\n",min,row,column);
}
```

7.3　字符数组和字符串

7.3.1　字符数组

用来存放字符数据的数组称为字符数组。字符数组不但可以存放字符，还可以存放如 "hello world!"、"good_bye"、"w"、"_r"等字符串。在 C 语言程序设计中，并没有字符串变量来存储字符串，所以只能把字符串中的字符存放到字符数组中。但字符串存放到字符数组与单个字符存放到字符数组是不同的。

（1）一维字符数组的定义格式如下。

字符数据类型　字符数组名[常数];

如 char str[100];。

（2）二维字符数组的定义格式如下。

字符数组类型　字符数组名[常数 1][常数 2];

如 char ch[10][20];。

7.3.2　字符数组的初始化

字符数组能存储单个字符和字符串，但存储字符串不但要存储有效字符还要存储结束符，故字符数组的初始化可以分为逐个字符赋值和字符串赋值。

1．逐个字符赋值

（1）字符数组全部赋初值，具体实例如下。

```
char ch[5]={'H', 'e', 'l', 'l', 'o'};
```

上述语句等价于 char ch[0]= 'H',ch[1]= 'e',ch[2]= 'l',ch[3]= 'l',ch[4]= 'o';。

（2）字符数组部分赋初值，具体实例如下。

```
char ch[5]={'H', 'e', 'l' };
```

上述语句等价于 char ch[0]= 'H',ch[1]= 'e',ch[2]= 'l';。

2．用字符串常量对字符赋初值

（1）第一种实例如 char ch[6]={ "hello"};，等价于 char ch[0]= 'h',ch[1]= 'e',ch[2]= 'l',ch[3]= 'l',ch[4]= 'o',ch[5]= '\0';。

（2）第二种实例如 char ch[6]= "hello"; 等价于 char ch[0]= 'h',ch[1]= 'e',ch[2]= 'l',ch[3]= 'l',ch[4]= 'o',ch[5]= '\0';。

（3）第三种实例如 char ch[]={"hello"};，等价于 char ch[0]= 'h',ch[1]= 'e',ch[2]= 'l',ch[3]= 'l',ch[4]= 'o',ch[5]= '\0';。

（4）第四种实例如 char ch[6]={"boy"};，等价于 char ch[0]= 'b',ch[1]= 'o',ch[2]= 'y',ch[3]= '\0',ch[4]= '\0',ch[5]= '\0';。

对于字符数组的理解如下。

（1）对字符数组的初始化，最容易理解也最不容易出错的方式是逐个字符赋值给各元素。

（2）如果在定义字符数组后，字符数组没有赋初值就引用数组元素，那么字符数组中的值将不可预料，如 char ch[5]; for(i=0;i<5;i++) printf("%c",ch[i]); 的结果是不可预料的。

（3）如果在定义字符数组并赋初值的过程中，提供的字符个数大于数组长度，按语法错误处理。如 char ch[3]={'H', 'e', 'l', 'l', 'o'}; 是错误的。

（4）如果赋初值的字符数小于字符长度，则按先后顺序把字符赋值给前面的数组元素，剩余的数组元素自动加空字符，即'\0'）。

（5）如果提供的初始字符个数与预定的字符数组长度相同，则定义时可以省略数组长度，系统根据初始值个数自动确认数组长度，如 char ch[]={'H', 'e', 'l', 'l', 'o'}; 等价于定义 char ch[5]="Hello";。

（6）对字符数组的赋值，可以使用赋值语句或键盘上直接输入。例如，若定义 char str[10];，则可以使用赋值语句 str[0]= 'a';str[1]= 'b';…str[9]= 'j'; 赋值，也可以使用语句 for(i=0;i<10;i++) scanf("%c",&str[i]); 赋值。

（7）对二维或多维字符数组赋初值可参考一维字符数组与二维或多维普通数组赋初值。

（8）相同类型的字符数组也不可以互相赋值，如以下是错误的。

```
char str1[20] ={"Hello! "}, str2[20];
str2=str1;
```

请思考，如果定义和赋值如下，结果如何？
```
char ch[5]= {"Hello! "};
```

7.3.3 字符数组的引用

字符数组的引用与 7.1 节、7.2 节中的一维、二维或多维数组的引用方式一致：数组名[下标]或数组名[下标 1][下标 2]……[下标 *n*]。

【例 7-9】 输出一个字符串。

```
#include "stdio.h"
void main()
{   char c[10]={'I',' ','a','m',' ','a',' ','b','o','y'};
    int i;
    for(i=0;i<10;i++)
      printf("%c",c[i]);
    printf("\n");
}
```

程序运行结果如下。

```
I am a boy
```

7.3.4 字符串的存储与结束

在 C 语言中，字符串是存放在字符数组中存储并进行处理的。在每一个字符串的最后，C 语言都自动加上其结束标志（'\0'）来表示有效字符的结束。

虽然'\0'是字符串结束标志，但因为是系统自动加上的，并不是初始值中的，所以并不能计算为有效字符，这样在计算字符串长度的时候，其并不计算在内。例如，若有定义 char str[]= "hello";字符串"hello"的有效字符是 5，所以字符串有效长度为 5，但是因为字符串在内存存储过程中，系统会自动加上结束符标志'\0'，这样实际上存储占用的字节数是 6 个。

字符串结束标志在 ASCII 码中是代表 0 的字符。这个字符并不显示，而是一个"空操作符"，也就是仅仅结束字符串其他的什么都不做，没有附加操作，也不增加有效字符。当然如果存储中出现多个结束标志，则以第一个最早出现的为准，即遇到第一个'\0'就结束字符串或字符数组中的其他后续字符。

虽然字符串结束标志在字符数组中出现也会结束字符数组中后续的字符，但在单独使用字符数组赋初值时，如果没有结束符'\0'是允许的。例如，定义语句 char str[10]={'i',' ', 'a','m',' ', 'a',' ', 'b', 'o', 'y'}；是正确的。

7.3.5 字符数组的输入/输出

字符数组存储的可以是单个字符，也可以是字符串，所以字符数组的输入/输出也分为两种。
（1）逐个字符 I/O：用格式%c 输入或输出一个字符。

【例 7-10】 编写程序，使用格式%c 对字符数组输入数据。

```
#include "stdio.h"
void main()
{   char  str[5];
    int i;
```

```
        for(i=0;i<5;i++)
            scanf("%c", &str[i]);
        for(i=0;i<5;i++)
            printf("%c", str[i]);
        printf("\n");
    }
```

（2）整个字符串 I/O：用格式符%s，意思是对字符串的输入/输出。需要注意的是，使用%s格式输入时，空格或回车都是结束符。

【例 7-11】 编写程序，使用格式%s 对字符数组输入数据。

```
 void main()
{   char   str[20];
    scanf("%s", str);    //此处也可以使用 scanf("%s", &str);
    printf("%s", str);
 }
```

对字符串的输入/输出的理解如下。

（1）不管是使用哪种格式，结束符并不包括在内，也就是结束符并不输出。

（2）用格式符%s 输出字符串时，使用的输出语句的输出项是字符数组名，而不是单个数组元素，如 printf("%s", str[i]); 是非法的。

（3）字符串的输出以第一个结束符结束，如果字符串中有多个结束符，仍然以第一个为准，后续的字符不再计算为有效字符，具体实例如下。

```
void main()
{
    char ch[]={'h','e','l','\0','l','o','\0'};
    printf("%s",ch);
 }
```

输出：hel。

（4）在使用格式控制符%s 输入时，尽管可以使用 scanf("%s", &str);，但实际上更多使用的是 scanf("%s", str);因为这时的 str 是数组名，表示该数组的首地址。

（5）在使用 scanf 输入语句和格式符%s 输入时，空格和回车键都是其结束符。

例如，在【例 7-11】中的输入语句 scanf("%s", str);，如果输入 how are you?，那么字符数组 str 的有效字符仅仅为"how"，而"are you?"并没有存储到字符数组 str 中。因此输出的结果为"how"，而不是"how are you?"。当然如果【例 7-11】主程序做如下修改。

```
void main()
{   char   str1[10],str2[10],str[10];
    scanf("%s%s%s", str1,str2,str3);
    puts(str1);puts(str2);puts(str3);
}
```

此时键盘上输入 how are you?，则 str1="how"，str2="are"，str3="you? "。

7.4 常用的字符串处理函数

在 C 语言中，通常使用字符数组存储字符串。为了更方便存储与访问字符串，C 语言库函数提供了一些字符串常用处理函数。这些常用函数（puts 和 gets 除外）包含在头文件"string.h"下，使用字符串处理函数。编译预处理格式如下。

```
#include "string.h"
```

7.4.1　字符串输出函数 puts

字符串输出函数 puts 的一般形式如下。

```
puts(字符数组);
```

该函数的功能是向显示器输出字符数组中的字符串，并以'\0'结束，在字符串输出结束后进行换行。当然字符数组中的转义字符是按照转义字符作用输出的。具体实例如下。

```
#include "string.h"
void main()
{
    char str[20]="hello world!";
    char ch[40]="good bye!\nsee you later!";
    puts(str);
    puts(ch);
}
```

程序运行结果如下。

```
hello world!
good bye!
see you later!
```

7.4.2　字符串输入函数 gets

字符串输入函数 gets 的一般形式如下。

```
gets (字符数组);
```

该函数的功能是从键盘输入一个以回车键结束的字符串放入字符数组中，并在输入结束后自动加结束符'\0'，输入结束后该函数得到字符数组的起始地址。当然输入函数的基本要求是：输入字符串长度应小于字符数组长度，如果输入长度大于字符数组长度，系统会提示 error。

puts 和 gets 函数只能输出或输入一个字符串，不能一次输入或输出多个字符串。

具体实例如下。

```
#include "string.h"
void main( )
{    char string[80];
    printf("Input  a string:");
    gets(string);
    printf("OUTput a string:");
    puts(string);
}
```

程序运行结果如下。

```
Input  a string:how are you?
OUTput a string:how are you?
```

7.4.3 字符串连接函数 strcat

字符串连接函数 strcat 的一般形式如下。

```
strcat(字符数组1, 字符数组2)
```

该函数的功能是连接两个字符串,把字符数组 2 连接到字符数组 1 后面,函数调用结束后返回的函数值为字符数组 1 的首地址。当然要实现将字符数组 2 存储到字符数组 1 中,要求字符数组 1 的长度足够大,能够容纳字符数组 1 本身和连接上的字符数组 2。因为每个字符串都有结束符,所以在字符数组连接时,新字符串只保留最后一个字符结束符'\0'。具体实例如下。

```
#include "string.h"
void main( )
{
    char s11[40]="university",s22[20]="qingdao";
    printf("连接函数的结果: ");
    puts(strcat(s11,s22));
}
```

运行结果如下。

连接函数的结果: universityqingdao

7.4.4 字符串拷贝函数 strcpy 和 strncpy

字符串拷贝函数 strcpy 的一般形式如下。

```
strcpy(字符数组1,字符串2)
```

该函数的功能是将 字符串 2 拷贝到 字符数组 1 中去。当然与 strcat 函数一样,字符数组 1 要足够大,能够容纳被赋值的字符串 2。具体实例如下。

```
#include "string.h"
void main( )
{
    char s11[40]="university",s22[20]="qingdao";
    printf("拷贝函数的结果: ");
    puts(strcpy(s11,s22));
}
```

运行结果如下。

拷贝函数的结果: qingdao

对该函数的理解如下。

(1)函数中的字符数组 1 必须写成数组名形式,不能是字符串,而字符串 2 可以是字符数组名,也可以是字符串常量。当然在字符数组拷贝中,在 字符串 2 中的结束符一并被拷贝到 字符数组 1 中取代相对应的字符数组元素,没被取代的字符数组元素不变,并不一定都变成结束符。

(2)如果需要拷贝的并不是整个字符串,而是字符串的某一部分,可以使用 strncpy 函数,如 strncpy(str1,str2,2)是指把 字符串 str2 中的前 2 个字符拷贝到 str1 中取代 str1 中原有的最前的 2 个字符,但有一个条件是:拷贝的 str2 中的字符个数 n 不能多于字符数组 str1 中的原有的字符(不包括结束符)。

具体实例如下。

```
#include "string.h"
void main( )
{
    char s11[40]="university",s22[20]="qingdao";
    printf("拷贝 4 个字符的结果: ");
    puts(strncpy(s11,s22,4));
}
```

运行结果如下。

拷贝 4 个字符的结果: qingersity

7.4.5 字符串比较函数 strcmp

字符串比较函数 strcmp 的格式如下。

strcmp(字符串 1,字符串 2)

该函数的功能是比较两个字符串，比较规则是：对两字符串从左向右逐个字符比较（按 ASCII 码值大小比较），直到遇到不同字符或结束符为止，最后返回 int 型整数值。如果 字符串 1 与字符串 2 的字符全部相同，则认为相等（0）。如果字符串 1 与字符串 2 不相同，则以第一个不相同的字符比较结果为准。

比较结果返回值如下。

（1）若 字符串 1< 字符串 2，返回负整数（-1）。

（2）若 字符串 1> 字符串 2，返回正整数（1）。

（3）若 字符串 1== 字符串 2，返回零（0）。

两个字符串比较，实际上是比较其对应的字符的 ASCII 码值，使用的是字符串比较函数 strcmp，而不能用 "=="。

具体实例如下。

```
#include "string.h"
void main( )
{
    char s11[40]="university",s22[20]="qingdao";
    char ch11[40]="university",ch22[20]="university";
    char str11[40]="qingdao",str22[20]="qingunivesity";
    printf("s11 与 s22 比较的结果: ");
    printf("%d\n",strcmp(s11,s22));
    printf("ch11 与 ch22 比较的结果: ");
    printf("%d\n",strcmp(ch11,ch22));
    printf("str11 与 str22 比较的结果: ");
    printf("%d\n",strcmp(str11,str22));
}
```

运行结果如下。

s11 与 s22 比较的结果: 1

ch11 与 ch22 比较的结果: 0

str11 与 str22 比较的结果: -1

7.4.6　字符串长度测试函数 strlen

字符串长度测试函数 strlen 的格式如下。

　　strlen(字符数组)

该函数的功能是测试计算字符串长度，返回值是字符串的有效长度，不包括结束符在内。字符串测试长度函数可以对字符数组测试，也可以对字符串常量进行测试。以下实例程序是对的。

```
#include "string.h"
void main( )
{
    char s11[20]="how are you?";
    char s22[10]={'A','\0','B','C','\0','D'};
    char ch33[ ]="\t\v\\\0will\n";
    printf("字符串 s11 长度为：%d\n",strlen(s11));
    printf("直接测试的字符串长度为：%d\n",strlen("welcome"));
    printf("字符串 s22 长度为：%d\n",strlen(s22));
    printf("字符串 ch33 长度为：%d\n",strlen(ch33));
}
```

运行结果如下。

```
字符串 s11 长度为：12
直接测试的字符串长度为：7
字符串 s22 长度为：1
字符串 ch33 长度为：3
```

7.4.7　其他字符串函数

除前面介绍的函数之外，还有其他字符串函数，比如，strlwr 函数是把字符串中的大写字母转换成小写字母，strupr 函数是把字符串中的小写字母转换成大写字母等。相关的字符串处理函数详见附录 D。

7.5　综合实例

【例 7-12】　编写程序，随机产生 20 个 100 以内的整数 N，存入到一个数组中，从键盘上输入一个整数作为关键字，利用折半查找算法进行查找。如果找到该数在数组中，则显示"匹配成功!"，否则显示"匹配失败，您要找的数不在数组中!"。

相关分析如下。

（1）20 个整数可以使用数组存储。

（2）C 语言中随机整数的产生，先调用函数 srand((unsigned)time(NULL))产生随机种子，然后调用函数 rand()产生随机数 n，由语句 n=rand()%(Y-X+1)+X；产生一个 $X \sim Y$ 之间的整数。

（3）折半查找算法要求数组进行顺序排序，关键字按照从小到大排列。设置 3 个变量，即有定义 head=0; botto=N-1;middle=(head+bottom)/2;，并分别循环比较 data[middle]与查找的关键字 key 是否匹配。

```
#include "string.h"
#include "stdio.h"
#include "stdlib.h"
#include "time.h"
void main( )
{
    int i,j,t,data[20],key;
    int flag=0,head,bottom,middle;
    srand(time(NULL));
    //随机产生 20 个整数
    for(i=0;i<20;i++)
        data[i]=rand()%100;
    //输出随机产生的整数
    printf("随机产生的整数数组为: ");
    for(i=0;i<20;i++)
    {
        if(i%5==0) printf("\n");
        printf("%d ",data[i]);
    }
    printf("\n");
    //输入准备查找的整数
    printf("INput the locating data key:");
    scanf("%d",&key);
    //按照从小到大顺序排序
    for(i=0;i<19;i++)
        for(j=0;j<19-i;j++)
            if(data[j]>data[j+1]) {t=data[j];data[j]=data[j+1];data[j+1]=t;}
    //输出排序后的整数数组
    printf("排序后的整数数组:");
    for(i=0;i<20;i++)
    {
        if(i%5==0) printf("\n");
        printf("%d  ",data[i]);
    }
    printf("\n");
    //输出要查找的整数
    printf("the locating data key is:%d\n",key);
    head=0;
    bottom=19;
    while(head<=bottom)
    {
        middle=(head+bottom)/2;
        if(data[middle]<key) head=middle+1;
        else if(data[middle]>key) bottom=middle-1;
        else if(key==data[middle]) {flag=1;break;}
    }
    if(flag==1) printf("您查找的数为: %d,匹配成功! \n",key);
    else printf("您查找的数为: %d,匹配失败, 您要找的数不在数组中! \n",key);
}
```

程序运行结果如下。

随机产生的整数数组为:
94 3 67 19 90

```
95  67  29  45  75
40  46  63  87  8
15  82  17  90  12
INput the locating data key:87
```

排序后的整数数组：

```
3  8  12  15  17
19  29  40  45  46
63  67  67  75  82
87  90  90  94  95
the locating data key is:87
```

您查找的数为：87,匹配成功！

【例 7-13】 编写程序，在随机输入的一行字符中统计其中有多少个单词。

相关分析如下。

（1）一行字符的输入可以用 gets 函数完成。

（2）对单词的判断是将两个空格之间的字符认可为一个单词，不能判断其是否是真正的单词。

```c
#include "string.h"
#include "stdio.h"
void main( )
{
    int i,len,num;
    char s[100];
    //读入字符串
    printf("请输入一行字符:");
    gets(s);
    //输出字符串
    printf("您输入的字符为:");
    puts(s);
    //测试字符串长度
    len=strlen(s);
    num=0;
    //计算单词个数
    for(i=0;i<len;i++)
        if(s[i]!=' '&&(s[i+1]==' '||s[i+1]=='\0')) num=num+1;
    printf("单词个数 num=%d\n",num);
}
```

运行结果如下。

```
请输入一行字符: good  he  ip   ye bye  pow
您输入的字符为: good  he  ip   ye bye  pow
单词个数 num=6
```

【例 7-14】 编写程序模拟投票系统，已知一个班级有 30 人投票选举班长，候选人有 3 人，要求投票结束后统计输出每个人的姓名和票数。

相关分析如下。

（1）投票候选人的名字存放在字符数组中。

（2）30 个人连续投票使用循环。

（3）投票的名字与候选人名字进行比较使用 strcmp 函数，如果符合，则其票数加 1。

（4）候选人票数分别用 data[0]、data[1]和 data[2]来表示。

```
#include "string.h"
#include "stdio.h"
void main( )
{
    char selname[20];//投票变量
    int i,data[3]={0,0,0};//候选人初始票数为 0
    //分别定义 3 个字符数组表示 3 个候选人
    char name0[20]={"zhang"};
    char name1[20]={"xu"};
    char name2[20]={"wang"};
    printf("候选人为：zhang ,xu ,wang,请投票：\n");
    //30 个同学连续投票并与候选人名字进行比对
    for(i=0;i<30;i++)
    {
        printf("你是第%d 个投票人, INput you selected:",i+1);
        gets(selname);
        if(strcmp(selname,name0)==0) data[0]++;
        else if(strcmp(selname,name1)==0) data[1]++;
        else if(strcmp(selname,name2)==0) data[2]++;
    }
    //显示投票结果
    printf("以下为投票结果：\n");
    printf("候选人    票数\n");
    printf("%s    %d\n",name0,data[0]);
    printf("%s        %d\n",name1,data[1]);
    printf("%s       %d\n",name2,data[2]);
    printf("\n");
}
```

本章小结

本章介绍了数组的概念与使用及实际解决的问题，应重点掌握以下各方面的内容。

（1）一维、二维和多维数组的定义与初始化。

（2）一维、二维和多维数组元素的引用方法和使用实例。

（3）数组元素在内存中的占用字节数、存储长度及存储方式。

（4）字符串的定义及存储方式和处理函数。

（5）综合实例应用，进一步掌握结构化程序设计方法。

习　　题

一、选择题

1. 下列叙述中错误的是（　　　）。

　　A. 对于 double 类型数组，不可以直接用数组名对数组进行整体输入或输出

　　B. 数组名代表的是数组所占存储区的首地址，其值不可改变

C. 在程序执行过程中，运行数组元素的下标越界，系统会及时给出提示

D. 可以通过赋初值的方式确定数组元素的个数

2. 定义具有 10 个元素的 int 型一维数组，下列定义错误的是（　　　）。

    A. #define N 10

       int a[N];

    B. #define n 5

       int a[2*n];

    C. int a[5+5];

    D. int n=10;

       int a[n];

3. 在 C 语言中，引用数组元素时，其数组元素下标的数据类型允许是（　　　）。

    A. 整型常量　　　　　　　　　　B. 整型表达式

    C. 整型常量或整型表达式　　　　D. 任何类型的表达式

4. 下列数组定义中错误的是（　　　）。

    A. int x[][3]={0};　　　　　　　B. int x[2][3]={{1,2},{3,4},{5,6}};

    C. int x[][3]={{1,2,3},{4,5,6}};　D. int x[2][3]={1,2,3,4,5,6};

5. 若在下列程序运行时输入 "2 4 6<CR>"，则输出结果为（　　　）。

```
void main()
{
  int x[3][2]={0},i,j;
for(i=0;i<3;i++)
scanf("%d",&x[i]);
printf("%3d%3d\n",
x[0][0],,x[1][0]);
}
```

    A. 2 0　　　　　　B. 2 4　　　　　　C. 2 0　　　　　　D. 2 6

6. 以下对一维数组的 a 中所有元素进行正确的初始化的是（　　　）。

    A. int a[10]=(0,0,0,0);　　　　　B. int a[10]={};

    C. int a[]=(0);　　　　　　　　　D. int a[10]={10*2};

7. 对于所定义的二位数组 a[2][3]，元素 a 数组元素 a[1][2]是数组元素的第（　　　）个元素。

    A. 3　　　　　　　B. 4　　　　　　　C. 5　　　　　　　D. 6

8. 若有定义 int a[20];，则对数组元素的正确引用是（　　　）。

    A. a[20]　　　　　B. a[3.5]　　　　　C. a(5)　　　　　D. a[10−10]

9. 若有定义 int a[3][4];，则对 a 数组元素的正确引用是（　　　）。

    A. a[2][4]　　　　B. a[1,3]　　　　　C. a[1+1][0]　　　D. a(2)(1)

10. 以下关于数组元素的描述正确的是（　　　）。

    A. 数组的大小是固定的，但可以有不同类型的数组元素

    B. 数组的大小是可变的，但所有数组元素的类型必须相同

    C. 数组的大小是固定的，所有数组元素的类型必须相同

    D. 数组的大小是可变的，可以有不同类型的数组元素

11. 下列关于字符串的描述正确的是（　　　）。

A．C 语言有字符串类型的常量和变量

B．两个字符串的字符个数相同才能进行字符串大小比较

C．可以用关系运算符对字符串的大小进行比较

D．空串一定比空格开头的字符串小

12．如果要比较两个字符串中的字符是否相同，可使用的库函数是（　　　）。

A．strcmp　　　　　　B．strcat　　　　　　C．strncpy　　　　　　D．strlen

二、判断题

1．在 C 语言中，二维数组元素在内存中的存放顺序由用户自己确定。

2．若有定义 int a[3][4]={0};，则数组 a 中每个元素均可得到初值 0。

3．若有定义 int a[][4]={0，0};，则二维数组 a 的第一维大小为 0。

4．若有定义 int a[][4]={0,0};，则只有 a[0][0]和 a[0][1]可得到初值 0，其余元素均得不到初值 0。

5．若有定义 char ch[10]={"goodbye"};，则 ch 的存储字节为 8。

6．字符"\0"是字符串的结束标志，其 ASCII 码为 0。

7．strlen ("\\0abc\0ef\0g")的返回值为 8。

8．在两个字符串的比较中，字符个数多的字符串比字符个数少的字符串的字符串大。

9．已知 int a[][]={1,2,3,4,5};，则数组 a 的第一维的大小是不确定的。

10．若有定义 static int a[3][]={1,2,3,4,5,6};，则二维数组的定义是错误的。

三、填空题

1．在 C 语言中，字符串不存放一个变量中，而是存放在一个（　　　）中。

2．设有 int a[3][4]={{1},{2},{3}};，则 a[1][1]的值为（　　　）。

3．下面程序段的运行结果是（　　　）。

```
printf("%d",strlen("\t\v\723\\00\n\w\X32");
```

4．字符串"qust university"占（　　　）个字节，长度是（　　　）。

5．若有定义 double x[3][5];，则 x 数组中行下标的下限是 0，列下标的上限是（　　　）。

6．在执行 int a[][3]={{1,2},{3,4}};语句后，a[1][1]的值是（　　　）。

7．下面程序段的运行结果是（　　　）。

```
char c[5]={'a', 'b', '\0', 'c', '\0'};
printf("%s",c);
```

8．字符'0'的 ASCII 码值为（　　　）。

9．要将两个字符串连接成一个字符串，使用的函数是（　　　）。

10．在程序中用到 pow（x,y）函数时，应在程序开头包含头文件（　　　）。

四、程序填空题

1．下列程序的功能是输出如下形式的方阵。

```
13  14   15  16
 9  10   11  12
 5   6    7   8
 1   2    3   4
```

请完成填空。

```
#include "string.h"
```

```c
#include "stdio.h"
void main( )
{
    int i,j,x;
    for(j=4;j>=1;j--)
    {
        _____         //循环变量 i
        {
            _____ ;   // 计算每一个数
            printf("%4d",x);
        }
        printf("\n");
    }

}
```

2. 下面程序的功能是从键盘输入一行字符，统计其中有多少个单词，单词之间用空格分隔，请填空。

```c
#include "stdio.h"
void main()
{
    char s[80],c1,c2=' ';
    int i=0, num=0;
    gets(s);
    while(s[i]!='\0')
    {
        c1=s[i];
        if(i==0)  c2=' ';    else  c2=s[i-1];
        _____ num++;  //判断字符的条件
        i++;
    }
    printf("Theseare %d  words.\n", num);
}
```

五、程序设计题

1. 编写程序，计算 10 个元素的一维数组的平均值。

2. 编写程序，设有 N 个随机产生整数元素的数组，任意输入一个整数 m 和 n，从下标 m 开始其后的连续 n 个元素与其前的 n 个元素位置调换，且 m、n 均不能超出范围。例如，若随机产生的如下原数组。

99 52 35 57 61 22 40 93 42 65
76 28 58 17 54 45 68 44 14 93

输入下标 m 开始的元素和其后连续的元素个数 n：5 3。

输出位置调换后产生的新数组如下。

99 65 42 93 40 22 61 57 35 52
76 28 58 17 54 45 68 44 14 93

3. 编写程序，使用选择排序算法实现对输入的 10 个整数排序并输出。

4. 编写程序，对下列 4×5 矩阵进行统计，统计所有大于平均值的元素个数，并输出其对应的矩阵元素到屏幕上。

$$A = \begin{bmatrix} 2 & 6 & 4 & 9 & -13 \\ 5 & -1 & 3 & 8 & 7 \\ 12 & 0 & 4 & 10 & 2 \\ 7 & 6 & -9 & 5 & 3 \end{bmatrix}$$

5. 编写程序，将字符串中的所有字符 k 删除。

6. 编写程序，实现把字符串 str 中位于偶数位置的字符或 ASCII 码为奇数的字符放入字符串 ch 中（规定第一个字符放入第 0 位），例如，输入字符串"ADFESHDI"，则输出为"AFDSDI"。

第8章
函数

在前面章节已经介绍过，C 源程序是由函数组成的，那么什么是函数呢？函数是指完成一个特定功能的独立程序模块。由于采用了函数模块化的结构，C 语言易于实现结构化程序设计，便于程序的编写、阅读、调试，使程序的层次结构也更加清晰。

我们先来看一个案例。

【例 8-1】 求两个整数中的最大值。

```
#include <stdio.h>
void main( )
{   int max(int a,int b);      /*函数声明*/
    int x=20,y=40,z;
    z=max(x,y);                /*函数调用*/
    printf("max=%d\n",z);
}
int max(int a,int b)          /*函数定义*/
{   int c;
    if(a>b)   c=a;
    else      c=b;
    return (c);
}
```

程序运行后输出结果如下。

```
max=40
```

在这些函数中可以调用 C 提供的库函数，也可以调用由用户编写的函数。C 语言中的函数可分为库函数和用户自定义函数两种。但是库函数不可能满足每个用户的需求，因此大量的函数还需要由用户自己来编写。

本章将讲解如何自己定义函数，并调用这些函数。为了简单起见，本章将只讨论在同一个文件中的函数使用情况。

8.1　函数的定义

8.1.1　无参函数的定义

无参函数的一般定义形式如下。

```
[类型说明符] 函数名(void)    /*函数头*/
{
        定义说明语句
        执行语句                    /*函数体*/
        [return 语句]
}
```

我们把上述程序行的第一行称作函数头。类型说明符指明了该函数的类型，即函数返回值的类型，可以是除数组和函数之外的任何合法的数据类型。函数名是由用户命名的标识符，函数名后面有一个括号，其中没有参数，但最好用 void 进行标记。函数名后面的一对括号不能省略。一个好的函数名应该能够反映出该函数模块的功能。

若在函数的首部省略了函数的类型说明符，则默认函数返回值的类型为 int 类型。若函数只是用于完成某些操作，函数没有返回值，则必须把函数定义成 void 类型。

函数体是一段实现函数功能的程序，函数体语句必须放在一对花括号{}中，函数内部应该有自己的定义说明语句和执行语句，但函数内部定义的变量不可以与形参同名，具体实例如下。

```
void printstar(void)
{
        printf("**********\n");
}
```

无参函数在使用时，主调函数和被调函数之间不进行参数传送。

8.1.2　有参函数的定义

有参函数的一般定义形式如下。

```
[类型说明符] 函数名(形式参数表)    /*函数头*/
{
        定义说明语句
        执行语句                    /*函数体*/
        [return 语句]
}
```

有参函数比无参函数多了一项内容，即形式参数表。形式参数简称为形参，可以是各种类型的变量，各参数之间要用半角逗号隔开，并且给出每一个形参的类型和名称，具体实例如下。

```
void add(int x,int y,int z)
{ …… }
```

这表示有 3 个形参变量 x、y 和 z，且类型都是 int 型。

函数的值是通过 return 语句带回主调函数的，而 return 语句的形式有以下两种。

（1）函数无返回值的情况，对应语句为 return;。

（2）函数有返回值的情况，对应语句为 return (表达式);或 return 表达式;。

C 语言要求函数定义的类型应当与 return 语句中表达式的类型保持一致。若类型不一致，则以函数定义的类型为准，由系统自动进行转换。在同一函数体中，可以根据需要有多条 return 语句，但只有一条 return 语句被执行到，具体实例如下。

```
int sign(int x)
{   if(x>0)   return (1);
    if(x==0)  return (0);
```

```
        if(x<0)   return (-1);
    }
```

函数中不需要指明返回值时可以不写 return 语句，但并不意味该函数不带回返回值，而是带回一个不确定的值。

例如，定义一个函数，用于求两个整数中的大数，相关程序段如下。

```
int max(int a,int b)
{   int c;
    if(a>b)  c=a;
    else     c=b;
    return (c);
}
```

第一行是函数头，说明 max 函数是一个整型函数，其返回的函数值是一个整数。形参变量 a 和 b 均为整型变量。在 max 函数体中的 return 语句是把 *a* 和 *b* 中的大数作为函数的值返回给主调函数。

在 C 程序中，一个函数的定义可以放在任意位置，既可放在 main 函数的前面，也可放在 main 函数的后面。

在进行函数调用时，主调函数必须给出实际参数（简称为实参），主调函数将把实参的值传送给形参，形参接收来自主调函数的数据，确定各形参的值。在【例 8-1】中，main 函数中的变量 *x* 和 *y* 就是实参，max 函数中的变量 *a* 和 *b* 就是形参。

应该指出的是，在 C 语言中，所有的函数定义，包括 main 函数在内，都是平行的。也就是说，在一个函数的函数体内，不能再定义另一个函数，即不能嵌套定义。但是函数之间允许相互调用。习惯上把调用者称为主调函数。main 函数可以调用其他函数，但其他函数不能调用 main 函数。

8.2 函数的调用

函数调用是通过函数调用语句来实现的，其分为以下两种形式。

（1）函数无返回值的调用语句一般形式为：函数名([实际参数表]);。

（2）函数有返回值的调用语句一般形式为：变量名=函数名([实际参数表]);。

该变量的类型必须与函数的返回值类型相同。

若有多个实参，那各实参之间应该用半角逗号隔开。实参可以是常量、变量或表达式，都必须有确定的值。如果调用的是无参函数，可省去"实际参数表"，但括号不能省。实参和形参应当在类型上、个数上和对应次序上严格保持一致，否则会发生"类型不匹配"的错误。

【例 8-2】 求 3 个整数中的最大值。

```
#include <stdio.h>
void main( )
{   int max(int a,int b);
    int x,y,z,m;
    printf("Please enter three numbers: ");
    scanf("%d%d%d",&x,&y,&z);
    m=max(max(x,y),z);
    printf("The max is %d.\n",m);
}
int max(int a,int b)
```

```
{   int c;
    if(a>b)   c=a;
    else      c=b;
    return (c);
}
```

程序运行后输出结果如下。

```
Please enter three numbers: 10 20 30
The max is 30.
```

函数的返回值还可以作为另一个表达式的一个运算对象，此时函数将带回一个确定的值以参加表达式的运算。例如，在【例 8-2】中，我们可以这样使用 max 函数。

```
printf("%d\n",4*max(x,y));
```

8.3　函数的声明

在大多数的情况下，程序中使用用户自定义函数之前要先进行函数声明，才能在程序中调用。这与使用变量之前要先进行变量定义说明是一样的。

函数声明的一般形式如下。

类型说明符 函数名(形式参数表);

【例 8-1】中的语句 "int max(int a,int b);" 就是一条函数声明语句。

函数声明可以是一条独立的语句，在写法上与函数头完全一致，只是在最后多了一个半角分号。但需要注意的是，函数的声明语句和函数的定义是不同的。函数的声明语句是告知 C 编译系统，以下程序要调用所声明的函数，只起到说明的作用。

在以下的两种情况中，可以缺省对被调函数的函数说明。

（1）被调函数的返回值是 int 型或 char 型。

（2）被调函数的函数定义出现在主调函数之前。

但是，一个良好的编程习惯是对所有使用的函数都进行函数声明。这样可以方便 C 编译系统检查可能出现的错误。

如果在所有函数定义之前，在所有函数的外部，对所用到的函数进行了函数声明，则在以后的各主调函数中，可不再对被调函数做说明。具体实例如下。

```
void fun1(int a,int b);
float fun2(float x,float y);
void main( )
{
    ......
}
void fun1(int a,int b)                 函数 fun1( )、fun2( )
{                                      的作用范围
    ......
}
float fun2(float x,float y)
{
    ......
}
```

如上所示，在程序一开始就对函数 fun1( )和函数 fun2( )进行了函数声明。这样在以后的各函数中都无需再对函数 fun1( )和函数 fun2( )进行说明，可以直接调用。

8.4　函数的传值方式

前面已经介绍过，函数的参数分为形式参数和实际参数两种。在本小节中，将进一步介绍函数之间参数传递的问题。函数的形参和实参具有以下特点和关系。

（1）形参变量出现在函数的定义中，在函数未被调用时，不占用内存单元，只有在函数被调用时才给形参分配内存单元，而在函数调用结束时，立刻释放形参所占用的内存单元。因此，形参只有在函数内部有效，而在函数调用结束返回主调函数后无效，不能被使用。

（2）实参可以是常量、变量或表达式。它出现在主调函数的调用语句中，进入被调函数后，实参是不能使用的。在进行函数调用时，它们都必须具有确定的值，以便把这些值传送给形参。

（3）形参和实参的功能是用来传送数据的。形参和实参各占一个独立的内存单元。发生函数调用时，实参的值单向传送给形参，不能把形参的值反向传送给实参。这种传值方式称为值传递。

下面这个例题就说明了函数参数之间的单向传递。

【例 8-3】 请观察程序的执行结果。

```c
#include <stdio.h>
void main( )
{   void swap(int x,int y);
    int a=10,b=20;
    printf("Before swap: a=%d,b=%d\n",a,b);
    swap(a,b);
    printf("After swap: a=%d,b=%d\n",a,b);
}
void swap(int x,int y)
{   int t;
    t=x; x=y; y=t;
}
```

程序运行后输出结果如下。

```
Before swap: a=10,b=20
After swap: a=10,b=20
```

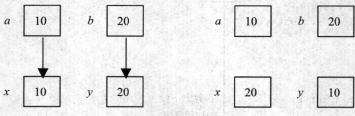

图 8-1　交换函数

从图 8-1 可以看出，实参 a 和 b 的值已经传送给函数 swap( )中的对应形参 x 和 y，在函数 swap( )中 x 和 y 也确实进行了交换，但因为值传递是单向传递，实参的值不随形参的变化而变化，因此即使交换了形参的值，也不能通过调用函数 swap( )达到交换 main 函数中 a 和 b 的值的目的。

8.5 函数的嵌套调用和递归调用

8.5.1 函数的嵌套调用

C 语言不允许函数嵌套定义，即在一个函数体中再定义一个新的函数，但允许函数嵌套调用，即在一个函数体中再调用另一个函数。如果在实现一个函数的功能时需要用到其他函数的功能，就可以采用函数的嵌套调用。这种调用关系如图 8-2 表示，其执行过程是：先执行 main 函数中的语句，执行到调用函数 a( )的语句时，转去执行函数 a( )，在函数 a( )中遇到调用函数 b( )时，又转去执行函数 b( )，函数 b( )执行完毕返回函数 a( )的断点继续执行，函数 a( )执行完毕返回 main 函数的断点继续执行，直到 main 函数结束。

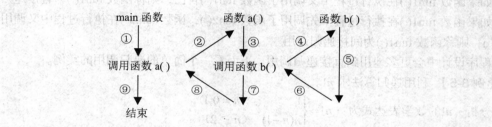

图 8-2 嵌套调用

【例 8-4】 求 3 个数中最大值与最小值之间的差值。

```c
#include <stdio.h>
void main( )
{   int dif(int x,int y,int z);
    int max(int x,int y,int z);
    int min(int x,int y,int z);
    int a,b,c,d;
    printf("请输入三个整数：");
    scanf("%d%d%d",&a,&b,&c);
    d=dif(a,b,c);
    printf("差值为%d\n",d);
}
int dif(int x,int y,int z)
{   return (max(x,y,z)-min(x,y,z));
}
int max(int x,int y,int z)
{   int m;
    m=x;
    if(m<y)   m=y;
    if(m<z)   m=z;
    return (m);
}
int min(int x,int y,int z)
{   int m;
    m=x;
    if(m>y)   m=y;
```

```
       if(m>z)    m=z;
       return (m);
}
```

程序运行后输出结果如下。

请输入三个整数：12 4 10
差值为 8

在这个程序中，一共定义了 3 个函数，分别是函数 dif( )、函数 max( )和函数 min()。在调用函数 dif( )时，需要调用函数 max( )和函数 min( )，以分别求出最大值和最小值。

8.5.2　函数的递归调用

函数直接或间接地调用自身叫作函数的递归调用。最明显的特点就是自己调用自己。在递归调用中，主调函数是被调函数。递归调用是嵌套调用的一个特例。

如果函数 fun1( )在执行过程中又调用了函数 fun1( )自己，则称函数 fun1( )为直接递归调用。

如果函数 fun1( )在执行过程中先调用了函数 fun2( )，函数 fun2( )在执行过程中又调用了函数 fun1( )，则称函数 fun1( )为间接递归调用。

程序设计中会更多地用到直接递归调用。下面看一个简单的递归调用的实例。

【例 8-5】 利用递归算法求 $n!$。

分析：$n!$的数学表达式为：$n! = \begin{cases} 1 & (n = 0,1) \\ n(n-1) & (n \geq 2) \end{cases}$

从 $n!$的数学表达式中不难看出，其满足数学上对递归函数的要求，因此可以采用递归函数设计求 $n!$的函数。完整的程序如下。

```
#include <stdio.h>
void main( )
{ int fac(int n);
int n,f;
  printf("Please enter n: ");
  scanf("%d",&n);
  if(n<=0)
    printf("Sorry, you enter a wrong number! \n");
  else
  { f=fac(n);
    printf("%d!=%d\n",n,f);
  }
}
int fac(int n)
{ int m;
  if(n==0||n==1)
    m=1;
  else
    m=n*fac(n-1);
  return (m);
}
```

程序运行后输出结果如下。

```
Please enter n: 5
5!=120
```

8.6　数组作为函数参数

8.6.1　数组元素作为函数实参

当调用函数时，数组元素可以作为实参传递给形参，对应的形参必须是类型相同的变量。数组元素作为函数实参使用与普通变量作为函数实参使用是完全相同的。在发生函数调用时，把作为实参的数组元素的值传送给形参，实现单向的值传递。

【例 8-6】 判别一个整数数组中各元素的值，若大于 0，则输出该值，若小于等于 0，则不输出。

```
#include <stdio.h>
#define N 10
void main( )
{  void fun(int m);
   int a[N],i;
   printf("请输入%d个整数: ",N);
   for(i=0;i<N;i++)
     scanf("%d",&a[i]);
   printf("大于 0 的数组元素有: \n");
   for(i=0;i<N;i++)
     fun(a[i]);
   printf("\n");
}
void fun(int m)
{  if(m>0)
     printf("%d ",m);
}
```

程序运行后输出结果如下。

```
请输入 10 个整数: 1 2 3 4 -5 -6 -7 8 9 0
大于 0 的数组元素有:
1 2 3 4 8 9
```

在这个程序的 main 函数中，利用 for 循环语句，每次循环时都将数组元素 $a[i]$ 作为实参调用一次函数 fun( )，即把数组元素 $a[i]$ 的值传送给形参 m，供函数 fun( ) 使用。

8.6.2　一维数组名作为函数参数

用一维数组名作为函数参数时，不是进行值传递，因为实际上形参数组并不存在，编译系统不为形参数组分配内存。那么，数组数据的传送是如何实现的呢？

我们之前介绍过，数组名代表该数组在内存中的首地址，因此用数组名作函数参数时传送的是地址，也就是说把实参数组的首地址赋予了形参数组名。实际上，形参数组和实参数组是同一个数组，两者共占用同一段内存单元。这种传值方式称为地址传递方式。

要在主调函数和被调函数中分别定义实参数组和形参数组。如果形参是数组名，则实参必须是实际的数组名。如果实参是数组名，则形参可以是同样维数的数组名或指针。

【例 8-7】 数组中存放了一个学生 5 门课程的成绩，求平均成绩。

```c
#include <stdio.h>
void main( )
{ float aver(float a[5]);
  int i;
  float score[5],average;
  printf("请输入该学生 5 门课程的成绩: \n");
  for(i=0;i<5;i++)
    scanf("%f",&score[i]);
  average=aver(score);
  printf("平均成绩是%5.2f\n",average);
}
float aver(float a[5])
{  int i;
   float ave,sum=0;
   for(i=0;i<5;i++)
     sum=sum+a[i];
   ave=sum/5.0;
   return ave;
}
```

程序运行后输出结果如下。

请输入该学生 5 门课程的成绩:
55.5 66.5 77.5 88.5 99.5
平均成绩是 77.50

在这个例子中，有一个实参数组 score 和一个形参数组 a，当发生函数调用时，进行地址传递，把实参组 score 的首地址传递给形参数组名 a，于是 a 也取得该地址 2000。这样实参数组 score 和形参数组 a 就共占以 2000 为首地址的一段连续内存单元，如图 8-3 所示。

从图 8-3 中还可以看出，实参数组 score 和形参数组 a 就是同一个数组，下标相同的两个元素实际上也共占相同的内存单元，于是score[0]等于a[0]，类推则有score[i]等于a[i]。

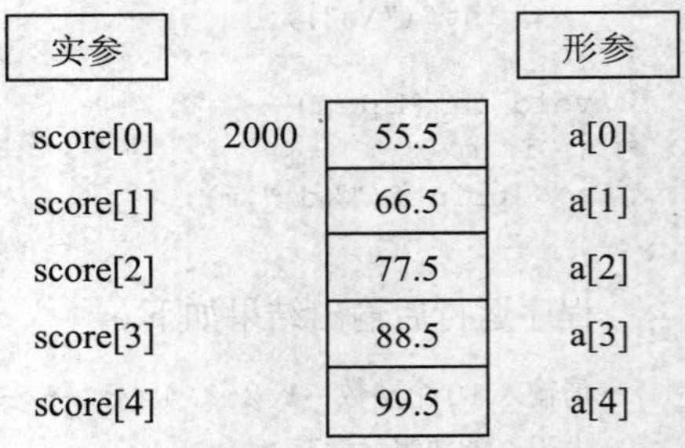

实参			形参
score[0]	2000	55.5	a[0]
score[1]		66.5	a[1]
score[2]		77.5	a[2]
score[3]		88.5	a[3]
score[4]		99.5	a[4]

图 8-3　由数组名作函数参数

另外，以数组名作为函数的参数时，形参数组可以不用指明长度。例如，上面程序中的 aver 函数可以写成如下形式。

```c
float aver(float a[ ])
{ …… }
```

8.6.3　多维数组名作为函数参数

与一维数组的使用情况类似，二维数组名也可以作为函数的参数。如果将二维数组作为函数的参数，一定要注意在对形参数组定义时可以指定每一维数的长度，也可以省去第一维的长度，但是不能省去第二维的长度，这是由编译器原理限制的。

```c
void fun(float arr[5][10]);
或  void fun(float arr[ ][10]);
```

上述两种形式都是合法的，但下面的两种函数声明就是不合法的。

```
void fun(float arr[ ][ ]);
或  void fun(float arr[5][ ]);
```

【例 8-8】 调用函数，实现矩阵的转置，即矩阵的行列互换。

```
#include <stdio.h>
#define N 3
void main( )
{   void convert(int a[ ][N]);
    int i,j,arr[N][N];
    printf("请输入数组元素的值: \n");
    for(i=0;i<N;i++)
        for(j=0;j<N;j++)
            scanf("%d",&arr[i][j]);
    convert(arr);
    printf("\n 转置之后的矩阵为: \n");
    for(i=0;i<N;i++)
    {   for(j=0;j<N;j++)
            printf("%4d",arr[i][j]);
        printf("\n");
    }
}
void convert(int a[ ][N])
{   int i,j,t;
    for(i=0;i<N;i++)
        for(j=0;j<i;j++)
        {   t=a[i][j]; a[i][j]=a[j][i]; a[j][i]=t;  }
}
```

程序运行后输出结果如下。

请输入数组元素的值：

1 2 3 4 5 6 7 8 9

转置之后的矩阵为：

1 4 7
2 5 8
3 6 9

同样地，多维数组也可以作为函数的参数，其使用方法可参考二维数组作为函数参数的情况，在此不再赘述。

8.7　局部变量和全局变量

变量的作用域指的是在程序中能使用该变量的范围。根据变量的作用域不同，可以将变量分为局部变量和全局变量。有时，局部变量也被称为内部变量，全局变量也被称为外部变量。

8.7.1　局部变量

在函数内部或复合语句内部定义的变量称为局部变量。函数的形参也属于局部变量。局部变量只能在定义它的函数内使用，不能被其他函数使用，而且只有在程序执行到定义该变量的函数（或复合语句）时才能生成，一旦执行退出该函数，则该变量消失。具体实例如下。

```
void main( )
{ int x=10;         ①
   { int x=5;       ②
     printf("(1)x=%d\n",x);
   }
   printf("(2)x=%d\n",x);
}
```

程序运行后输出结果如下。

```
(1)x=5
(2)x=10
```

这里出现了两个同名的局部变量 x，其中，①处的变量 x 的作用域是整个 main 函数，②处的变量 x 的作用域仅限于复合语句内。

不同函数允许使用同名的局部变量，具体实例如下。

```
void main( )
{ int a=10;    /*局部变量*/
   ......
}
void fun(void)
{ int a=20;   /*局部变量*/
   ......
}
```

8.7.2　全局变量

在函数之外定义的变量称为全局变量。全局变量的有效范围是从定义位置开始到本源程序结束。全局变量通常自动初始化为 0。

```
int a,b;
void main( )
{
   ......              全局变量 a 和 b
                          的作用域
}
void fun(void)
{
   ......
}
```

如果在同一个源程序中，出现全局变量和局部变量同名的情况，那么在局部变量的作用域内，全局变量将会被暂时屏蔽。

【例 8-9】 分析下面程序的运行结果。

```
#include <stdio.h>
int a=5,b=7;
void main( )
{ int plus(int x,int y);
   int a=4,b=5,c;
```

```
        c=plus(a,b);
        printf("a+b=%d\n",c);
}
int plus(int x,int y)
{   int z;
    z=x+y;
    return (z);
}
```

程序运行后输出结果如下。

a+b=9

利用全局变量可以实现主调函数与被调函数之间数据的传递和返回，增加了函数之间数据联系的通道。同一文件中的所有函数都能使用全局变量的值，因此当某函数改变了全局变量的值时，便会影响到其他的函数，相当于函数之间有了直接的传递通道，即公共变量，从而可能从函数获得一个以上的返回值。通过下面的例子了解全局变量的作用。

【例 8-10】 一个数组中存放了 10 个学生成绩，求最高分、最低分和平均分。要求利用全局变量编写程序。

```
#include <stdio.h>
int max,min;        /*全局变量*/
void main( )
{   float stud(int s[ ],int num);
    int i,score[10];
    float aver;
    printf("请输入 10 个学生的成绩: \n");
    for(i=0;i<10;i++)
            scanf("%d",&score[i]);
     aver=stud(score,10);
     printf("最高分为: %d 最低分为: %d\n",max,min);
     printf("平均分为: %.2f\n",aver);
}
float stud(int s[ ],int num)
{   int sum,i;
    float ave;
    max=min=s[0];
    sum=s[0];
    for(i=0;i<num;i++)
    {   if(s[i]>max)   max=s[i];
        if(s[i]<min)   min=s[i];
        sum+=s[i];
    }
    ave=(float)sum/num;
    return (ave);
}
```

程序运行后输出结果如下。

请输入 10 个学生的成绩:
90 45 78 97 100 67 89 92 66 43
最高分为: 100   最低分为: 43
平均分为: 76.70

虽然全局变量的作用域大，用起来似乎也很方便灵活，但需要提醒读者的是：一般不提倡使用全局变量。

8.8　变量的存储类型

内存中供用户使用的存储空间分为程序区和数据区两部分，其中，变量存储在数据区内，数据区又可以分为动态存储区和静态存储区。一个 C 源程序在内存中的存储影像，如图 8-4 所示。

程序区
动态存储区
静态存储区

图 8-4　内存存储映像

在程序运行期间，所有的变量均需占用存储空间，有的是临时占用内存，有的是整个程序运行过程中自始至终都占用内存。动态存储是指在程序运行期间根据实际需要动态分配存储空间的方式。静态存储是指在程序运行期间给变量分配固定存储空间的方式。

定义变量的完整形式如下。

[存储类型] 数据类型 变量名;

变量的数据类型决定了该变量所占内存单元的大小及形式，变量的存储类型决定了该变量的作用域。

变量的存储类型分为自动型、寄存器型、静态型和外部型等 4 种类型，其中，自动型变量存储在内存的动态存储区，寄存器型变量存储在 CPU 的寄存器中，静态型变量和外部型变量存储在内存的静态存储区。

8.8.1　自动型变量

自动型变量用关键字 auto 进行存储类型的声明。

auto 型只能用于定义局部变量。局部变量的存储类型默认值为 auto 型。如果定义时没有赋初值，则 auto 型变量中的值是随机数。

例如，auto int m,n; 等价于 int m,n;。

因此关键字 auto 一般不使用。

当 auto 型变量所在的函数或模块被执行时，系统为这些变量分配内存单元。当退出所在的函数或模块时，这些变量对应的内存单元会被释放。换句话说，函数或模块每被执行一次，auto 型变量就会被重新分配内存单元。

下面的例子说明了 auto 型变量的特点。

【例 8-11】　auto 型变量的编程示例。

```c
#include <stdio.h>
void main( )
{   void func(void);
    auto int a=10;
    func( );
    func( );
    printf("a of main( ) is %d\n",a);
}
void func(void)
{   auto int a=5;
```

```
    a=a*10;
    printf("a of func( ) is %d\n",a);
}
```

程序运行后输出结果如下。

```
a of func( ) is 50
a of func( ) is 50
a of main( ) is 10
```

在这个例子中，每次进入函数 func( )时，系统都会自动为 auto 型变量 a 重新分配内存单元，而退出时自动释放这些内存单元。

8.8.2　寄存器型变量

寄存器型变量用关键字 register 进行存储类型的声明。

register 型只能用于定义局部变量。如果定义时没有赋初值，则 register 型变量中的值是随机数。

寄存器的存取速度比内存的存取速度快得多，因此通常把程序中使用频率最高的少数几个变量定义成 register 型，目的是提高程序的执行效率。

CPU 中寄存器的数目不仅与 CPU 的类型有关，也与所用的 C 编译系统有关。因为寄存器的数目有限，所以不能定义任意多个 register 型变量。如果定义过多，则会自动将超出的变量转换为 auto 型变量。

8.8.3　静态型变量

静态型变量用关键字 static 进行存储类型的声明。

static 型既可以定义局部变量，又可以定义全局变量。如果定义时没有赋初值，则系统会为 static 型变量自动赋 0 值（对数值型变量）或空字符（对字符型变量）。

在函数体或复合语句内部定义的 static 型变量，称为静态局部变量。

在整个程序运行期间，静态局部变量在内存中占据着永久性的内存单元。即使退出函数后，下次再进入该函数，静态局部变量仍使用原来的内存单元。由于不释放这些内存单元，所以这些内存单元中的值得以保留。静态局部变量的值具有可继承性。静态局部变量的生存期一直持续到程序运行结束。静态局部变量不能被其他函数访问。

【例 8-12】　静态局部变量的编程示例。

```
#include <stdio.h>
int a=2;
void main( )
{  int fun(void);
   int i;
   for(i=0;i<3;i++)
     printf("%d\n",fun( ));
}
int fun(void)
{   int b=0;
    static c=3;
    b++;
    c++;
    return (a+b+c);
}
```

程序运行后输出结果如下。

```
7
8
9
```

观察程序的运行结果，请注意区分局部变量、全局变量和静态局部变量的区别及它们各自的作用域。

鉴于静态局部变量的特点，其对于编写那些在函数调用之间必须保留局部变量值的独立函数是非常有用的。

在函数外部定义的 static 型变量，称为静态全局变量。有时在程序设计中希望某些外部变量只限于被本文件引用，而不能被其他文件引用，这时就可以使用静态全局变量。注意静态局部变量与静态全局变量的区别。

```
static int x;          /*定义 x 为静态全局变量*/
int func(void)
{   static float y;  /*定义 y 为静态局部变量*/
    ......
}
```

看下面这个例子。

【例 8-13】 静态全局变量的编程示例。

```
/*file1.c*/
#include <stdio.h>
static int n;   /*定义 n 为静态全局变量*/
void main( )
{ n=5;
  printf("file1:%d\n",n);
  func( );
}
/*file2.c*/
#include <stido.h>
extern int n;   /*声明 n 为全局变量*/
void func(void)
{ printf("file2:%d\n",n);
}
```

文件"file1.c"中定义了静态全局变量 n，在文件"file2.c"中用 extern 声明 n 是全局变量，在文件"file2.c"中试图引用它。在分别编译两个文件时一切正常，但当把这两个文件连接在一起时将产生出错信息，指出在文件"file2.c"中，符号'n'无定义。这是因为在文件"file1.c"中，变量 n 被定义成静态全局变量，其他文件中的函数就不能再引用它了。由此可见，关键字 static 限制了全局变量作用域的扩展，达到了信息隐蔽的目的。

从作用域的角度看，凡有 static 声明的变量，其作用域都是局限的，静态局部变量被局限于本函数内使用，静态全局变量被局限于本文件内使用。

8.8.4 外部型变量

外部型变量用关键字 extern 进行存储类型的声明。

extern 型只能用于定义全局变量。全局变量的存储类型默认值为 extern 型。

extern 最基本的用法是声明全局变量。但是需要注意的是，声明和定义不是同一个概念。声明只是指出了变量的名字，并没有为其分配内存单元，而定义不但指出变量的名字，同时还为变量分配内存单元。定义包含了声明。在定义全局变量时，不可使用关键字 extern。具体实例如下。

```
int a;              /*定义变量，并分配了内存单元，可以使用*/
extern int a;   /*声明变量，没有分配内存单元，还不能使用*/
```

理解了这两个概念后，我们来总结 extern 的作用：其实使用 extern 可以扩大全局变量的作用域。下面分两种情况进行介绍。

（1）一种情况是在同一个源文件内使用 extern 来扩大全局变量的作用域。

当全局变量定义在后，引用它的函数在前面时，应该在引用它的函数中用 extern 对此全局变量进行声明。看下面的这个例子。

【例 8-14】 外部型变量的编程示例。

```
#include <stdio.h>
void main( )
{  int max(int x,int y);
    extern int a,b;      /*声明全局变量*/
   printf("max=%d\n",max(a,b));
}
int a=12,b=5;          /*定义全局变量*/
int max(int x,int y)
{  int z;
   z=x>y?x:y;
   return (z);
}
```

程序运行后输出结果如下。

```
max=12
```

（2）另一种情况是在不同的源文件中使用 extern 来扩大全局变量的作用域。

若一个 C 源程序中的这些源文件有共同使用的变量，那么这个变量就遵循"一次定义，多次声明"的形式，即在一个文件中定义，其他文件使用时先进行声明。例如，在文件"file1.c"中定义了如下变量。

```
int x=10;
```

若想在文件"file2.c"中也使用这个变量，就需做声明。

```
extern int x;
```

此时，C 编译系统就知道 x 是一个已经定义过的全局变量，会自动先在本文件内搜寻该变量，如果未找到，再去其他文件中搜寻，同时"file2.c"就不必再为变量 x 分配内存单元。声明之后，就可以在"file2.c"中对变量 x 进行操作了。

如果在文件"file2.c"中不是声明变量 x，而是也定义了一个同名的全局变量 x，形式如下。

```
int x;
```

在这种情况下，C 编译系统在单独编译每个文件时并无异常，将会按定义分别为文件"file1.c"和"file2.c"中的全局变量 x 开辟各自的内存单元，而当进行连接时，就会显示"重复定义"的错误信息。

另外一个需要注意的问题是，不能对用 extern 声明的变量赋初值。例如，下列语句是错误的。

```
extern int x=1;
```

8.9　内部函数和外部函数

在 C 语言中，根据函数能否被其他源文件调用，用户自定义函数也可分为内部函数和外部函数两种。

8.9.1　内部函数

若函数的存储类型为 static 型，即在函数的类型说明符前加上关键字 static，则称此函数为内部函数。内部函数又称为静态函数。内部函数的声明形式如下。

```
static 类型说明符 函数名(形式参数表);
```

具体实例如下。

```
static float fun(float a,float b);。
```

内部函数的特点是：只能被本文件中的其他函数所调用，作用域仅限于定义它的文件。此时，在其他的文件中可以有相同的函数名。它们相互之间互不干扰。

使用静态函数，可以避免不同编译单位因函数同名而引起混乱。若强行调用静态函数，将会产生出错信息。

8.9.2　外部函数

若函数的存储类型为 extern 型，即在函数的类型说明符前加上关键字 extern，则称此函数为外部函数。一般的函数都隐含说明为 extern，所以我们以前所定义的函数都属于外部函数。外部函数的声明形式如下。

```
extern 类型说明符 函数名(形式参数表);
```

例如，语句"extern char upper(char ch);"就声明了一个外部函数。

关键字 extern 既可以用来引用本文件之外的变量，还可以用来引用本文件之外的函数。

外部函数的特点是：可以被其他文件中的函数所调用。通常，当函数调用语句与被调用函数的定义不在同一文件时，应该在调用语句所在函数的声明部分用 extern 对所调用的函数进行函数声明。

【例 8-15】有一个字符串，内有若干个字符，现输入一个字符，要求将出现在字符串中的该字符删去。用外部函数实现。

```
/*file.c*/
#include <stdio.h>
void main( )
{ extern void enter_string(char str[ ]);          /*函数声明*/
  extern void delete_string(char str[ ],char ch);
  extern void print_string(char str[ ]);
  char c,str[40];
  printf("请输入一个字符串: ");
  enter_string(str);          /*函数调用*/
```

```
    printf("请输入要删除的字符: ");
    scanf("%c",&c);
    detele_string(str,c);      /*函数调用*/
    printf("删除指定字符后的字符串为: ");
    print_string(str);         /*函数调用*/
}
/*file2.c*/
#include <stdio.h>
void enter_string(char str[ ])          /*定义外部函数 enter_string*/
{ gets(str);
}
/*file3.c*/
void delete_string(char str[],char ch)   /*定义外部函数 delete_string*/
{ int i,j;
  for(i=0,j=0;str[i]!='\0';i++)
    if(str[i]!=ch)
      str[j++]=str[i];
  str[i]='\0';
}
/*file4.c*/
#include <stdio.h>
void print_string(char str[ ])          /*定义外部函数 print_string*/
{ printf("%s\n",str);
}
```

程序运行后输出结果如下。

请输入一个字符串: abcdefgabcdefg
请输入要删除的字符: d
删除指定字符后的字符串为: abcefgabcefg

这个程序由 4 个文件构成。每个文件包含一个函数。除 main 函数外，其余 3 个函数都定义为外部函数。在 main 函数中用 extern 声明了要调用的这 3 个函数。通过此例可以知道，使用 extern 声明就可以将函数的作用域扩展到本文件中。

8.10　综合应用实例

【例 8-16】　编写一个函数，实现给定某年某月某日，将其转换成这一年的第几天并输出。

分析：调用函数 day_year( )进行天数统计时，利用循环语句将所输日期的前几个月的天数累加起来，所以循环条件为 "$i<m$"，而不是 "$i<=m$"。接着使用 if 语句判断某年是否为闰年，若是闰年，则天数加 1。

```
#include <stdio.h>
int tab[13]={0,31,28,31,30,31,30,31,31,30,31,30,31};
void main( )
{   int day_year(int y,int m,int d);
    int year,month,day;
    printf("请输入年月日: \n");
```

```
        scanf("%d%d%d",&year,&month,&day);
        printf("是这年的第%d天\n",day_year(year,month,day));
}
int day_year(int y,int m,int d)
{   int i,s=0;
    for(i=1;i<m;i++)
        s=s+tab[i];
    if((y%4==0&&y%100!=0||y%400==0)&&m>=3)
        s++;
    return (s+d);
}
```

程序运行后输出结果如下。

请输入年月日：
2014 11 11
是这年的第 315 天

【例 8-17】 假设数组 a 已按升序排序，编写函数，利用折半查找法在数组 a 中查找数值 *key*，若找到，输出它所在的位置，否则，输出"没有找到"。

分析：折半查找法在 7.5 节介绍过，现在使用函数完成数值 *key* 的查找。程序如下。

```
#include<stdio.h>
#define N 15
void main( )
{   int search(int a[N],int x);
    int i,k,n,a[N];
    printf("请输入从小到大的%d个整数：\n",N);
    for(i=0;i<N;i++)
    {   printf("a[%d]=",i);
        scanf("%d",&a[i]);
    }
    printf("请输入要查找的数：");
    scanf("%d",&n);
    k=search(a,n);
    if(k<0)
        printf("没有找到%d\n",n);
    else
        printf("找到, a[%d]=%d\n",k,n);
}
int search(int a[N],int x)
{   int low=0,high=N-1,mid;
    while(low<=high)
    {   mid=(low+high)/2;
        if(x<a[mid])
            high=mid-1;
        else if(x>a[mid])
            low=mid+1;
        else
            return mid;
    }
    return -1;
}
```

程序运行后输出结果如下。

请输入从小到大的%d 个整数：
4 6 8 13 15 19 23 26 30 35
请输入要查找的数：23
找到，a[6]=23

本章小结

一个完整的 C 源程序往往是由多个函数组成的，这些函数可以分布在一个或多个源文件中。程序都是从 main 函数开始执行，由 main 函数直接或间接地调用其他函数来辅助完成整个程序的功能。本章重点介绍了函数的使用方法，包括函数的定义、函数的调用和函数的声明。作为 C 语言程序设计的重要内容，函数是实现模块化程序设计的主要手段。

为保证函数调用时数值传递正确，主调函数中的实参和被调函数中的形参应有严格的对应关系，可以归纳为"3 个一致和 1 个不一致"，即实参和形参必须在个数、类型和顺序上保持一致，而在参数名称上可以不一致。

要注意区分值传递和地址传递的区别和联系：值传递是单向传递，实参和形参各占不同的存储单元；而地址传递是双向传递，实参数组和形参数组共占同一块存储单元。

另外，本章介绍了变量的作用域和存储类型在程序中的作用。

要注意全局变量的作用。利用全局变量增加了函数之间数据联系的通道，同一文件中的所有函数都能使用全局变量的值，因此当某函数改变了全局变量的值，会影响到其他的函数，相当于各函数之间有了直接的传递通道，即公共变量，从而可能从函数获得一个以上的返回值。

习　题

一、选择题

1. 以下叙述正确的是（　　　）。
    A. C 语言程序总是从第一个定义的函数开始执行
    B. 在 C 语言程序中，要调用的函数必须在 main 函数中定义
    C. C 语言程序总是从 main 函数开始执行
    D. C 语言程序中的 main 函数必须放在程序的开始部分

2. 若函数调用时的实参为变量，以下关于函数形参和实参的叙述中正确的是（　　　）。
    A. 函数的实参和其对应的形参共占同一存储单元
    B. 形参只是形式上的存在，不占用具体存储单元
    C. 同名的实参和形参占同一存储单元
    D. 函数的形参和实参分别占用不同的存储单元

3. 以下叙述正确的是（　　　）。
    A. 每个函数都可以被其他函数调用（包括 main 函数）
    B. 每个函数都可以被单独编译
    C. 每个函数都可以单独运行
    D. 在一个函数内部可以定义另一个函数

4. 以下叙述正确的是 (   )。

  A. C 语言程序是由过程和函数组成的

  B. C 语言函数可以嵌套调用，例如，fun(fun(x))

  C. C 语言函数不可以单独编译

  D. C 语言中除了 main 函数，其他函数不可以做为单独文件形式存在

5. 以下关于 return 语句的叙述中正确的是 (   )。

  A. 一个用户自定义函数中必须有一条 return 语句

  B. 一个用户自定义函数中可以根据不同情况设置多条 return 语句

  C. 定义成 void 类型的函数中可以有带返回值的 return 语句

  D. 没有 return 语句的用户自定义函数在执行结束后不能返回到调用处

6. 如果在一个函数的复合语句中定义了一个变量，则该变量 (   )。

  A. 只在该复合函数中有效   B. 在该函数中有效

  C. 在本程序范围内有效   D. 为非法变量

7. 以下程序的运行结果是 (   )。

```c
#include <stdio.h>
int i=5;
void main( )
{ int fun1(void);
  int i=3;
  { int i=10;
    i++;
  }
  fun1( );
  i++;
  printf("%d\n",i);
}
int fun1(void)
{ i++;
  return (i);
}
```

  A. 7   B. 4   C. 12   D. 6

8. 设函数中有整型变量 n，为保证其在未赋值的情况下初值为 0，应选择的存储类型为 (   )。

  A. auto   B. register   C. static   D. auto 或 register

9. 以下程序的运行结果是 (   )。

```c
#include <stdio.h>
int f(int n);
void main( )
{ int i,j=0;
  for(i=1;i<3;i++)
    j+=f(i);
  printf("%d\n",j);
}
int f(int n)
{ if(n==1) return 1;
  else      return f(n-1)+1;
}
```

  A. 4   B. 3   C. 2   D. 1

10. 在 C 语言中, ( ) 是在所有函数外部定义声明的。

    A. 全局变量   B. 局部变量   C. 形式参数   D. 实际参数

11. 以下程序的运行结果是 ( )。

```c
#include <stdio.h>
void main( )
{ void swap(int a,int b);
  int x=10,y=20;
  swap(x,y);
  printf("x=%d y=%d\n",x,y);
}
void swap(int a,int b)
{ int t;
  t=a; a=b; b=t;
}
```

    A. x=10 y=20   B. x=20 y=10   C. x=10 y=10   D. x=20 y=20

12. 函数 aver( ) 的功能是求整型数组中的前若干个元素的平均值, 设数组元素个数最多不超过 10 个, 则下列函数声明语句错误的是 ( )。

    A. float avg(int *a,int n);   B. float avg(int a[10],int n);

    C. float avg(int a,int n);   D. float avg(int a[ ],int n);

13. 在下面的 main 函数中调用了在其前面定义的函数 fun( ), 则以下选项中错误的函数 fun( ) 首部是 ( )。

```c
#include <stdio.h>
void main( )
{ double a[15],k;
  k=fun(a);
}
```

    A. double fun(double a[15])   B. double fun(double *a)

    C. double fun(double a[ ])   D. double fun(double a)

14. 以下程序的运行结果是 ( )。

```c
#include <stdio.h>
void main( )
{ int fun(int x[ ],int n);
  int a[ ]={1,2,3,4,5},b[ ]={6,7,8,9},s=0;
  s=fun(a,5)+fun(b,4);
  printf("%d\n",s);
}
int fun(int x[ ],int n)
{ int i;
  static int sum=0;
  for(i=0;i<n;i++)
    sum+=x[i];
  return (sum);
}
```

    A. 45   B. 50   C. 60   D. 55

15. 以下程序的运行结果是 ( )。

```c
#include <stdio.h>
void main( )
{ int sumarr(int a[3][3]);
```

```c
int a[3][3]={1,2,3,4,5,6,7,8,9},sum,i,j;
for(i=0;i<3;i++)
  for(j=0;j<3;j++)
    scanf("%d",&a[i][j]);
sum=sumarr(a);
printf("sum=%d\n",sum);
}
int sumarr(int a[3][3])
{ int s=0,i;
  for(i=0;i<3;i++)
    s=s+a[i][i];
  return (s);
}
```

     A. 6   B. 12   C. 24   D. 15

二、填空题

1. 凡是函数中未指定存储类型的局部变量，其隐含的存储类型为（　　　）。

2. 函数调用语句"fun((exp1,exp2),(exp3,exp4,exp5));"中含有（　　）个实参。

3. C 语言中，若程序中使用了数学库函数，则在程序中应该包含（　　　）头文件。

4. 在函数调用过程中，如果函数 A 调用了函数 B，函数 B 又调用了函数 A，则称为函数的（　　）调用。

5. 如果一个函数只能被本文件中的其他函数所调用，它称为（　　　）。

三、阅读程序，写出运行结果

1.
```c
#include <stdio.h>
int f(int a,int b);
void main( )
{ int i=2,j,k,p;
  j=i;
  k=++i;
  p=f(j,k);
  printf("The result is %d\n",p);
}
int f(int a,int b)
{ int c;
  if(a>b)  c=1;
  else if(a==b)  c=0;
  else c=-1;
  return c;
}
```

2.
```c
#include <stdio.h>
int fun(void);
void main( )
{ int i,x;
  for(i=0;i<3;i++)
    x=fun( );
  printf("x=%d\n",x);
}
int fun(void)
{ static int x=3;
  x++;
  return x;
}
```

3.
```c
#include <stdio.h>
int d=1;
void main( )
{ int f(int p);
  int a=3;
  printf("%d ",f(a+f(d)));
}
int f(int p)
{ static int d=5;
  d+=p;
  printf("%d ",d);
  return (d);
}
```

4.
```c
#include <stdio.h>
void main( )
{ void fun(char s[ ]);
  char str[ ]="Hello Beijing";
  fun(str);
  puts(str);
}
void fun(char s[ ])
{ int i=0;
  char c;
  while((c=s[i])!='\0')
  { if(s[i]>='a'&&s[i]<='z')
      s[i]=s[i]-('a'-'A');
    i++;
  }
}
```

5.
```c
#include <stdio.h>
void main( )
{ void sub(int s[ ],int n1,int n2);
  int i,a[10]={1,2,3,4,5,6,7,8,9,10};
  sub(a,0,3); sub(a,4,9); sub(a,0,9);
  for(i=0;i<10;i++)
    printf("%d",a[i]);
  printf("\n");
}
void sub(int s[ ],int n1,int n2)
{ int i,j,t;
  i=n1; j=n2;
  while(i<j)
  { t=s[i]; s[i]=s[j]; s[j]=t;
    i++;
    j--;
  }
}
```

四、程序设计

1. 编写一个函数，用冒泡法对输入的 10 个整数进行排序（按升序排序）。

2. 编写判断素数的函数 prime( )，调用该函数，统计并输出 100～1000 之间的所有素数。

3. 有两个数组 a 和 b，各有 10 个元素，分别统计出两个数组中对应元素大于（a[i]>b[i]）、等于（a[i]=b[i]）、小于（a[i]<b[i]）的次数。

4. 编写一个函数，当输入整数 n 后，输出高度为 n 的等边三角形。当 $n=4$ 时的等边三角形如下。

```
   *
  ***
 *****
*******
```

5. 编写一个函数，调用该函数，求 200（不包括 200）以内能被 2 或 5 整除，但不能同时被 2 和 5 整除的整数，结果存放在一个数组中。

6. 定义一个 $N \times N$ 的二维数组，编写一个函数，该函数的功能是：将二维数组左下半三角的元素的值全部置为 0。

7. 编写一个函数，调用该函数，把 ASCII 码为奇数的字符从字符串 str 中删除，结果仍然保存在字符串 str 中。例如，输入字符串 "abcdefghi"，输出字符串 "bdfh"。

8. 输入 N 个学生的考试成绩，计算出平均分后，将低于平均分的成绩存放在一个数组中，输出低于平均分的人数和成绩。

第9章
预处理命令

在 C 语言的程序中可包括各种以符号 "#" 开头的编译指令，这些指令称为预处理命令。所谓编译预处理就是在 C 编译系统对 C 源程序进行编译之前，由编译预处理程序对这些编译预处理命令行进行处理的过程。

我们先来看一个案例。

【**例 9-1**】 输入半径 $r1$、$r2$（$r2>r1$）的值，计算并输出圆环面积。

```
#include <stdio.h>
#define PI 3.14159
void main( )
{ double r1,r2,s1,s2,s;
  printf("请输入半径 r1、r2 的值: ");
  scanf("%lf,%lf",&r1,&r2);
  s1=r1*r1*PI;
  s2=r2*r2*PI;
  s=s2-s1;
  printf("area=%lf\n",s);
}
```

程序运行后输出结果如下。

请输入半径 r1、r2 的值: 1.2，3.5
area=33.960588

这些预处理命令不是 C 语言本身的组成部分。合理地使用预处理功能编写的程序便于阅读、修改、移植和调试，可以扩展 C 语言程序设计的环境，有利于实现模块化的程序设计。

为了与一般 C 语句相区别，这些命令以符号 "#" 开头，每行末尾不得用 ";" 号结束。C 语言提供的预处理功能主要有 3 种: 宏定义、文件包含和条件编译。

表 9-1 列举了 C 语言中的部分预处理命令。

表 9-1　　　　　　　　　　　　　　C 语言的部分预处理命令

命令	作用
#	空指令，无任何效果
#include	包含一个头文件
#define	宏定义
#undef	取消已定义的宏

命令	作用
#if	如果给定条件为真，则编译下面代码
#ifdef	如果宏已经定义，则编译下面代码
#ifndef	如果宏没有定义，则编译下面代码
#elif	如果前面的#if给定条件不为真，当前条件为真，则编译下面代码
#endif	结束一个#if…#else 条件编译块
#error	停止编译并显示错误信息

9.1　宏定义

在 C 源程序中允许用一个标识符来表示一个字符串，其称为宏。被定义为宏的标识符称为宏名。在编译预处理时，对程序中所有出现的宏名，都会用宏定义中的字符串去代换，这称为宏代换。

宏定义分为不带参数的宏定义和带参数的宏定义两种情况。

9.1.1　不带参数的宏定义

不带参数的宏定义形式如下。

#define 宏名 字符串

在以上宏定义语句中，define 为宏定义命令，是一个关键字，宏名是一个标识符，作为一种约定，习惯上总是全部用大写字母来定义宏。用宏名代替一个字符串，可以减少程序中重复书写某些字符串的工作量。当需要改变某一个常量的值时，只改变"#define"命令行即可。同一个宏名不能重复定义，具体实例如下。

```
#define NUM 10
int array[NUM];
```

在这个例子中，符号 NUM 就有了特定的含义，其代表的值给出了数组的最大元素数目。程序中可以多次使用这个值。如果想改变数组的大小，只需要更改宏定义并重新编译程序即可。

在【例 9-1】中，在编译处理时，会把程序中在该命令以后的所有的 PI 都用 3.14159 代替。

宏还可以代表一个字符串常量，具体实例如下。

```
#define STRING "This is a program.\n"
```

这时，执行语句"printf(STRING);"，就会输出宏名所代表的字符串"This is a program."。

需要注意的是，预处理程序对宏定义不做任何正确性的检查。如有错误，只能在编译已被宏替换后的源程序时发现。

宏定义必须写在函数之外，宏名的有效范围是从定义命令之后，直到源程序文件结束，或遇到宏定义终止命令#undef 为止。例如：

```
#define G 9.8
#define PI 3.14
void main( )
{
    ...
}
#undef G
void fun( )
{
    ...
}
```

宏 G 的有效范围

宏 PI 的有效范围

9.1.2　带参数的宏定义

带参数的宏定义形式如下。

```
#define 宏名(参数表) 字符串
```

在宏名与带参数的括号之间不应加空格，否则会变成不带参数的宏定义，容易出错。

在宏定义中出现的参数是形式参数，在宏调用中出现的参数是实际参数，在调用中不仅要进行宏替换，而且还要用实参去替换形参。具体实例如下。

```
#define S(a,b) a*b   /*a 和 b 是边长, S 是面积*/
...
int area;
area=S(2,3);
```

在宏调用时，用实参 2 和 3 分别取替换形参 a 和 b，经过预处理，宏替换后的语句就改为"area=2*3;"。

在这里提醒读者注意括号的使用，宏替换后完全包含在一对半角括号中，而且参数也包含在半角括号中，这样就保证了宏定义和参数的完整性。让我们看一个例子。

```
#define Cube(x) ((x)*(x)*(x))
```

看一个用法。

```
int num=3+5;
volume=Cube(num);
```

展开后上述语句等价于"volume=((3+5)*(3+5)*(3+5));"。

如果不加这些括号，就会变为"volume=3+5*3+5*3+5;"了，这样就出现错误了。

带参数的宏定义和函数调用看起来有些相似，但是两者是有区别的。

（1）在带参数的宏定义中，不分配内存单元给形参，因此不必做类型说明。而在函数中，形参和实参是两个不同的量，各有自己的内存单元。

（2）在带参数的宏定义中，只是简单的字符替换，不存在值传递的问题，也没有返回值的概念。而在函数中，调用时需要把实参的值传递给形参，要进行值传递的过程。

（3）在带参数的宏定义中，对参数没有类型的要求，展开时带入指定的字符即可。而在函数中，实参和形参都要定义类型，而且二者类型要求一致。

（4）在带参数的宏定义中，不占用运行时间，只占用编译时间。而在函数中，要占用运行时间。

9.2 文件包含

文件包含指的是一个源文件可以将另一个源文件的全部内容包含进来。C 语言用#include 命令来实现文件包含的功能。

文件包含命令的一般形式如下。

格式 1：#include <文件名>

格式 2：#include "文件名"

这种在源程序开头被包含的文件被称为标题文件或头文件，常以 ".h" 为后缀，以 ".c" 为后缀也可以。具体实例如下。

```
#include <stdio.h>或#include "stdio.h"
```

如果使用格式 1 的形式，即用尖括号括起文件名，则 C 编译系统将到 C 语言开发环境中设置好的 include 文件目录中去找这个文件。因为 C 语言的标准头文件都存放在 include 文件夹中，所以一般对标准头文件采用这种格式。

如果使用格式 2 的形式，即用半角双引号括起文件名，则 C 编译系统先在引用被包含文件的源文件所在的文件目录中去找这个文件，若找不到，再去 include 文件目录中去找。对用户自己编写的文件，最好使用这种格式。

一般用格式 2 比较好，不会找不到指定的文件。

采用文件包含，可以将多个源程序文件拼接在一起，如有 "file1.c" 和 "file2.c" 两个文件，如图 9-1 所示。在对 "file1.c" 进行编译时，系统会用 "file2.c" 的内容替换掉 "file1.c" 中的文件包含命令 "#include "file2.c""，然后再对其进行编译。

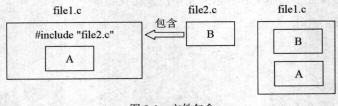

图 9-1　文件包含

9.3 条件编译

一般情况下，C 源程序中所有语句都要参加编译。但是有时希望对其中一部分内容只在满足一定条件下才进行编译，即对一部分内容指定编译的条件，这就是条件编译。

与 C 语言的条件分支语句类似，在预处理时，也可以使用条件分支，根据不同的情况编译不同的源代码段，这样就可以得到不同的目标代码。使用条件编译，可方便地处理程序的调试版本和正式版本，也可使用条件编译使程序的移植更加方便。

条件编译命令有以下 3 种形式。

9.3.1　#if 的使用

#if 的使用形式如下。

```
#if 常量表达式
    程序段 1
[#else
    程序段 2]
#endif
```

它的功能是：如果常量表达式的值为真（非 0），则对程序段 1 进行编译，否则对程序段 2 进行编译。

【例 9-2】　阅读下面的程序，了解#if 的使用。

```
#include <stdio.h>
#define DEBUG 1
void main( )
{ int i,j;
  char ch[26];
  for(i='a',j=0;i<='z';i++,j++)
  { ch[j]=i;
    #if DEBUG
        printf("ch[%d]=%c\n",j,ch[j]);
    #endif
  }
  for(j=0;j<26;j++)
    printf("%c",ch[j]);
  printf("\n");
}
```

程序运行后输出结果如下。

```
ch[0]=a
ch[1]=b
……
ch[24]=y
ch[25]=z
abcdefghijklmnopqrstuvwxyz
```

下面我们再介绍#elif 命令的使用。#elif 与多分支 if 语句中的 else if 类似。#if 和#elif 结合使用可以实现嵌套形式。在嵌套时，每个#endif、#else 或#elif 与最近的#if 或#elif 配对。具体格式如下。

```
#if 常量表达式 1
    程序段 1
#elif 常量表达式 2
    程序段 2
……
#elif 常量表达式 n
    程序段 n
[#else
    程序段 n+1]
#endif
```

【例 9-3】　阅读下面的程序，了解#elif 的使用。

```
#include <stdio.h>
#define MAX 100
#define OLD -1
void main( )
{ int i;
  #if MAX>50
  { #if OLD>0
      i=1;
    #elif OLD<0
      i=2;
    #else
      i=3;
    #endif
  }
  #else
  { #if OLD>0
      i=4;
    #elif OLD<0
      i=5;
    #else
      i=6;
    #endif
  }
  #endif
  printf("结果是: %d\n",i);
}
```

程序运行后输出结果如下。

结果是: 2

9.3.2 #ifdef 的使用

#ifdef 的使用形式如下。

```
#ifdef 标识符
   程序段 1
[#else
   程序段 2]
#endif
```

它的功能是: 如果标识符已被#define 命令定义过, 则对程序段 1 进行编译, 否则对程序段 2 进行编译。

9.3.3 #ifndef 的使用

#ifndef 的使用形式如下。

```
#ifndef 标识符
   程序段 1
[#else
   程序段 2]
#endif
```

它的功能是: 如果标识符未被#define 命令定义过, 则对程序段 1 进行编译, 否则对程序段 2

进行编译。这与第二种形式的功能正好相反。

【例 9-4】 阅读下面的程序，了解#ifdef 和#ifndef 的使用。

```
#include <stdio.h>
#define MARY
void main( )
{  #ifdef MARY
      printf("Hi,Mary\n");
   #else
      prinf("Hi,Anyone\n");
   #endif
   #ifndef SAM
     printf("SAM is not defined\n");
   #endif
}
```

程序运行后输出结果如下。

```
Hi,Mary
SAM is not defined
```

上面介绍的条件编译命令当然也可以用条件语句来实现。但是用条件语句将会对整个源程序进行编译，生成的目标代码程序很长，而采用条件编译，则可以根据条件只编译其中的一部分程序段，生成的目标代码程序较短。

本章小结

所谓"编译预处理"就是在 C 编译系统对 C 源程序进行编译之前，由编译预处理程序对这些编译预处理命令行进行处理的过程。C 语言的预处理命令都是以符号"#"开头的，每行末尾不得用半角分号结束。预处理命令并不是 C 语言中的语句。

C 语言主要提供了 3 种预处理命令，分别是宏定义、文件包含和条件编译，其中，宏定义是重点内容，又分为不带参数的宏定义和带参数的宏定义两种情况。

合理地使用预处理功能编写的程序便于阅读、修改、移植和调试，可以扩展 C 语言程序设计的环境，有利于实现模块化的程序设计。

习　题

一、选择题

1. 在以下关于带参数的宏定义的描述中，以下叙述正确的是（　　）。
   A. 宏名和它的参数都无类型　　　　　　B. 宏名有类型，它的参数无类型
   C. 宏名无类型，它的参数有类型　　　　D. 宏名和它的参数都有类型

2. 以下叙述不正确的是（　　）。
   A. 宏定义不做语法检查　　　　　　　　B. 双引号中出现的宏名不进行替换
   C. 宏名无类型　　　　　　　　　　　　D. 宏名必须用大写字母表示

3. 以下叙述不正确的是（　　）。

A. 预处理命令行都必须以 "#" 开始，结尾不加分号

B. 在程序中凡是以 "#" 开始的语句行都是预处理命令行

C. C 源程序在执行过程中对预处理命令进行处理

D. 预处理命令可以放在程序中的任何位置

4. 以下程序的运行结果是（   ）。

```c
#include <stdio.h>
#define PT 3.5
#define S(x)  PT*x*x
void main( )
{ int a=1,b=2;
  printf("%4.1f\n",S(a+b));
}
```

A. 14.0

B. 31.5

C. 7.5

D. 程序有错误，无输出结果

5. 以下程序的运行结果是（   ）。

```c
#include <stdio.h>
#define S(x)  4*(x)*x+1
void main( )
{ int m=5,n=2;
  printf("%d\n",S(m+n));
}
```

A. 197   B. 143   C. 33   D. 28

6. 以下程序中的 for 循环执行的次数是（   ）。

```c
#include <stdio.h>
#define N 2
#define M N+1
#define NUM (M+1)*M/2
void main( )
{ int i;
  for(i=1;i<=NUM;i++)
     printf("%d\n",i);
}
```

A. 5   B. 6   C. 8   D. 9

7. 在文件包含预处理语句中，当#include 后面的文件名用双引号括起来时，寻找被包含文件的方式为（   ）。

A. 直接按系统设定的标准方式搜索目录

B. 先在源程序所在目录搜索，若找不到，再按系统设定的标准方式搜索

C. 仅仅搜索源程序所在目录

D. 仅仅搜索当前目录

8. 以下叙述正确的是（   ）。

A. #define 和 printf 都是 C 语句

B. #define 是 C 语句，而 printf 不是 C 语句

C. #define 不是 C 语句，而 printf 是 C 语句

D. #define 和 printf 都不是 C 语句

9. 以下程序的运行结果是（   ）。

```
#include <stdio.h>
#define LETTER 0
void main( )
{ char ch,str[20]= "C Language";
  int i=0;
  while((ch=str[i])!='\0')
  {   #if LETTER
          if(ch>='a'&&ch<='z')  ch=ch-32;
      #else
          if(ch>='A'&&ch<='Z')  ch=ch+32;
      #endif
      printf("%c",ch);
      i++;
  }
}
```

  A．C Language B．c language C．C LANGUAGE D．c LANGUAGE

10．以下程序的运行结果是（　　　）。

```
#include <stdio.h>
#define DEBUG 0
void main( )
{ #ifdef DEBUG
    printf("Debugging\n");
  #else
    printf("Not debugging\n");
  #endif
  printf("Running\n");
}
```

  A．Debugging   B．Not debugging
  C．Running   D．Debugging
                 Running

二、填空题

1．C 语言提供了 3 种预处理命令，它们是（　　　）、（　　　）和条件编译。

2．预处理命令都是以符号（　　　）开头的。

3．根据不同的条件去编译不同的程序部分，被称为（　　　）。

4．C 语言用（　　　）命令来实现文件包含的功能。

5．一般情况下，#include 命令可以包含两种文件（　　　）文件和（　　　）文件。

三、程序设计

1．编写一个宏定义 SWAP，用以交换两个实型变量 a 和 b 的值。

2．编写宏定义 MAX 和 MIN，分别用以求两个整数中的大值和小值。

第 10 章
指针

指针是 C 语言中的一个重要概念，也是 C 语言的一个特色。如果能够正确而灵活地使用指针，那么不但可以方便地表示已经学习过的内容，还可以表示更多没接触的内容，如复杂的数据结构、动态的分配内存空间，也能更方便地使用字符串，甚至能直接处理内存单元地址等。因此说"不掌握指针就没有掌握 C 语言的精华"并不为过。

案例引入：两个数交换是 C 语言必须熟练掌握的基础算法，本章我们用指针和函数实现两个数的交换。

10.1 指针的概念

10.1.1 地址的概念

要理解指针的概念，可以先了解地址的概念。

如果在程序中定义了一个变量，在对程序进行编译时，系统就会给这个变量分配内存单元。这个内存单元是有起止位置和编号的，且这个内存单元的编号就是内存地址。

编译系统对定义的变量并不是统一分配同样的字节单元，而是根据定义变量的类型来分配所需要的存储空间。例如，在 Visual C++6.0 编译环境下，一般为整型变量分配 4 个字节，对双精度实型变量分配 8 个字节，对字符型分配 1 个字节。

内存区的每一个字节的编号就是地址。

内存单元的地址确定以后，对应的内存单元存储的信息是什么呢？内存单元存储的数据就是单元内容。这与内存单元的地址是不同的概念。假设有定义 "int i=3;char ch='A';float k=24.45;"，存储这 3 个变量的地址是从 2000 开始的，那么编译时系统分配 2000～2003 这 4 个字节给变量 *i*，2004 这 1 个字节给 *ch*，2005～2008 给 *k*，也就是变量 *i*、*ch*、*k* 的地址分别是 2000、2004 和 2005，详细存储如图 10-1 所示。

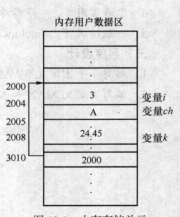

图 10-1 内存存储单元

虽然前面章节的程序一般是通过变量名对数据进行操作的，但实际上存储单元内部对变量值的存取都是通过地址进行的，每一个变量都有一个内存地址与它对应。假如有输出语句如下。

```
printf("%d",i);
```

它是这样执行的：根据变量名与地址的对应关系（这个对应关系是在编译时确定的）找到变量 i 的首地址 2000，然后从由 2000 开始的 4 个字节中取出数据，即变量的值 3，把它输出。

10.1.2　指针

指针与存储地址是紧密联系的。

（1）指针：一个变量的地址称为指针。例如，变量 i 的存储地址是 2000，那么地址 2000 就是变量 i 的指针。

（2）指针变量：专门来存放另一变量的地址，即指针，则它称为指针变量。例如，有一个变量 i_p，它存储的是 i 的指针 2000，那么变量 i_p 就是指针变量。整型变量 i 能存储整数，指针变量 i_p 则能存储指针。

指针变量的值（指针变量中存放的值）是地址（指针），指针变量是存放指针的。请正确区分指针和指针变量这两个概念。例如，可以说变量 i 的指针是 2000，而不能说 i 的指针变量是 2000。指针是一个地址，而指针变量是存放地址的变量。

10.2　指向变量的指针变量和变量的指针

如前所述，变量的指针就是变量的地址。存放变量地址的变量是指针变量，其用来指向另一个变量。为了表示指针变量和其所指向的变量之间的联系，C 语言定义了两个与指针有关的运算符：& 和 *。

（1）&：读作取地址运算符。& 是单目运算符，含义是取变量的地址，优先级是 14 级，如 "int i=3;"，则 &i 是取变量 i 的地址。

（2）*：读作指向。* 是指针运算符，或称间接访问运算符，取指针所指向的内存单元的内容，优先级 14 级。

例如，若有定义 "int i=3;"，则 &i 为变量 i 的地址，*i_p 为指针变量 i_p 所指向的存储单元的内容，即 i_p 所指向的变量的值 i，如图 10-2 所示，以下两个语句作用等价。

① i=3;

② *i_p=3;

语句②的含义是将 3 赋给指针变量 i_p 所指向的变量。

由此可见以下两个关系是成立的。

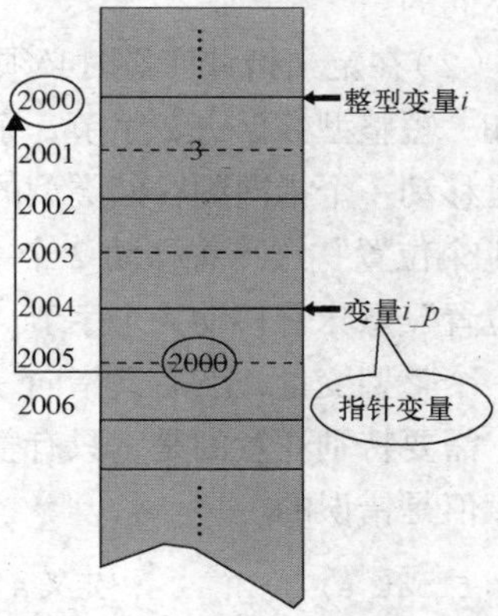

```
i_p =&i=&(*i_p)
i = *i_p= *(&i)
```

图 10-2　指针变量

10.2.1　定义指针变量

C 语言规定所有的变量在使用前必须先定义，需指出其类型，并按此分配内存单元。指针变量不同于整型变量和其他类型的变量，其是用来专门存放地址的，必须将它定义为指针类型。

定义指针变量的一般形式如下。

数据类型　*指针变量名;

其中，数据类型是前面章节的所有数据类型，后续章节学习的构造数据也可以作为指针定义的数据类型，指针变量名满足正确的标识符条件即可，不过指针变量一般使用与单词 point 有关的标识符，如 *pointer*_1、*p*1、*i_p* 等。具体实例如下。

```
int i,j;
int *pointer_1, *pointer_2;
```

第 1 行定义了两个整型变量 *i* 和 *j*，第 2 行定义了两个指针变量 *pointer*_1 和 *pointer*_2，它们是指向整型变量的指针变量，指针所指向的内容只能是整数，不能指向其他类型变量，比如实型变量 *a* 和 *b*。

下面都是合法的定义。

```
float *pointer_3;  /**pointer_3是指向float类型变量的指针变量*/
char *pointer_4;  /**pointer_4是指向字符类型变量的指针变量*/
```

另外，可以用赋值语句使一个指针变量得到另一个变量的地址，从而使它指向该变量，具体实例如下。

```
pointer_1=&i;
pointer_2=&j;
```

将变量 *i* 的首地址存放到指针变量 *pointer*_1 中，因此 *pointer*_1 就"指向"了变量 *i*。同样，将变量 *j* 的首地址存放到指针变量 *pointer*_2 中，因此 *pointer*_2 就"指向"了变量 *j*。

在定义指针变量时要注意两点。

（1）指针变量前面的"*"表示该变量的类型为指针型变量，不是算术运算符乘法"*"。指针变量名是 *pointer*_1、*pointer*_2，而不是* *pointer*_1、* *pointer*_2。这与定义整型或实型变量的形式是不同的。

（2）在定义指针变量时必须指定数据类型。不同类型的数据在内存中所占的字节数是不同的，例如，短整型数据占 2 字节，字符型数据占 1 字节，指针又是可以移动的，每移动 1 个位置实际上是移动一个指向的存储类型的字节数。例如，如果指针指向一个短整型变量，那么"使指针移动 1 个位置"意味着移动 2 个字节。又如，如果指针指向一个浮点型变量，那么"使指针移动 1 个位置"意味着移动 4 个字节。因此，一个指针变量只能指向同一个类型的变量，不能开始时指向一个整型变量，然后又指向一个实型变量。

需要特别注意的是，只有整型变量的地址才能放到指向整型变量的指针变量中。因此，下面的赋值是错误的。

```
float a;        /*定义a为float类型的变量*/
int *pointer_1;  /*定义pointer_1为基类型为int的指针变量*/
pointer_1=&a;    /*将float类型变量的地址送到指向整型变量的指针变量中，这是错误的*/
```

10.2.2　指针变量的引用

指针变量中只能存放地址（指针），不要将一个整数（或其他任何非地址类型的数据）赋给一个指针变量。下面的赋值是不合法的。

```
pointer_1=100; /* pointer_1为指针变量，而100为整数，错误*/
```

图 10-2 中的变量定义和赋值如下。

```
int i=3; int *i_p;
i_p=&i;
```

整数 i 可以通过两种形式访问。第一种通过变量名直接访问数据的形式称为直接访问。第二种通过指针访问变量的形式称为间接访问。

例如，"k=i+4;"是直接访问，而"k=*i_p+4;"是间接访问。

指针变量的引用需要指针变量运算符。比较下面使用整型变量和整型指针变量的两种不同访问形式。

【例 10-1】 整型变量和指针变量访问。

```
#include "stdio.h"
void main()
{
    int a,b;
    int *pointer_1, *pointer_2;
    pointer_1=&a;/ *把变量 a 地址给 pointer_1 赋值*/
    pointer_2=&b;/ * 把变量 b 地址给 pointer_2 赋值*/
    printf("Please input a,b :");
    scanf("%d%d",&a,&b);
    printf("a=%d,b=%d\n",a,b);
    printf("Again input a,b :");
    scanf("%d%d",pointer_1,pointer_2);
    printf("*pointer_1=%d, *pointer_2=%d\n",*pointer_1, *pointer_2);
}
```

运行结果如下。

```
Please input a,b :5 9
a=5,b=9
Again input a,b :20 40
*pointer_1=20, *pointer_2=40
```

（1）程序定义两个指针变量 pointer_1 和 pointer_2 时并指向任何变量（未赋初值），后续程序语句中通过语句"pointer_1=&a;"，即 a 的地址，和"pointer_2=&b;"，即 b 的地址，使指针指向了整数 a、b。

（2）最后一行的* pointer_1 和 * pointer_2 就是变量 a 和 b。

（3）程序中对变量 a、b 输入了两次，第一次使用了&a 和&b 形式，第二次直接使用了指针 pointer_1、pointer_2，程序运行结果一样，即两种访问形式结果一样。

（4）指针赋值语句"pointer_1=&a;"和"pointer_2=&b;"，是将 a 和 b 的地址分别赋给 pointer_1 和 pointer_2。注意不能写成" * pointer_1=&a；"和" * pointer_2=&b；"，因为 a 的地址是赋给指针变量 pointer_1 的，而不是赋给* pointer_1 即变量 a 的。

10.2.3　指针变量作为函数参数

函数的参数不仅可以是整型、实型、字符型等数据，也可以是指针类型，其作用是将一个变量的地址传送到另一个函数中。

【例 10-2】 输入 a 和 b 两个整数，按由大到小顺序输出 a 和 b。要求使用函数处理，并且使用指针类型的数据作为函数参数。程序如下。

```
#include <stdio.h>
void main()
    {
    void swap(int *p1,int *p2);
    int a,b;
    int *pointer_1, *pointer_2;
    scanf("%d,%d",&a,&b);
    pointer_1=&a;pointer_2=&b;
    if(a<b) swap(pointer_1,pointer_2);
    printf("\n%d,%d\n",a,b);
    }
void swap(int *p1,int *p2)
{
    int temp;
     temp=*p1;
    *p1=*p2;
    *p2=temp;
}
```

运行结果如下。

5, 9✓
9, 5

上述程序中，swap 是用户定义的函数，作用是交换两个变量（a 和 b）的值。swap 函数的两个形参是指针变量。程序运行时，先执行 main 函数。输入 a 和 b 的值（现输入 5 和 9）。然后将 a 和 b 的地址分别赋给指针变量 *pointer_1* 和 *pointer_2*，使 *pointer_1* 指向 a，*pointer_2* 指向 b，如图 10-3（a）所示。接着执行 if 语句，a<b，因此执行 swap 函数，注意实参 *pointer_1* 和 *pointer_2* 是指针变量，在函数调用时，将实参变量的值传送给形参变量，采用的是值传递方式。因此，虚实结合后形参 p1 的值为&a，p2 的值为&b，如图 10-3（b）所示。这时 p1 和 *pointer_1* 都指向变量 a，p2 和 *pointer_2* 都指向变量 b，接着执行 swap 函数的函数体，使*p1 和*p2 的值互换，也就是使 a 和 b 的值互换。互换后的情况如图 10-3（c）所示。函数调用结束后，形参 p1 和 p2 不复存在（已释放）。互换后的情况如图 10-3（d）所示。最后在 main 函数中输出 a 和 b 的值就是已经交换过的值（a=9，b=5）。

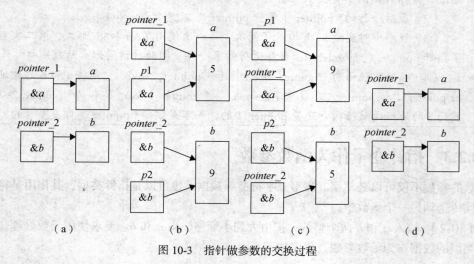

图 10-3　指针做参数的交换过程

请注意交换*p1 和*p2 的值是如何实现的。如果写成以下形式就有问题了。

```
void swap(int *p1,int *p2)
{
    int *temp;
    *temp=*p1;
    *p1=*p2;
    *p2=*temp;
}
```

*p1 就是 a，是整型变量。而*temp 是指针变量 temp 所指向的变量。但指针 temp 在应用前并没有赋值，也就是没有明确它指向哪块内存单元（它的值是不可预见的）。所以，对*temp 赋值有可能给一个存储着重要数据的存储单元赋值，这样就会破坏系统的正常工作状况，程序编译的调试信息：error。

注意，本例采取的方法是交换 a 和 b 的值，而 p1 和 p2 的值不变。

可以看到，在执行 swap 函数后，变量 a 和 b 的值改变了。再分析以下函数中对两个整数的交换，形参变量使用的整数，具体实例如下。

```
void swap(int x,int y)
{
    int temp;
    temp=x;
    x=y;
    y=temp;
}
```

在函数的形参与实参的传递中我们知道，以上程序使用的是值传递方式，传递特点是：单向传递，实参复制后传递给形参，而后断开实参与形参的链接，形参得到实参的值后，开始执行被调用函数，执行完程序后，释放形参的内存单元。这时也已经无法把执行后的形参值再返回给实参了，所以在 main 函数中调用 swap 函数后，实参结果不变，如图 10-4 所示。

【例 10-2】中为什么 a、b 的值在函数调用后改变了呢？实际上，【例 10-2】的参数使用的是指针，函数传递方式是（地）址传递。址传递方式的特点是：实参与形参双向

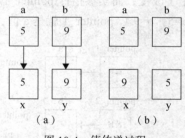

图 10-4　值传递过程

传递，使用的是同一块内存单元，实参传递给形参后并没有断开，而形参所在的函数被调用完毕后并没有释放内存单元，而是把形参的值再传递回实参。

从以上实例也可以发现，如果想通过函数调用得到 n 个要改变的值，可以如下操作。

① 在主调函数中设 n 个变量，用 n 个指针变量指向它们。

② 然后将指针变量作为实参，将这 n 个变量的地址传给所调用的函数的形参。

③ 通过形参指针变量，改变这 n 个变量的值。

④ 主调函数中就可以使用这些改变了值的变量了。

那么是不是使用指针作为函数参数，调用后就一定能够改变变量的值呢？答案是否定的。

【例 10-3】　分析以下程序，输入 a=5，b=9。

```
#include <stdio.h>
void main()
    {
```

```
        void swap(int *p1,int *p2);
        int a,b;
        int *pointer_1, *pointer_2;
        scanf("%d,%d",&a,&b);
        pointer_1=&a;pointer_2=&b;
        if(a<b) swap(pointer_1,pointer_2);
        printf("\n%d,%d\n",*pointer_1, *pointer_2);
    }
    void swap(int *p1,int *p2)
    {
        int *temp;
        temp=p1;
        p1=p2;
        p2=temp;
    }
```

程序的执行过程是这样的。

① 先使 pointer_1 指向 a，pointer_2 指向 b，如图 10-5（a）所示。

② 调用 swap 函数，将 pointer_1 的值传给 p1，pointer_2 传给 p2，如图 10-5（b）所示。

③ 在 swap 函数中使 p1 与 p2 的值交换，如图 10-5（c）所示。

④ 形参 p1、p2 将地址传回实参 pointer_1 和 pointer_2，使 pointer_1 指向 b，pointer_2 指向 a，如图 10-5（d）所示。

由第④步可以发现，尽管指针 pointer_1 和 pointer_2 完成了交换，但变量 a 和 b 的值并没有改变，改变的仅仅是形参指向 a 和 b 这两个变量的指针，也就是形参的指针与传递前的变量指向发生了改变，而实参指针 pointer_1 和 pointer_2 的指向并没有改变，所以 a 和 b 的输出结果仍然是 a=5，b=9（*pointer_1 就是 a 值，*pointer_2 就是 b 值）。

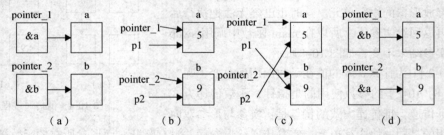

图 10-5　指针做参数的交换过程 2

【例 10-4】 输入 a、b、c 这 3 个整数，按大小顺序输出。

```
#include <stdio.h>
void main()
{
    void exchange(int *q1, int *q2, int *q3);
    int a,b,c, *p1, *p2, *p3;
    scanf("%d,%d,%d",&a,&b,&c);
    p1=&a;p2=&b;p3=&c;
    exchange(p1,p2,p3);
    printf("\n%d,%d,%d\n",a,b,c);
}
void exchange(int *q1, int *q2, int *q3)
{
```

```
    void swap(int *pt1, int *pt2);
    if(*q1<*q2) swap(q1,q2);
    if(*q1<*q3) swap(q1,q3);
    if(*q2<*q3) swap(q2,q3);
 }
void swap(int *pt1, int *pt2)
{
    int temp;
    temp=*pt1;
    *pt1=*pt2;
    *pt2=temp;
}
```

运行情况如下。

8, 3, 6↙
8, 6, 3

10.3　指向数组的指针

　　一个数组包含若干元素，每个数组元素也在内存中占用存储单元，都有相应的地址。指针变量既然可以指向变量，当然也可以指向数组元素（把某一元素的地址放到一个指针变量中）。所谓数组元素的指针就是数组元素的地址。

　　引用数组元素可以用下标法（如 a[3]），也可以用指针法，即通过指向数组元素的指针找到所需的元素。使用指针法能提高目标程序的质量（占内存少，运行速度快）。

10.3.1　指向数组元素的指针

　　定义一个指向数组元素的指针变量的方法，与以前介绍的指向变量的指针变量相同。具体实例如下。

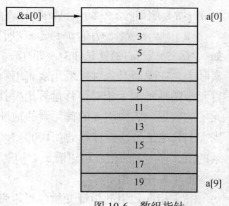

```
int a[10];/*定义 a 为包含 10 个整型数据的数组*/
int *p;   /*定义 p 为指向整型变量的指针变量*/
```

　　如果数组为 int 型，则指针变量的基类型也应为 int 型。下面是对该指针变量赋值。

```
p=&a[0];
```

　　把 a[0]元素的地址赋给指针变量 p，也就是使 p 指向 a 数组的第 0 号元素，即 a[0]，如图 10-6 所示。

图 10-6　数组指针

　　C 语言规定：数组名（不包括形参数组名，形参组并不占据实际的内存单元）表示数组的首地址，是地址常量。数组中首元素，即下标为 0 的元素的地址也是数组的首地址。因此，若有定义语句 "int a[10],*p;"，则下面两个语句等价。

```
p=&a[0];
p=a;
```

　　数组名 a 不代表整个数组，上述 "p=a;" 的作用是 "把数组 a 的首元素的地址赋给指针变量 p"而不是 "把数组 a 各元素的值赋给 p"。

在定义指针变量时可以对它赋初值。

```
int *p=&a[0];
```

它等价于下面两行。

```
int p;
p=&a[0];  /*切记, 不是"*p=&a[0];"*/
```

当然定义时也可以改写成如下语句。

```
int *p=a;
```

它的作用是将数组 a 首元素, 即 a[0]的地址赋给指针变量 p, 而不是赋给 $*p$。

10.3.2　通过指针引用数组元素

假设 p 已定义为一个指向整型数据的指针变量, 并已给它赋了一个整型数组元素的地址, 使它指向某一个数组元素。以下赋值语句表示将 1 赋给 p 当前所指向的数组元素。

```
*p=1;
```

按 C 语言的规定: 如果指针变量 p 已指向数组中的一个元素, 则 $p+1$ 指向同一数组中的下一个元素, 而不是将 p 的值(地址)简单地加 1。例如, 数组元素是 float 型, 每个元素占 4 个字节, 则 $p+1$ 意味着 p 的值(是地址)加 4 个字节, 使它指向下一元素。$p+1$ 所代表的地址实际上是 $p+1×d$, 这里 d 是一个数组元素所占的字节数(在 Turbo C++中, 对 int 型, $d=2$, 对 float 和 long 型, $d=4$, 对 char 型, $d=1$。在 Visual C++ 6.0 中, 对 int、long 和 float 型, $d=4$, 对 char 型, $d=1$)。

如果有 "int a[10],*p; p=&a[0];", 则有如下理解。

（1）$p+i$ 和 $a+i$ 都是 a[i] 的地址, 或者说, 它们指向 a 数组的第 i 个元素, 如图 10-7 所示。这里需要特别注意的是 a 代表数组首元素的地址, $a+i$ 也是地址, 它的计算方法同 $p+i$, 即它的实际地址为 $a+i×d$。例如, $a+9$ 的值是&a[9], 它指向 a[9], 如图 10-7 所示。

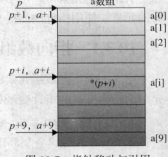

图 10-7　指针移动与引用

（2）$*(p+i)$或$*(a+i)$是 $p+i$ 或 $a+i$ 所指向的数组元素, 即 a[i]。例如, $*(p+3)$或$*(a+3)$就是 a[3], 即$*(p+3)$、$*(a+3)$、a[3]这三者等价。实际上, 在编译时, 对数组元素 a[i]就是按$*(a+i)$处理的, 即按数组首元素的地址加上相对位移量算出要找元素的地址, 然后取出该单元中的数据。若数组 a 的首元素的地址为 1000, 设数组为 float 型, 则 a[3]的地址是这样计算的: 1000+3×4=1012。然后从 1012 地址所指向的 float 型单元中取出元素的值, 即 a[3]的值。可以看出"[ ]"实际上是变址运算符, 即将 a[i]按 $a+i$ 计算地址, 然后找出此地址单元中的值。

（3）指向数组的指针变量也可以带下标, 如 p[i]与$*(p+i)$等价。

根据以上叙述, 引用一个数组元素有两种表示方法 4 种写法。

① 下标法, 如 a[i]和 p[i]形式。

② 指针法, 如$*(a+i)$或$*(p+i)$。其中 a 是数组名, p 是指向数组元素的指针变量, 其初值 $p=a$。

【例 10-5】 输出数组中的全部元素。

假设有一个 a 数组, 整型, 有 5 个元素。要输出各元素的值有 4 种方法。

```
#include "stdio.h"
```

```
#define N 5
void main()
{    int a[N], *pa,i;
     for(i=0;i<N;i++)
   a[i]=i+1;
    pa=a;
    for(i=0;i<N;i++)
   printf("*(pa+%d):%d ",i, *(pa+i));
    printf("\n");
     for(i=0;i<N;i++)
   printf("*(a+%d):%d ",i, *(a+i));
    printf("\n");
    for(i=0;i<N;i++)
   printf("pa[%d]:%d ",i,pa[i]);
    printf("\n");
    for(i=0;i<N;i++)
   printf("a[%d]:%d ",i,a[i]);
    printf("\n");
}
```

程序运行结果如下。

```
*(pa+0):1  *(pa+1):2  *(pa+2):3  *(pa+3):4  *(pa+4):5
*(a+0):1  *(a+1):2  *(a+2):3  *(a+3):4  *(a+4):5
pa[0]:1  pa[1]:2  pa[2]:3  pa[3]:4  pa[4]:5
a[0]:1  a[1]:2  a[2]:3  a[3]:4  a[4]:5
```

10.3.3　用数组名作为函数参数

有以下函数调用。

```
void f(int arr[],int n)
{
    ...
}
void main()
{
    int array[10];
     ...
     f(array,10);
    ...
}
```

上述程序段中，array 为实参数组名，arr 为形参数组名。

数组元素作为实参时，如果已定义一个函数，其原型如下。

```
void swap(int x,int y);
```

假设函数的作用是将两个形参(x,y)的值交换，有以下的函数调用。

```
swap(a[1],a[2]);
```

用数组元素 a[1]、a[2]作为实参的情况与用变量作为实参时一样，是"值传递"方式，将 a[1] 和 a[2]的值单向传递给 x 和 y。但是，当 x 和 y 的值改变时 a[1]和 a[2]的值并不改变。

　再看用数组名作为函数参数的情况。实参数组名代表该数组首元素地址，而形参是用来接收从实参传递过来的数组首元素地址的。因此，形参应该是一个指针变量（只有指针变量才能存放地址）。实际上，C 语言编译都是将形参数组名作为指针变量来处理的。例如，上面给出的函数 *f* 的形参是写作数组形式的。

```
f(int arr[ ],int n)
```

但是编译时是将 *arr* 按指针变量处理的，相当于将函数 *f* 的首部写成如下形式。

```
f(int * arr,int n)
```

以上两种写法是等价的。在该函数被调用时，系统会建立一个指针变量 *arr*，用来存放从主调函数传递过来的实参数组首元素的地址。如果在 *f* 函数中用 sizeof(arr) 测定 *arr* 所占的字节数，结果为 2（用 Turbo C 时），或为 4（用 Visual C++ 时）。这是因为系统把 *arr* 作为指针变量来处理的（指针变量在 Turbo C 中占用 2 个字节，在 Visual C++ 中占用 4 个字节）。

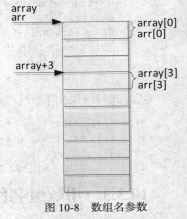

作形参时，当接收了实参数组的首元素地址后，*arr* 就指向实参数组首元素，也就是指向 array[0]，因此 *arr 就是 array[0]。*arr*+1 指向 array[1]，*arr*+2 指向 array[2]，*arr*+3 指向 array[3]，也就是说 *(*arr*+1)、*(*arr*+2)、*(*arr*+3) 分别是 array[1]、array[2]、array[3]。根据前面介绍过的知识，*(*arr*+i) 和 arr[i] 是无条件等价的。因此，在调用函数期间 arr[0] 和 *arr 及 array[0] 都代表数组 array 序号为 0 的元素，依此类推，arr[3] 和 *(*arr*+3) 及 array[3] 都代表 array 数组序号为 3 的元素，如图 10-8 所示。

常用这种方法通过调用一个函数来改变实参数组的值。

下面把用变量名作为函数参数和用数组名作为函数参数做一比较，如表 10-1 所示。

图 10-8　数组名参数

表 10-1　　　　　　　　　　　　变量名和数组名作为函数参数的比较

实参类型	变量名	数组名
要求形参的类型	变量名	数组名或指针变量
传递的信息	变量的值	实参数组首元素的地址
通过函数调用能否改变实参的值	不能	能

需要说明的是：C 语言调用函数时，虚实结合的方法都是采用"值传递"方式，当用变量名作为函数参数时传递的都是变量的值，当用数组名作为函数参数时，数组名代表的是数组首元素地址，传递的值是地址，所以要求形参为指针变量。

注意，实参数组名代表一个固定的地址，或者说是指针常量，但形参数组并不是一个固定的地址值，而是作为指针变量。在函数调用开始时，它的值等于实参数组首元素的地址，在函数执行期间，它可以再被赋值，具体实例如下。

```
void f(arr[ ],int n)
{
printf("%d\n",*arr);  /*输出 array[0]的值*/
arr=arr+3
printf("%d\n",*arr);  /*输出 array[3]的值*/
```

【例 10-6】 将数组 a 中 *n* 个整数按相反顺序存放。

解此题的算法为：将 a[0] 与 a[*n*-1] 对换，再将 a[1] 与 a[*n*-2] 对换，直到将 a[*i*] 与 a[*n*-*i*-1] 对换（此处 *i*<=(*n*-1)/2）。用循环处理此问题，设两个"位置指示变量" *i* 和 *j*，变量 *i* 的初值为 0，变量 *j*

的初值为 $n-1$。将 a[i]与 a[j]交换,然后使 i 的值加 1,j 的值减 1,再将 a[i]与 a[j]对换,直到 $i=(n-1)/2$ 为止。

```c
#include <stdio.h>
 void main()
{
    void inv(int x[ ],int n);
    int i,a[10]={11,0,6,7,5,4,2,9,7,10};
    printf("The original array:\n");
    for(i=0;i<10;i++)
      printf("%d,",a[i]);
    printf("\n");
    inv(a,10);
    printf("The array has been inverted:\n");
    for(i=0;i<10;i++)
      printf("%d,",a[i]);
    printf("\n");
}
void inv(int x[ ],int n)
{
    int temp,i,j,m=(n-1)/2;
    for(i=0;i<=m;i++)
    {
        j=n-1-i;
        temp=x[i];x[i]=x[j];x[j]=temp;
    }
    return;
 }
```

运行情况如下。

```
The original array:
11,0,6,7,5,4,2,9,7,10
The array has been inverted:
10,7,9,2,4,5,7,6,0,11
```

上述程序中,主函数中数组名为 a,对各元素赋初值。函数 inv 中的形参数组名为 x。在 inv 函数中可以不指定数组元素的个数,因为形参数组名实际上是一个指针变量,并不是真正地开辟一个数组空间(定义实参数组时必须指定数组大小,因为要开辟相应的存储空间)。函数形参 n 用来接收实际上需要处理的元素个数。如果在 main 函数中有函数调用语句"inv(a,10);",表示要求对 a 数组的 10 个元素进行题目要求的颠倒排列。如果改为 "inv(a,5);",则表示要求将 a 数组的前 5 个元素进行颠倒排列,此时, 函数 inv 只处理前 5 个数组元素。函数 inv 中的 m 是 i 值的上限,当 i ≤m 时,循环继续执行,当 $i>m$ 时,则结束循环过程,例如,若 $n=10$, 则 $m=4$,最后一次 a[i]与 a[j]的交换是 a[4]与·a[5]交换。

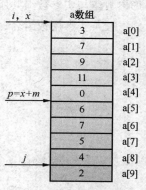

图 10-9　顺序存放过程

对这个程序可以做一些改动,将函数 inv 中的形参 x 改成指针变量。实参为数组名,即数组 a 首元素的地址,将它传给形参指针变量 a。这时 x 就指向 a[0]。$x+m$ 是 a[m]元素的地址。设 i 和 j 及 p 都是指针变量,用它们指向有关元素 i 的初值为 x,j 的初值为 $x+n-1$,如图 10-9 所示,使*i 与*j 交换就是使 a[i]与 a[j]交换。

```c
#include <stdio.h>
```

```
void main()
{
    void inv(int *x,int n);
    int i,a[10]={ 11,0,6,7,5,4,2,9,7,10};
    printf("The original array:\n");
    for(i=0;i<10;i++)
      printf("%d,",a[i]);
    printf("\n");
    inv(a,10);
    printf("The array has been inverted:\n");
    for(i=0;i<10;i++)
      printf("%d,",a[i]);
    printf("\n");
}
void inv(int *x,int n)
{
    int *p,temp, *i, *j,m=(n-1)/2;
    i=x;j=x+n-1;p=x+m;
    for(;i<=p;i++,j--)
    {temp=*i; *i=*j; *j=temp;}
    return;
}
```

运行情况与前一程序相同。

归纳起来，如果有一个实参数组，要想在函数中改变数组中的元素的值，实参与形参的对应关系有以下 4 种情况。

（1）形参和实参都用数组名。

```
 void f(int x[],int n)
{
    ...
}
void main()
{
    int a[10];
    ...
        f(a,10);
    ...
}
```

上述程序段中，形参数组名接收了实参数组首元素的地址，因此可以认为在函数调用期间，形参数组与实参数组共用一段内存单元。

（2）实参用数组名，形参用指针变量。

```
void f(int *x,int n)
{
    ...
}
void main()
{
    int a[10];
    ...
        f(a,10);
    ...
}
```

上述程序段中，实参 a 为数组名，形参 x 为指向整型变量的指针变量，函数开始执行时，x 指向 a[0]，即 x=&a[0]。通过 x 值的改变，可以指向 a 数组的任一元素。

（3）实参形参都用指针变量。

```
void f(int *x,int n)
{
    ...
}
void main()
{
    int a[10], *p=a;
    ...
        f(p,10);
    ...
}
```

上述程序段中，实参 p 和形参 x 都是指针变量。先使实参指针变量 p 指向数组 a，p 的值是 &a[0]。然后将 p 的值传给形参指针变量 x，x 的初始值也是 &a[0]，通过 x 值的改变可以使 x 指向数组 a 的任一元素。

（4）实参为指针变量，形参为数组名。

```
void f(int x[],int n)
{
    ...
}
void main()
{
    int a[10], *p=a;
    ...
        f(p,10);
    ...
}
```

上述程序段中，实参 p 为指针变量，它指向 a[0]。形参为数组名 x，编译系统把 x 作为指针变量处理，将 a[0] 的地址传给形参 x，使指针变量 x 指向 a[0]。也可以理解为形参数组 x 和 a 数组共用一段内存单元。在函数执行过程中可以使 x[i] 的值发生变化，而 x[i] 就是 a[i]。这样，主函数就可以使用变化了的数组元素值。

10.3.4　多维数组与指针

用指针变量可以指向一维数组中的元素，也可以指向多维数组中的元素。但是概念上和使用上，多维数组的指针比一维数组的指针更复杂一些。

1．多维数组的地址

以二维数组为例，设有一个二维数组，它有 3 行 4 列，其定义如下。

```
int a[3][4]={{1,3,5,7},{9,11,13,15},{17,19,21,23}};
```

a 是一个数组名。a 数组包含 3 行，即 3 个元素 a[0]、a[1]、a[2]。而每个元素又是一个一维数组，该一维数组包含 4 个元素，即 4 个列元素，例如，a[0] 所代表的一维数组又包含 4 个元素 a[0][0]、a[0][1]、a[0][2]、a[0][3]，如图 10-10 所示。可以认为二维数组是"数组的数组"，即二维数组 a 是由 3 个一维数组所组成的。

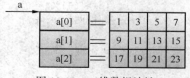

图 10-10　二维数组地址

从二维数组的角度来看。a 代表的二维数组首元素的地址，此处的首元素不是一个简单的整型元素，而是由 4 个整型元素所组成的一维数组，因此 a 代表的是首行（第 0 行）的首地址。a+1 代表第 1 行的首地址。如果二维数组的首行的首地址为 2000，则在 Visual C++6.0 中，a+1 为 2016，第 0 行有 4 个整型数据，因此 a+1 的含义是 a[1]的地址，即 a+4×4=2016。a+2 则表示 a[2]的首地址，它的值是 2032。

a[0]、a[1]、a[2]既然是一维数组名，而 C 语言又规定了数组名代表数组首元素地址，因此，a[0] 表示一维数组 a[0]中第 0 列元素的地址，即&a[0][0]。a[1]的值是&a[1][0]，a[2]的值是&a[2][0]。

a[0]为一维数组名，该一维数组中序号为 1 的元素地址显然应该用 a[0]+1 表示。此时"a[0]+1" 中的 1 代表 1 个列元素的字节数，即 4 个字节，如果 a[0] 的值是 2000，则 a[0]+1 的值是 2004，而不是 2016。这是因为现在是在一维数组范围内讨论问题，正如一个一维数组 x，$x+1$ 是其第 1 个元素 x[1] 的地址一样。a[0]+0、a[0]+1、a[0]+2 和 a[0]+3 分别是 a[0][0]、a[0][1]、a[0][2]和 a[0][3] 元素的地址，即&a[0][0]、&a[0][1]、&a[0][2]和&a[0][3]。

a[i]从形式上看是 a 数组中序号为 i 的元素。如果 a 是一维数组名，则 a[i]代表 a 数组序号为 i 的元素所占的内存单元的内容。a[i]是有物理地址的，是占内存单元的。但如果 a 是二维数组，则 a[i]代表一维数组名。它只是一个地址，并不代表某一元素的值，如同一维数组名只是一个指针常量一样。a、a+i、a[i]、*(a+i)、*(a+i)+j、a[i]+j 都是地址。而*（a[i]+j）是二维数组元素 a[i][j] 的值，如表 10-2 所示。

表 10-2　　　　　　　　　　　　　　　　　数组 a 的性质

表示形式	含义	地址
a	二维数组名，指向一维数组 a[0]，即 0 行首地址	2000
a[0]，*(a+0)，*a	0 行 0 列元素地址	2000
a+1，&a[1]	1 行首地址	2016
a[1]，*(a+1)	1 行 0 列元素 a[1][0] 的地址	2016
a[1]+2，*(a+1)+2，&a[1][2]	1 行 2 列 元素 a[1][2]的地址	2024
(a[1]+2)，(*(a+1)+2)，a[1][2]	1 行 2 列元素 a[1][2] 的值	元素值为 13

2.　指向多维数组元素的指针变量

在了解上面的的概念之后，可以用指针变量指向多维数组中的元素。

【例 10-7】 用指针变量输出二维数组元素的值。

```c
#include <stdio.h>
void main()
 {
    int a[3][4]={1,3,5,7,9,11,13,15,17,19,21,23};
    int *p;
    for(p=a[0];p<a[0]+12;p++)
    {
        if((p-a[0])%4==0)printf("\n");
        printf("%4d",*p);
    }
    printf("\n");
}
```

运行结果如下。

```
 1    3    5    7
 9   11   13   15
17   19   21   23
```

p 是一个指向整型变量的指针变量，它可以指向一般的整型变量，也可以指向整型的数组元素。每次 p 值加 1，使 p 指向下一元素。if 语句的作用是输出 4 个数据后换行。尝试修改程序，把 p 的值，即数组元素的地址输出。可将程序最后两个语句改为如下形式。

```
printf("addr=%o,value=%2d\n",p, *p);
```

在 Visual C++6.0 环境下某一次运行时输出如下。

```
addr=6177430,value=1
addr=6177434,value=3
addr=6177440,value=5
addr=6177444,value=7

addr=6177450,value=9
addr=6177454,value=11
addr=6177460,value=13
addr=6177464,value=15

addr=6177470,value=17
addr=6177474,value=19
addr=6177500,value=21
addr=6177504,value=23
```

注意地址是以八进制数表示的（输出格式为%o）。

3. 用指向数组的指针作为函数参数

既然一维数组名可以作为函数参数传递，那多维数组名也可作为函数参数传递。用指针变量作为形参以接受实参数组名传递来的地址的方法有两种，第一种方法是用指向变量的指针变量，第二种方法是用指向一维数组的指针变量。

【例 10-8】　有一个班，3 个学生，各学 4 门课，计算总平均分数以及第 n 个学生的成绩。

这个题目是很简单的，只是为了说明用指向数组的指针作为函数参数而举的例子。用函数 average 求总平均成绩，用函数 search 找出并输出第 i 个学生的成绩。

```
#include <stdio.h>
void main()
{
    void average(float *p,int n);
    void search(float (*p)[4],int n);
    float score[3][4]={{65,67,70,60},{80,87,90,81},{90,99,100,98}};
    average(*score,12);
    search(score,2);
}
void average(float *p,int n)
{
    float *p_end;
    float sum=0,aver;
    p_end=p+n-1;
    for(;p<=p_end;p++)
        sum=sum+(*p);
    aver=sum/n;
```

```
        printf("average=%5.2f\n",aver);
    }
    void search(float (*p)[4],int n)
    {
        int i;
        printf("the score of No.%d are:\n",n);
        for(i=0;i<4;i++)
            printf("%5.2f ",*(*(p+n)+i));
    }
```

程序运行结果如下。

```
average=82.25
the score of No. 2 are:
99.00 99.00 100.00 98.00
```

上述程序段中，main 函数先调用 average 函数以求总平均值。在函数 average 中形参 p 被声明为指向一个 float 型变量的指针变量。实参用*score，即 score[0]，也就是&score[0][0]，即 score[0][0]的地址，把 score[0][0]的地址传给 p，使 p 指向 score[0][0]。然后使 p 先后指向二维数组的各个元素。p 每加 1 就改为指向 score 数组的下一个元素，形参 n 代表需要求平均值的元素的个数，实参12 表示要求 12 个元素值的平均值。p_end 是最后一个元素的地址。sum 是累计总分，aver 是平均值。在函数中输出 aver 的值，函数无需返回值。

10.4　指针与字符串

10.4.1　字符串的表达形式

在 C 语言中，可以用两种方法访问一个字符串。

（1）用字符数组存放一个字符串，然后输出该字符串。

【例 10-9】 定义一个字符数组，对它初始化，然后输出该字符串。

```
#include <stdio.h>
void main()
{
    char string[]="I love China!";
    printf("%s\n",string);
}
```

运行时输出：

```
I love China!
```

和前面介绍的数组属性一样，string 是数组名，代表字符数组的首元素的地址，如图 10-11 所示。string[3]代表数组中序号为 3 的元素，值是字母 o，实际上 string[3]就是*(string+3)，string+3 是一个地址，它指向字符'o'。

（2）用字符指针指向一个字符串。可以不定义字符串数组，而定义一个字符指针，用字符指针指向字符串的字符。

【例 10-10】 定义字符指针。

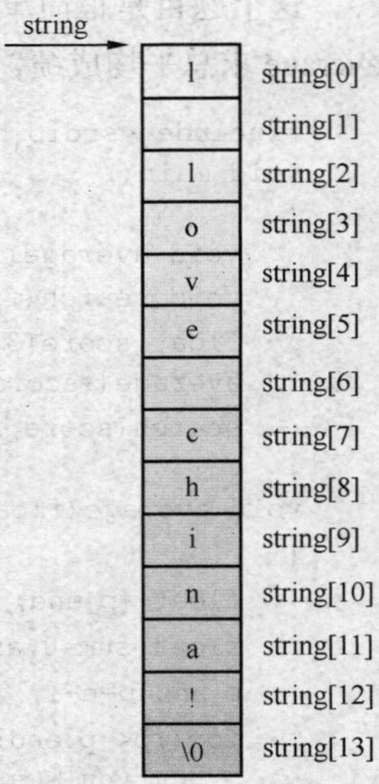

图 10-11　字符数组地址

```
#include <stdio.h>
void main()
{
    char *string="I love China!";
    printf("%s\n",string);
}
```

在这里没有定义字符数组，而是定义了一个字符指针变量 string，用字符串 "I love China!"
对它初始化。C 语言对字符串常量是按字符数组处理的，在内存中开辟了一个字符数组用来存放
该字符串常量。对字符指针变量 string 进行初始化，实际上是把字符串第 1 个元素的地址（存放
字符串的字符数组的首元素地址）赋给 string。不可误认为 string 是一个字符串变量，以为在定义
时把 "I love China!" 这几个字符赋给该字符串变量，这是错误的想法。

10.4.2 字符指针作为函数参数

将一个字符串从一个函数传递到另一个函数，可以用地址传递的方法，即用字符数组名作为
参数，也可以用指向字符的指针变量作为参数。在被调用的函数中可以改变字符串的内容，在主
调函数中可以得到改变了的字符串。

归纳起来，作为函数参数，有以下几种情况，如表 10-3 所示。

表 10-3　　　　　　　　　　　　　　　　　指针与数组对应关系

实参	形参	实参	形参
数组名	数组名	字符指针变量	字符指针变量
数组名	字符指针变量	字符指针变量	数组名

10.5　函数与指针

10.5.1 用函数指针变量调用函数

可以用指针变量指向整型变量、字符串、数组，也可以指向一个函数。一个函数在编译时被
分配一个入口地址。这个函数入口地址就称为函数的指针，可以用一个指针变量指向函数，然后
通过该指针变量调用此函数。先通过一个简单的例子来回顾一下函数的调用情况。

【例 10-11】 求 a 和 b 中的大者。先列出一般方法的程序。

```
#include <stdio.h>
void main()
{
    int max(int,int);
    int a,b,c;
    scanf("%d,%d",&a,&b);
    c=max(a,b);
    printf("a=%d,b=%d,max=%d",a,b,c);
}
int max(int x,int y)
{
    int z;
    if(x>y)    z=x;
```

```
    else  z=y;
    return  z;
}
```

上述程序中，main 函数中的 "c=max(a,b);" 包括了一次函数调用（调用 max 函数），每一个函数都占用一段内存单元，都有一个起始地址。因此，可以用一个指针变量指向一个函数，通过指针变量来访问它指向的函数。可将 main 函数改写为如下形式。

```
#include <stdio.h>
void main()
{
    int max(int,int);
    int (*p)(int,int);
    int a,b,c;
    p=max;
    scanf("%d,%d",&a,&b);
    c=(*p)(a,b);
    printf("a=%d,b=%d,max=%d",a,b,c);
}
```

上述程序段中，第 4 行 "int (*p)(int,int);" 用来定义 p 是一个指向函数的指针变量。该函数有两个整型参数，函数值为整型。注意*p 两侧的()括号不可省略，表示 p 先与*结合，是指针变量，然后再与后面的()结合，表示此指针变量指向函数，这个函数值，即函数返回的值，是整型的。如果写成 "int *p(int,int);"，则由于()优先级高于*，该语句就成了声明一个 p 函数了，这个函数的返回值就是指向整型变量的指针。

10.5.2   用指向函数的指针作为函数参数

函数指针变量通常的用途之一就是把指针作为参数传递到其他函数。这个问题是 C 语言应用的一个比较深入的部分，在此只做简单介绍。

指向函数的指针也可以作为参数，以实现函数地址的传递，这样就能够在被调用的函数中使用实参函数。它的原理可以简述为：有一个函数（假设函数名为 sub），它有两个形参（$x1$ 和 $x2$），定义 $x1$ 和 $x2$ 为指向函数的指针变量。在调用函数 sub 时，实参为两个函数名 f1 和 f2，给形参传递的是函数 f1 和 f2 的地址。这样在函数 sub 中就可以调用 f1 和 f2 函数了。

10.6   返回指针值的函数

一个函数可以返回一个整型值、字符型值、实型值等，也可以返回指针型的数据，即地址，其概念与以前类似，只是返回的值的类型是指针类型而已。

这种返回指针值的函数，一般定义形式如下。

类型名 *函数名(参数表列);

具体实例如下。

int *a(int x,int y);

a 是函数名，调用它以后能得到一个指向整型数据的指针（地址）。x、y 是函数 a 的形参，为整型。请注意该语句*a 两侧没有括号，在 a 的两侧分别为* 运算符和()运算符，而()优先级高于*，因此 a 先与()结合。显然这是函数形式。这个函数前面有一个 * ，表示此函数是指针型函数（函数值是指针）。最前面的 int 表示返回的指针指向整型变量。

【例 10-12】 有若干个学生的成绩（每个学生有 4 门课程），要求在用户输入学生序号以后，能输出该学生的全部成绩。用指针函数实现。

```
#include <stdio.h>
void main()
{
    float score[ ][4]={{60,70,80,90},{56,89,67,88},{34,78,90,66}};
    float *search(float (*pointer)[4],int n);
    float *p;
    int i,m;
    printf("enter the number of student:");
    scanf("%d",&m);
    printf("The scores of No.%d are:\n",m);
    p=search(score,m);
    for(i=0;i<4;i++)
    printf("%5.2f\t",*(p+i));
}
float *search(float (*pointer)[4],int n)
{
    float *pt;
    pt=*(pointer+n);
    return(pt);
}
```

运行情况如下。

```
enter the number of student:2↙
The scores of No. 2 are:
34.00 78.00 90.00 66.00
```

本章小结

1. 有关指针的数据类型的小结
表 10-4 是有关指针的数据类型的小结。

表 10-4   指针数据类型小结

定义	含义
int i;	定义整型变量 i
int *p;	p 为指向整型数据的指针变量
int a[n];	定义整型数组 a，它有个 n 元素
int *p[n];	定义指针数组 p，它由 n 个指向整型数据的指针元素组成
int (*p)[n];	p 为指向含 n 个元素的一维数组的指针变量
int f();	f 为返回整型函数值的函数
int *p();	p 为返回一个指针的函数。该指针指向整型数据
int (*p)();	p 为指向函数的指针。该函数返回一个整型值
int **p;	p 是一个指针变量，指向一个指向整型数据的指针变量

2. 指针运算小结

前面已用过一些指针运算，如 p++，p+i 等。把全部的指针运算列出如下。

（1）指针变量加（减）一个整数。例如，p++、p--、p+i、p-i、p+=i、p-=i 等均是每针变量加（减）一个整数。

C 语言规定，一个指针变量加（减）一个整数并不是简单地将指针变量的原值加（减）一个整数，而是将该指针变量的原值(是一个地址)和它指向的变量所占用的内存单元字节数相加(减)。

（2）指针变量赋值。将一个变量地址赋给一个指针变量，具体实例如下。

p=&a;/*将变量 a 的地址赋给 p*/

p=array; /*将数组 array 首元素地址赋给 p*/

p=&array[i]; /*将数组 array 第 i 个元素的地址赋给 p*/

p=max; /*max 为已定义的函数，将 max 的入口地址赋给 p*/

p1=p2; /*p1 和 p2 都是指针变量，将 p2 的值赋给 p1*/

不应把一个整数赋给指针变量。

（3）指针变量可以有空值，即该指针变量不指向任何变量，可以如下表示。

p=NULL;

上述语句中，NULL 是整数 0，其使 p 的存储单元中所有的二进制位均为 0，也就是使 p 指向地址为 0 的单元。

（4）两个指针变量可以相减。如果两个指针变量都指向同一数组中的元素，则两个指针变量值之差是两个指针之间的元素个数。

（5）两个指针变量比较。若两个指针指向同一数组的元素，则可以进行比较。指向前面的元素的指针变量"小于"指向后面元素的指针变量。

本章介绍了指针的基本概念和初步应用。应该注意的是，指针是 C 语言中重要的概念，是 C 的一个特色。使用指针的优点是：提高程序效率；在调用函数时变量改变了的值能够为主调函数使用，即可以从函数调用得到多个可改变的值；可以实现动态存储分配。

习 题

一、选择题

1. 数组名和指针变量均表示地址。以下不正确的说法是（   ）。

    A. 数组名代表的地址值不变，指针变量存放的地址可变

    B. 数组名代表的存储空间长度不变，但指针变量指向的存储空间长度可变

    C. 以上两种说法均正确

    D. 没有差别

2. 变量的指针，其含义是指该变量的（   ）。

    A. 值   B. 地址   C. 名   D. 一个标志

3. 已有定义 "int a=5;int *p1,*p2;"，且 p1 和 p2 均已指向变量 a，下面不能正确执行的赋值

语句是 (   )。

    A. a=*p1+*p2;   B. p2=a;   C. p1=p2;   D. a=*p1*(*p2);

4. 若 "int (*p)[5];", 其中, p 是 (   )。

    A. 5 个指向整型变量的指针

    B. 指向 5 个整型变量的函数指针

    C. 一个指向具有 5 个整型元素的一维数组的指针

    D. 具有 5 个指针元素的一维指针数组, 每个元素都只能指向整型量

5. 设有定义 "int a=3,b,*p=&a;", 则下列语句中使 b 不为 3 的语句是 (   )。

    A. b=*&a;   B. b=*p;   C. b=a;   D. b=*a;

6. 若有以下定义, 则不能表示 a 数组元素的表达式是 (   )。

```
int a[10]={1,2,3,4,5,6,7,8,9,10},*p=a;
```

    A. *p   B. a[10]   C. *a   D. a[p-a]

7. 设 "char **s;", 以下正确的表达式是 (   )。

    A. s=computer   B. *s="computer"   C. **s="computer"   D. *s='c'

8. 设 "char s[10]; *p=s;", 以下不正确的表达式是 (   )。

    A. p=s+5;   B. s=p+s;   C. s[2]=p[4];   D. *p=s[0];

9. 执行下面程序段后, $*p$ 等于 (   )。

```
int a[5]={1,3,5,7,9},*p=a+1;
```

    A. 1   B. 3   C. 5   D. 7

10. 下列关于指针的运算中, (   ) 是非法的。

    A. 两个指针在一定条件下, 可以进行相等或不等的运算

    B. 可以用一个空指针赋值给某个指针

    C. 一个指针可以是两个整数之差

    D. 两个指针在一定的条件下, 可以相加

二、填空题

1. 在 "int a=3;p=&a" 中, $*p$ 的值是 (   )。

2. "*" 称为 (   ) 运算符, "&" 称为 (   ) 运算符。

3. 若两个指针变量指向同一个数组的不同元素, 则可以进行减法运算和 (   ) 运算。

4. 若有定义 "int *pa[5];", pa 是一个具有 5 个元素的指针数组, 每个元素是一个 (   ) 指针。

5. 存放某个指针的地址值的变量称为指向指针的指针, 即 (   )。

6. 在 C 语言中, 数组元素的下标是从 (   ) 开始的, 数组元素连续存储在内存单元中。

7. 若有 "int a[10],*p=a;", 则对 a[3] 的引用可以是 p[3] (下标法), 和 (   ) (地址法)。

8. &符号后面跟变量名, 表示该变量的 (   ), &后跟指针名, 表示该指针变量的 (   )。

9. 若有 "char a[]="ABCDE";", 则语句 "printf("%c",*a);" 的输出是 (   )。

10. 若 a 是已经定义的整型数组, 再定义一个指向 a 的存储首地址的指针 p 的语句是 (   )。

三、判断题

1. &b 指的是变量 b 的地址所存放的数据。

2. 通过变量名或地址访问一个变量的方式称为 "直接访问方式"。

3. 存放地址的变量同其他变量一样, 可以存放任何类型的数据。

4. 指向同一数组的两个指针 $p1$、$p2$ 相减的结果与所指元素的下标相减的结果是相同的。

5. 如果两个指针的类型相同，且均指向同一数组元素，那么它们之间就可以进行加法运算。

6. Char *name[5]定义了一个一维指针数组。它有 5 个元素，每个元素都是指向字符数据的指针型数据。

7. 语句 "y=*p++;" 和 "y=(*p)++;" 是等价的。

8. 函数指针所指向的是程序代码区。

9. 用指针作为函数参数时，采用的是 "地址传送" 方式。

10. "int *p;" 定义了一个指针变量 p，其值是整型的。

四、阅读下面程序写出程序运行结果

1.
```c
#include <stdio.h>
#include <string.h>
void fun(char *s)
{
    char a[8];
    s=a;
    strcpy(a,"student");
    printf("%s\n",s);
}
void main()
{
    char *p;
    fun(p);
}
```

2.
```c
#include <stdio.h>
void main()
{
    int a,b;
    int *p, *q, *r;
    p=&a;q=&b;a=9;
    b=5*(*p%5);
    r=p;p=q;q=r;
    printf("\n%d,%d,%d\n",*p, *q, *r);
}
```

3.
```c
#include <stdio.h>
void main()
{
    int a,b, *p, *q;
    p=q=&a;
    *p=10;
    q=&b;
    *q=10;
    if(p==q)
        puts("p==q");
    else
        puts("p!=q");
    if(*p==*q)
        puts("*p==*q");
    else
        puts("*p!= *q");
}
```

4.
```c
#include <stdio.h>
#include <string.h>
void main()
{
    char *p,str[20]="abcd";
    p="abc";
    strcpy(str+3,p);
    printf("%s\n",str);
}
```

五、程序设计

1. 输入 3 个整数，按由小到大的顺序输出。

2. 输入 3 个字符串，按由小到大的顺序输出。

3. 有 n 个整数，使前面各数顺序向后移 m 个位置，最后 m 个数变成最前面 m 个数。写一函数实现以上功能，在主函数中输入 n 个整数和输出调整后的 n 个数。

4. 有 n 个人围成一圈，顺序排号。从第 1 个人开始，依次 1～3 报数，凡报到 3 的人退出圈子，问最后留下的是原来的第几号的那位。

5. 写一函数求一个字符串的长度。在 main 函数中输入字符串，并输出其长度。

6. 有一字符串，包含 n 个字符。写一函数，将此字符串从第 m 个字符开始的全部字符复制成为另一个字符串。

7. 将 n 个数按输入时顺序的逆序排列，用函数实现。

第11章
结构体与共用体

【例 11-1】 建立如表 11-1 所示的学生信息，然后输入学号，查询该学号学生信息和成绩，将查询结果输出到屏幕上。

表 11-1 学生成绩管理表

学号	姓名	年龄	数学	英语	C 语言
1	李明	19	90	80	85
2	王伟	18	80	75	90
3	刘华	17	88	90	85
……	……	……			

表 11-1 是一个学校的学生成绩管理表。在日常生活中，我们经常会用到此类表格。一个学生的学号（num）、姓名（name）、年龄（age）、数学（maths）、英语（english）、C 语言（computer）都与某一个学生相联系。如果将学号、姓名等分别定义为互相独立的简单变量，难以反映它们之间的内在联系，并且数据之间的关系容易出现混乱。

为了解决这个问题，C 语言提供了自己定义数据类型的机制。在这种机制下，数据管理将会非常方便。如表 11-1 所示的学生成绩表可使用一种构造数据类型——结构（structure），或叫结构体来定义。它相当于其他高级语言中的记录。

【例 11-1】的相关程序代码如下。

```c
/*例11-1 example11_1.c用结构体数组建立10名学生信息，并查询*/
#include <stdio.h>
#define NUM 10
struct student
{
    int num;
    char name[10];
    int age;
    float score[3];

};
void main()
{
    struct student stu[NUM];
    int i,j,number;
    for (i=0;i<NUM;i++)      /*输入学生信息*/
    {
        printf("input num,name,age,three score:\n");
```

```
        scanf("%d%s%d%f%f%f",&stu[i].num,stu[i].name,&stu[i].age,
&stu[i].score[0], &stu[i].score[1],&stu[i].score[2]);
    }
    printf("input the number of the student:\n");
    scanf("%d",&number);
    for (i=0;i<NUM;i++)   /*查询信息*/
    {
        if (number==stu[i].num)
        {
            printf("name=%s\nage=%d\n",stu[i].name,stu[i].age);
            for (j=0;j<3;j++)
                printf("%6.2f",stu[i].score[j]);
            break;
        }
    }
    printf("\n");
}
```

本章将主要介绍结构体、共用体、枚举等用户自己建立的数据类型。

11.1　定义和使用结构体变量

11.1.1　定义结构体类型

结构体是一种构造类型，由若干成员组成。每一个成员可以是一个基本数据类型，或者是一个构造类型。结构体既然是一种"构造"而成的数据类型，在使用之前必须先定义它，也就是构造它。结构体类型的定义相当于定义二维表的表头。

定义一个结构体的一般形式如下。

```
struct [结构体名]
{
成员表列;
};
```

成员表列由若干个成员组成，每个成员都是该结构体的一个组成部分。对每个成员必须做类型说明，一般形式如下。

```
类型说明符 成员名;
```

成员名的命名应符合标识符的书写规定，具体实例如下。

```
struct student
{
    int num;
    char name[20];
    char sex;
    float score;
};
```

在这个结构体类型定义中，结构体名为 student，该结构体由 4 个成员组成。第一个成员 *num* 为整型变量；第二个成员 *name* 为字符数组；第三个成员 *sex* 为字符变量；第四个成员 *score* 为实型变量。应注意在括号后的半角分号是不可少的。结构体定义之后，即可进行变量说明。我们可以用结构体变量来表示二维表中的记录。

11.1.2 定义结构体类型变量

一旦定义了结构体类型，就可以定义结构体类型变量。可以采用不同的形式来定义结构体变量。

（1）先定义结构体类型，再定义该类型的变量，具体实例如下。

```
struct student
{
    int num;
    char name[20];
    char sex;
    float score;
};
struct student stu1,stu2;
```

这里说明了两个变量 *stu*1 和 *stu*2 为 struct student 类型的变量。请注意，struct student 代表类型名（类型标识符），如同使用 int 定义变量（如 "int a,b;"），int 是类型名一样。

（2）在定义结构体类型的同时定义变量，具体实例如下。

```
struct student
{
    int num;
    char name[20];
    char sex;
    float score;
}stu1,stu2;
```

这种形式的说明的一般形式如下。

```
struct 结构体名
{
    成员表列
}变量名表列;
```

（3）直接定义结构体变量，具体实例如下。

```
struct
{
    int num;
    char name[20];
    char sex;
    float score;
}stu1,stu2;
```

这种形式的说明的一般形式如下。

```
struct
{
    成员表列
}变量名表列;
```

第三种方法与第二种方法的区别在于第三种方法中省去了结构体名，直接给出了结构体变量。成员也可以是一个结构体变量，具体实例如下。

```
struct date
```

```
{
    int month;
    int day;
    int year;
};
struct
{
    int num;
    char name[20];
    char sex;
    struct date birthday;
    float score;
}stu1,stu2;
```

上述程序段中，首先定义一个 struct date 类型，由 month（月）、day（日）、year（年）3 个成员组成。在定义并说明变量 *stu*1 和 *stu*2 时，其中的成员 birthday 被定义为 struct date 结构体类型。

成员名可与程序中其他变量同名，二者不代表同一对象。例如，程序中可以另定义一个变量 *num*，它与 struct student 中的成员 num 是两回事，互不干扰。

11.1.3　结构体变量的初始化和引用

和其他简单变量及数组型变量一样，结构体类型的变量也可以在变量定义时进行初始化，亦即在定义结构体变量的同时给变量的成员赋值，具体实例如下。

```
struct student
{
    int num;
    char name[20];
    char sex;
    float score;
}a ={101,"Zhang ping",'M',78.5};
```

若结构体类型的成员中另有一个结构体类型的变量，则初始化时要对各个基本成员赋予初值，具体实例如下。

```
struct date
{
    int month;
    int day;
    int year;
};
struct
{
    int num;
    char name[20];
    char sex;
    struct date birthday;
    float score;
}stu1={101,"Zhang ping",'M',3,25,1993,78.5};
```

在程序中调用结构体变量的方法有两种。

（1）将结构体变量作为一个整体来使用。可以将一个结构体变量作为一个整体赋给另一个结构体变量，条件是这两个变量必须具有相同的结构体类型。具体实例如下。

```
struct student stu1={101,"Zhang ping",'M',78.5};
```

```
struct student stu2;
stu2=stu1;
```

经过上述赋值，这样 *stu*2 中各成员的值均与 *stu*1 的成员的值相同。

（2）引用结构体变量中的成员。在程序中使用结构体变量时，往往不把它作为一个整体来使用。在 ANSI C 中除了允许具有相同类型的结构体变量相互赋值以外，一般对结构体变量的使用，包括赋值、输入、输出、运算等都是通过结构体变量的成员来实现的。

表示结构体变量成员的一般形式如下。

结构体变量名.成员名

其中的圆点运算符称为成员运算符。它的运算级别是最高的，具体如下。

```
stu1.num          /*第一个学生的学号*/
stu2.sex          /*第二个学生的性别*/
```

如果一个结构体类型中含有另一个结构体类型的成员，则要用若干个成员运算符，逐级找到最低级的成员才能使用，具体如下。

```
stu1.birthday.month
```

上述引用不能写成如下形式。

```
stu1.month
```

对结构体变量的成员可以像对普通变量一样进行各种运算（其类型决定可以进行的运算），具体如下。

```
stu1.score+=10;
stu1.num=stu2.num+20;
```

不能将一个结构体变量作为一个整体进行输入和输出，而只能对结构体变量中的各个成员分别进行输入和输出，具体实例如下。

```
struct student a;
scanf("%d%s%c%f",&a.num, a.name,&a.sex, &a.score);
printf("No:%d\nname:%s\nsex:%c\nscore:%f\n",a.num,a.name,a.sex,a.score);
```

11.2　使用结构体数组

一个结构体变量只能存放一个对象的数据。如我们定义了两个结构体变量 *stu*1 和 *stu*2 分别代表两个学生，但如果有 10 个学生的数据需要进行运算，显然应该使用数组。这就是结构体数组，也即数组中每一个元素都是一个结构体变量。

11.2.1　定义结构体数组

定义结构体数组的方法和定义结构体变量的方法相似，只需说明它为数组类型即可，具体实例如下。

```
struct student
{
    int num;
    char *name;
```

```
    char sex;
    float score;
}stu[5];
```

这里定义了一个结构体数组 stu，共有 5 个元素，即 stu[0]～stu[4]。每个数组元素都具有 struct student 的结构形式。和普通数组一样，对结构体数组可以做初始化赋值，相关程序段如下。

```
struct student
{
    int num;
    char *name;
    char sex;
    float score;
}stu[5]={
        {101,"Li ping",'M',45},
        {102,"Zhang ping",'M',62.5},
        {103,"He fang",'F',92.5},
        {104,"Cheng ling",'F',87},
        {105,"Wang ming",'M',58}
        };
```

当对全部元素做初始化赋值时，也可不给出数组长度。

11.2.2　结构体数组的应用举例

【例 11-2】　计算 5 名学生的平均成绩和不及格的人数。

```
/*例11-2 example11_2.c计算5名学生的平均成绩和不及格的人数，结构体数组的简单应用*/
#include <stdio.h>
struct student
{
    int num;
    char *name;
    char sex;
    float score;
}stu[5]={
    {101,"Li ping",'M',45},
    {102,"Zhang ping",'M',62.5},
    {103,"He fang",'F',92.5},
    {104,"Cheng ling",'F',87},
    {105,"Wang ming",'M',58}
    };
void main()
{
    int i,c=0;
    float ave,s=0;
    for(i=0;i<5;i++)
    {
      s+=stu[i].score;
      if(stu[i].score<60) c+=1;
    }
    printf("s=%6.2f\n",s);
    ave=s/5;
    printf("average=%6.2f\ncount=%d\n",ave,c);
}
```

上述程序定义了一个外部结构体数组，共 5 个元素，都做了初始化赋值。在 main 函数中用

for 语句逐个累加各元素的 *score* 成员值存于 *s* 之中，如 score 的值小于 60（不及格），则计数器 *c* 加 1，循环完毕后计算平均成绩，并输出全班总分、平均分及不及格人数。

【例 11-3】 建立同学通讯录。

```c
/*例 11-3 example11_3.c 建立同学通讯录 */
#include <stdio.h>
#define NUM 10
struct mem
{
    char name[20];
    char phone[10];
};
void main()
{
    struct mem man[NUM];
    int i;
    for(i=0;i<NUM;i++)
     {
        printf("input name:\n");
        gets(man[i].name);
        printf("input phone:\n");
        gets(man[i].phone);
     }
    printf("name\t\t\tphone\n\n");
    for(i=0;i<NUM;i++)
     printf("%s\t\t\t%s\n",man[i].name,man[i].phone);
}
```

本程序中定义了一个结构体类型 struct mem，其有两个成员 name 和 phone 用来表示姓名和电话号码。在主函数中定义 man 为具有 struct mem 类型的结构体数组。在 for 语句中，用 gets 函数分别输入各个元素两个成员的值。然后又在 for 语句中用 printf 语句输出各元素两个成员值。

11.3 结构体指针

11.3.1 指向结构体变量的指针

可以用一个指针指向结构体变量，指向结构体变量的指针的值是所指向的结构体变量的首地址。通过结构体指针可以访问该结构体变量。

结构体指针变量说明的一般形式如下。

    struct 结构体名 *结构体指针变量名；

具体实例如下。

```c
struct student
{
    int num;
    char *name;
    char sex;
    float score;
```

```
}stu1={101,"Zhang ping",'M',78.5};
struct student *pstu=&stu1;
```

当然也可在定义 struct student 结构体类型的同时说明
pstu（见图 11-1）。与前面讨论的各类指针变量相同，结构体
指针变量也必须先赋值后才能使用。

赋值是把结构体变量的首地址赋予该指针变量，不能把
结构体名赋予该指针变量。如果 *stu*1 是被定义为 struct student
类型的结构体变量，则 *pstu*=&*stu*1 是正确的，而 *pstu*=&*student*
是错误的。

有了结构体指针变量，程序就能更方便地访问结构体变
量的各个成员。这时访问结构体变量的一般形式如下。

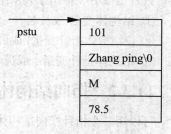

图 11-1　pstu

> （*结构体指针变量）.成员名

或

> 结构体指针变量->成员名

具体实例如下。

> （*pstu）.num

或

> pstu->num

应该注意，*pstu 两侧的括号不可少，因为成员符 "." 的优先级高于 "*" 如去掉括号写作
pstu.num，则等效于(pstu.num)，这样，意义就完全不对了。

下面通过例子来说明结构体指针变量的具体说明和使用方法。

【例 11-4】　使用指向结构体变量的指针来访问输出结构体变量的各个成员的值。

```
/*例11-4 example11_4.c 指向结构体变量的指针的简单应用*/
#include <stdio.h>
void main()
{
    struct student
    {
        int num;
        char *name;
        char sex;
        float score;
    } stu1={102,"Zhang ping",'M',78.5},*pstu;
    pstu=&stu1;
    printf("Number=%d\nName=%s\n",stu1.num,stu1.name);
    printf("Sex=%c\nScore=%6.2f\n\n",stu1.sex,stu1.score);
    printf("Number=%d\nName=%s\n",(*pstu).num,( *pstu).name);
    printf("Sex=%c\nScore=%6.2f\n\n",(*pstu).sex,( *pstu).score);
    printf("Number=%d\nName=%s\n",pstu->num,pstu->name);
    printf("Sex=%c\nScore=%6.2f\n\n",pstu->sex,pstu->score);
}
```

本例程序定义了一个结构体类型 struct student，并对该类型结构体变量 *stu*1 并做了初始化赋
值，还定义了一个指向 struct student 类型的结构体指针变量 *pstu*。在 main 函数中，*pstu* 被赋予 *stu*1

的地址，因此 *pstu* 指向 *stu*1。然后在 printf 语句内用 3 种形式输出 *stu*1 的各个成员值。从运行结果可以看出以下 3 种用于表示结构体变量成员的形式是完全等效的。

① 结构体变量.成员名。

② (*结构体指针变量).成员名。

③ 结构体指针变量->成员名。

11.3.2 指向结构体数组的指针

可以用一个指针指向结构体变量，同样也可以用指针指向一个结构体数组。指向结构体数组的指针完全类似于指向普通数组的指针。这时结构体指针变量的值是整个结构体数组的首地址。

设 *ps* 为指向结构体数组的指针变量，则 *ps* 指向该结构体数组的 0 号元素，*ps*+1 指向 1 号元素，*ps*+*i* 则指向 *i* 号元素。这与普通数组的情况是一致的。

【例 11-5】 改写【例 11-3】，用指向结构体数组的指针输入输出结构体数组。

```c
/*例 11-5 example11_5.c 用指向结构体数组的指针输入输出结构体数组*/
#include <stdio.h>
#define NUM 10
struct student
{
    int num;
    char name[10];
    int age;
    float score[3];
};
void main()
{
    struct student stu[NUM], *p;
    int i,j,number;
    p=stu;
    for (i=0;i<NUM;i++,p++)
    {
        printf("input num,name,age,three score:\n");
        scanf("%d%s%d%f%f%f",&p->num,p->name,&p->age,  &p->score[0],&p->score[1],&p->score[2]);
    }
    printf("input the number of the student:\n");
    scanf("%d",&number);
    p=stu;
    for (i=0;i<NUM;i++,p++)   /*查询信息*/
    {
        if (number==p->num)
        {
            printf("name=%s\nage=%d\n",p->name,p->age);
            for (j=0;j<3;j++)
                printf("%6.2f",p->score[j]);
            break;
        }
    }
    printf("\n");
}
```

应该注意的是，一个结构体指针变量虽然可以用来访问结构体变量或结构体数组元素的成员，

但是，不能使它指向一个成员，也就是说不允许取一个成员的地址来赋予它。因此，
"ps=&stu[1].sex;" 是错误的。而只能是如下形式。

　　　ps=stu; //赋予数组首地址

或者是指向某个数组元素，具体如下。

　　　ps=&stu[0];//赋予 0 号元素首地址

11.3.3　用结构体变量和结构体变量的指针作为函数参数

在程序设计中，常常要将结构体类型的数据传递给一个函数。如果用结构体变量作为函数参数进行整体传送，就需要将全部成员逐个传送，特别是成员为数组时将会使传送的时间和空间开销很大，严重地降低了程序的效率。因此最好的办法就是使用指针，即使用指向结构体变量的指针作为函数形参进行传送。此时要求函数的实参为相同结构体类型的结构体变量的地址值，以实现传地址调用。这时由实参传向形参的只是地址，从而减少了时间和空间的开销。通过传地址调用可以在被调函数中通过改变形参所指向的变量值来达到改变调用函数实参值的目的，实现函数之间的数据传递。

【例 11-6】 用结构体数组建立 10 名学生信息，从键盘输入学生信息，并输出总分最高的学生记录。要求将结构体数组数据的输入写成函数，将查找总分最高记录的过程写成函数，并在main 函数中调用这些函数。

```
/*例11-6 example11_6.c使用指向结构体变量的指针作为函数参数*/
#include <stdio.h>
#define NUM 10
void input(struct student *pstu,int n);
struct student * search_max(struct student *pstu,int n);
struct student
{
    int num;
    char name[10];
    int age;
    float score[3];

};
void main()
{
    struct student stu[NUM], *pmax;
    int j;
    input (stu,NUM);
    pmax=search_max(stu,NUM);
    printf("name=%s\nage=%d\n",pmax->name,pmax->age);
    for (j=0;j<3;j++)
        printf("%6.2f",pmax->score[j]);
    printf("\n");
}

void input(struct student *pstu,int n)
{
    int i;
    for (i=0;i<n;i++,pstu++)
    {
```

```
        printf("input num,name,age,three score:\n");
        scanf("%d%s%d%f%f%f",&pstu->num,pstu->name,&pstu->age,    &pstu->score[0],
&pstu->score[1],&pstu->score[2]);
    }
}
/*查找总分最高的学生记录*/
struct student * search_max(struct student *pstu,int n)
{
    int i,k=0;
    float sum,max=0;
    for (i=0;i<n;i++)
    {
        sum=(pstu+i)->score[0]+(pstu+i)->score[1]+(pstu+i)->score[2];
        if (max<sum)
        { max=sum; k=i;}
    }
     return pstu+k;
}
```

本程序定义了函数 input，其形参为结构体指针变量 *pstu*。在 main 函数中定义了结构体数组 stu[*NUM*]，然后以结构体数组名 stu 作为实参调用函数 input，即将结构体数组 stu[*NUM*]的首地址传给指针变量 *pstu*，在函数 input 中完成数组赋初值的工作。程序中还定义了查找总分最高的学生记录函数 search_max。该函数的返回值为结构体指针，其形参为结构体指针变量，调用时实参也是结构体数组名，函数调用后返回总分最高对应的记录的指针。

11.4　用指针处理链表

11.4.1　链表的定义

数组作为同类型数据的集合，给程序设计带来很多方便，但同时也存在一些问题。我们知道，用数组存放数据，必须事先定义固定的长度，即元素个数。例如，我们要设计存放一个班级的学生信息，可以采用数组的方法，要存放 30 个学生信息就设计长度为 30 的数组，要存放 50 个学生信息就设计长度为 50 的数组。假如我们事先并不知道学生人数，就必须将数组设计得足够大。例如，设计长度为 100 的数组，但实际学生数只有 30，这样就会造成内存的浪费。显然用数组只适合于已知长度的数据，因为数组对内存的占用是静态的，在程序运行过程中是不变的。

链表为解决这类问题提供了一个有效的途径。它是动态地进行存储分配的一种结构，可以动态地分配存储空间，需要多少就分配多少。

一种简单的链表（单向链表）如图 11-2 所示。

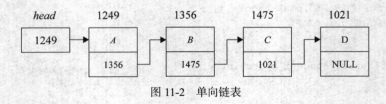

图 11-2　单向链表

图 11-2 中，结点上面的数值代表结点的存储地址，结点中的 *A*、*B*、*C*、*D* 代表结点中的数据。

第 0 个结点称为头结点，它存放有第一个结点的首地址，没有数据，只是一个指针变量。以下的每个结点都分为两个域，一个是数据域，存放各种实际的数据，如学号 num、姓名 name、性别 sex 和成绩 score 等。另一个域为指针域，存放下一结点的首地址。链表中的每一个结点都是同一种结构体类型。可以看出，head 指向第一个结点，第一个结点的地址域又指向第二个结点……直到最后一个结点。该结点不再指向其他结点，称为"表尾"。它的地址部分放一个 NULL（表示空地址），链表到此结束。

前面介绍了结构体变量，用它作为链表中的结点是最合适的。例如，一个存放学生学号和成绩的结点可为以下结构。

```
struct student
{ int num;
  float score;
  struct stu *next;
};
```

上述程序中，前两个成员项组成数据域；后一个成员项 *next* 构成指针域，是一个指向 struct student 结构体类型的指针变量。

11.4.2　建立简单的静态链表

下面通过一个简单的例子来说明如何建立和输出一个简单链表。

【例 11-7】建立一个如图 11-2 所示的简单链表，其由 3 个学生数据的结点组成，要求输出结点中的数据。

```
/*例 11-7 example11_7.c 简单静态链表的建立 */
#include <stdio.h>
/*定义结构体类型*/
struct student
{
    int num;
    float score;
    struct student *next;
};
void main()
{
    struct student a,b,c, *head, *p;
    a.num=101;a.score=89.5;
    b.num=102;b.score=78.5;
    c.num=103;c.score=80.0;          /*对结点的 num 和 score 成员赋值*/
    head=&a;                         /*将结点 a 的起始地址赋给头指针 head*/
    a.next=&b;                       /*将结点 b 的起始地址赋给 a 结点的成员 next*/
    b.next=&c;                       /*将结点 c 的起始地址赋给 b 结点的成员 next*/
    c.next=NULL;                     /*结点 c 为表尾，将 NULL 赋给 c 结点的成员 next*/
    /*输出链表中各个结点——链表的遍历*/
    p=head;
    do
    {
        printf("num:%5d\tscore:%6.2f\n",p->num,p->score);/ *输出 p 指向的结点的数据*/
        p=p->next;                   /*使 p 指向下一个结点*/
    }while (p!=NULL);
```

```
}
```

输出结果如下。

```
num: 101        score: 89.50
num: 102        score: 78.50
num: 103        score: 80.00
```

在本例中，所有结点都是在程序中定义的，不是临时开辟的，也不能用完后释放，这种链表叫作"静态链表"。

11.4.3　建立动态链表

所谓建立动态链表是指在程序执行过程中从无到有地建立起一个链表，即一个一个地开辟结点和输入各结点数据，并建立起前后相链的关系。

链表结构是动态地分配存储的，即在需要时才开辟一个结点的存储单元。怎样动态地开辟和释放存储单元呢？C 语言提供了一些内存管理函数，具备按需要动态地分配内存空间及把不再使用的空间回收待用的功能，有效地利用了内存资源。使用这些函数应包含头文件 "stdlib.h" 或 "malloc.h"。

1.　分配内存空间函数 malloc

该函数的原型如下。

```
void *malloc(unsigned size);
```

功能：在内存的动态存储区中分配一块长度为 *size* 字节的连续区域。函数的返回值为该区域的首地址。

为确保内存分配准确，函数 malloc()通常和运算符 sizeof 一起使用，具体实例如下。

```
int *p;
p=(int *)malloc(20*sizeof(int));
```

通过 malloc 函数分配能存放 20 个整型数的连续内存空间，并将该内存空间的首地址赋予指针变量 *p*。

```
struct student
{
    int num;
    float score;
    struct student *next;
};
struct student *stu;
stu=(struct student *)malloc(sizeof(struct student));
```

上述程序会通过 sizeof 计算 struct student 类型结点的字节数，然后分配相应的内存空间，并将所分配的内存首地址存储在指针变量 stu 中。

2.　分配内存空间函数 calloc

函数的原型如下。

```
void *calloc(unsigned n,unsigned size);
```

功能：在内存动态存储区中分配 *n* 块长度为 *size* 字节的连续区域。函数的返回值为该区域的首地址。

calloc 函数与 malloc 函数的区别仅在于前者一次可以分配 *n* 块区域。

```
struct student *ps;
ps=(struct student*)calloc(2,sizeof(struct student));
```

上述该语句的意思是：按 struct student 的长度分配 2 块连续区域，强制转换为 struct student 指针类型，并把其首地址赋予指针变量 ps。

3. 释放内存空间函数 free

该函数的原型如下。

```
void free(void *p);
```

功能：释放 p 所指向的一块内存空间，其中，p 是一个任意类型的指针变量，指向被释放区域的首地址。被释放区域应是由 malloc 或 calloc 函数所分配的区域。

建立一个单向动态链表的步骤如下。

① 设 3 个指针变量 head、p1、p2，用来指向 struct student 类型数据，语句如下。

```
struct student *head=NULL,*p1,*p2;
```

② 用 malloc 函数开辟第一个结点，并使 head 和 p2 都指向它。通过下面的语句申请一个新结点的空间，再从键盘输入数据，语句如下。

```
head=p2=(struct student *)malloc(sizeof(struct student));
// head 为头指针变量，指向链表的第一个结点；p2 指向链表的尾结点
scanf("%d%f",&p2->num,&p2->score);
```

③ 再用 malloc 函数重新开辟另一个结点并使 p1 指向它，接着输入该结点的数据，并与上一结点相连，使 p2 指向新建立的结点，语句如下。

```
p1=(struct student *)malloc(sizeof(struct student));//p1 指向新结点
scanf("%d%f",&p1->num,&p1->score);
p2->next=p1;                    //与上一结点相连，实现将新开辟的结点插入到链表尾
p2=p1;                          //使 p2 指向新结点，新结点成为链表尾
```

④ 重复执行步骤③，依次创建后面的结点，直到所有的结点建立完毕。

⑤ 将表尾结点的指针域置 NULL（相关语句为 "p2->next=NULL;"）。

【例 11-8】　编写一个建立有 *n* 个结点的链表的函数 create。

```
/*例 11-8 example11_8.c 动态链表的建立和输出 */
#include <stdio.h>
#include <stdlib.h>
#define LEN sizeof (struct student)
struct student
{
    int num;
    float score;
    struct student *next;
 };
struct student *create(int n);
void main()
{
    struct student *p;
    p=create(5);
    while (p!=NULL)
    {
        printf("%d,%6.2f\n",p->num,p->score);
```

```
            p=p->next;
        }
}
struct student *create(int n)
{
    struct student *head, *p1, *p2;
    int i;
    head=p2=(struct student*) malloc(LEN);
    printf("input num and  score\n");
    scanf("%d%f",&p2->num,&p2->score);
    for(i=2;i<=n;i++)
    {
        p1=(struct student*) malloc(LEN);
        printf("input Number and  score\n");
        scanf("%d%f",&p1->num,&p1->score);
        p2->next=p1;
        p2=p1;
    }
    p2->next=NULL;
    return(head);
}
```

上述程序中，用 LEN 表示 sizeof(struct student) 的主要目的是为了在程序内减少书写并使阅读更加方便。结构 struct student 定义为外部类型，程序中的各个函数均可使用该定义。

create 函数用于建立一个有 n 个结点的链表，其是一个指针函数，返回的指针指向 struct student 结构。在 create 函数内定义了 3 个指向 struct student 结构体变量的指针变量。head 为头指针，p1 指向新开辟的结点，p2 指向链表的尾结点。

11.4.4　输出链表

将链表中各结点的数据依次输出，首先要知道链表第一个结点的地址，也就是要知道 head 的值。设一个指针变量 p，先指向第一个结点，输出 p 所指的结点，然后使 p 后移一个结点，再输出，直到链表的尾结点。

【例 11-9】　编写一个输出链表的函数 print。

```
/*例11-9 example11_9.c输出链表函数*/
void print(struct student *head)
{
    struct student *p;
    p=head;
    while (p!=NULL)
    {
        printf("%d,%6.2f\n",p->num,p->score);
        p=p->next;
    }
}
```

11.4.5　对链表的删除操作

假设已建好如图 11-3 所示的链表结构。

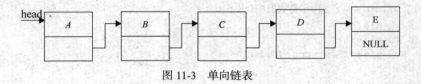

图 11-3　单向链表

要删除 C 结点，使链表成为如图 11-4 所示形式，需修改结点指针域的值。

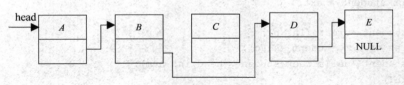

图 11-4　删除结点后的链表

可以设两个指针变量 p1 和 p2，先使 p1 指向第一个结点（p1=head），如果要删除的不是第一个结点，则 p2=p1，即使 p2 指向刚检查过的结点，然后使 p1 后移指向下一个结点（p1=p1->next）。如此一次一次使 p1 后移，直到找到所要删除的结点，或检查完链表后都找不到要删除的结点为止。

找到要删除的结点后，还要考虑两种情况。

① 删除的是第一个结点：head=p1->next。

② 如果要删除的不是第一个结点：p2->next=p1->next。

【例 11-10】　编写函数 del 以删除动态链表中指定的结点。

```c
/*例 11-10  example11_10.c 删除动态链表结点函数*/
struct student *del(struct student *head,int num)
{
    struct student *p1, *p2;
    if (head==NULL) {printf("\n list null\n");return head;}
    p1=head;
    while (num!=p1->num && p1->next!=NULL)
        /*p1 指向的不是所要找的结点，并且后面还有结点*/
    { p2=p1;p1=p1->next;}
    if (num==p1->num)
    {
        if (p1==head)
            head=p1->next;
        else
            p2->next=p1->next;
        printf("delete %d\n",num);
    }
    else
        printf("%d not has been found\n",num);
    return head;
}
```

11.4.6　对链表的综合操作

将以上建立、输出、删除函数组织在一个 C 程序中，用 main 函数作为主调函数，可以写出以下 main 函数（各函数放在 main 函数之后）。

【例 11-11】　链表的综合操作。

```
/*例11-11 example 11_11.c 链表的综合操作*/
#include <stdio.h>
#include <stdlib.h>
#define LEN sizeof (struct student)
struct student
{
    int num;
    float score;
    struct student *next;
 };
struct student *create(int n);
void print(struct student *head);
struct student *del(struct student *head,int num);
void main()
{
    struct student *head, *stu;
    int n;
    printf("input the number of the records:\n");
    scanf("%d",&n);
    head=create(n);
    print(head);
    printf("input the deleted number:\n");
    scanf("%d",&del_num);
    head=del(head,del_num);
    print(head);
}
```

11.5 共用体类型

11.5.1 共用体类型的定义

有时需要使几种不同类型的变量存放到同一段内存单元中。例如，可以把一个整型变量、一个字符型变量、一个实型变量放在同一个地址开始的内存单元中。以上 3 个变量在内存中占的字节数不同，但都从同一地址开始存放。也就是使用覆盖技术，几个变量互相覆盖。这种使几个不同的变量共同占用一段内存的结构，称为共用体，有的书中也称为联合体。

定义共用体类型变量的一般形式如下。

union 共用体名
{
    成员表列；
}变量表列；

例如，假定一个变量 a 可能的数据类型有 short int、char 或者 float 等几种，为了用同一个存储区来存放一个变量，定义如下共用体类型。

union data
{
    short int i;
    char ch;
    float f;
```
```

```
}a;
```

也可以将类型声明与变量定义分开。

```
union data
{
    short int i;
    char ch;
     float f;
};
union data a;
```

当然也可以直接定义共用体变量，例如：

```
union
{
    short int i;
    char ch;
     float f;
}a;
```

可以看出，共用体和结构体的定义形式相似，但含义是不同的。共用体类型的变量与结构体类型的变量在内存中所占用的单元也是不同的。例如，设内存起始地址为 1000。

```
struct data
{
    short int i;
    char ch;
     float f;
}a;
```

结构体变量 *a* 所占用的内存单元如图 11-5 所示，共用体变量 *a* 所占用的内存单元如图 11-6 所示。

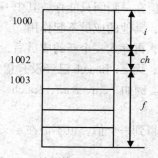

图 11-5 结构体变量 *a* 占用内存单元

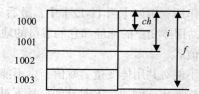

图 11-6 共用体变量 *a* 占用内存单元

如果使用 sizeof() 来计算数据类型长度，则会有 sizeof(struct data) 的值为 7，sizeof(union data) 的值为 4。

11.5.2 引用共用体变量的方式

共用体变量的引用方式与结构体变量的引用方法类似，具体如下。

共用体变量名.成员名

例如，前面定义了共用体变量 *a*，可引用共用体变量的成员 a.i、a.ch、a.f。不能只引用共用体变量，例如，"printf("%d",a);" 是错误的。

【例 11-12】 阅读下面的程序，分析和了解共用体变量成员的取值情况。

```
/*例 11-12 example 11_12.c 共用体成员取值*/
#include <stdio.h>
union data
{
    short int i;
    char ch;
    float f;
};
void main()
{
    union data a;
    a.i=10;
    a.ch='t';
    a.f=8.9;
    printf("共用体变量 a 成员的值为: \n");
    printf("a.i=%hd\ta.ch=%c\ta.f=%5.2f\n",a.i,a.ch,a.f);
}
```

程序的运行结果如下。

共用体变量 *a* 成员的值为：

```
a.i=26214        a.ch=f  a.f= 8.90
```

从程序结果可以看出，只有成员 *f* 具有确定的值，而成员 *i* 和 *ch* 的值是不可预料的。共用体的各成员共用同一段内存，所以只接受最后一个赋值。

11.5.3 共用体类型数据的特点

在使用共用体类型数据时要注意以下特点。

（1）同一个内存段可以用来存放几种不同类型的成员，但在一瞬间只能存放其中一种，而不是同时存放几种。也就是说，每一瞬间只有一个成员起作用，其他的成员不起作用。

（2）共用体变量中起作用的成员是最后一次存放的成员，再存入一个新的成员后，原有的成员就失去作用。例如【例 11-12】中，最后只有 a.f 是有效的，而 a.i 和 a.ch 已经没有意义了。

（3）共用体变量的地址和它的成员的地址都是同一地址。例如，&a、&a.i、&a.ch、&a.f 都是同一地址值。

（4）不能对共用体变量名赋值，也不能企图引用变量名得到一个值，也不能在定义共用体变量时对它初始化。例如，下面这些都是不对的。

```
① union data
{
    short int i;
    char ch;
    float f;
}a={1,'a',1.5};/*不能初始化*/
② a=1; /*不能对共用体变量赋值*/
③ m=a; /*不能引用共用体变量以得到一个值*/
```

（5）不能把共用体变量作为函数参数，也不能使函数返回共用体变量，但可以使用指向共用体变量的指针。

（6）共用体类型可以出现在结构体类型定义中，也可以定义共用体数组。反之，结构体也可以出现在共用体类型定义中，数组也可以作为共用体的成员。

11.6　使用枚举类型

如果一个变量只有几种可能的值，则可以将其定义为枚举类型。所谓"枚举"是指将变量的值一一列举出来，即变量的值只限于列举出来的值的范围内。

枚举类型定义的一般形式如下。

```
enum 枚举名{ 枚举值表 };
```

在枚举值表中应罗列出所有可用值。这些值也称为枚举元素。具体实例如下。

```
Enum weekday{sun,mon,tue,wed,thu,fri,sat};
```

上述程序行中，枚举名为 weekday，枚举值共有 7 个，即一周中的 7 天。凡被说明为 weekday 类型变量的取值只能是 7 天中的某一天。

声明了一个枚举类型 enum weekday 后，可以用此类型来定义变量。具体实例如下。

```
enum weekday a,b,c;
```

或者

```
enum weekday{ sun,mou,tue,wed,thu,fri,sat }a,b,c;
```

或者

```
enum { sun,mou,tue,wed,thu,fri,sat }a,b,c;
```

枚举类型在使用中有以下规定。

（1）枚举值是常量，不是变量，不能在程序中用赋值语句再对它赋值。

例如，对枚举 weekday 的元素再做以下赋值操作。

```
sun=5;
mon=2;
sun=mon;
```

这些都是错误的。

（2）枚举元素本身由系统定义了一个表示序号的数值，从 0 开始顺序定义为 0，1，2…如在 weekday 中，sun 值为 0，mon 值为 1，…，sat 值为 6。

【例 11-13】　阅读下列程序，了解枚举变量的使用。

```
/*例11-13 example 11_13.c 枚举变量的使用*/
void main(){
    enum weekday { sun,mon,tue,wed,thu,fri,sat } a,b,c;
    a=sun;
    b=mon;
    c=tue;
    printf("%d,%d,%d",a,b,c);
}
```

输出结果为：0,1,2

说明

只能把枚举值赋予枚举变量，不能把元素的数值直接赋予枚举变量。例如下面的赋值是正确的

```
a=sum;
b=mon;
```

而下面的是错误的

```
a=0;
b=1;
```

如一定要把数值赋予枚举变量，则必须用强制类型转换，具体实例如下。

```
a=(enum weekday)2;
```

上述程序行的意义是将顺序号为 2 的枚举元素赋予枚举变量 a，相当于如下语句。

```
a=tue;
```

还应该说明的是枚举元素不是字符常量，也不是字符串常量，使用时不要加单、双引号。

【例 11-14】 阅读程序，了解枚举类型及变量的简单应用。

```
/*例 11-14 example 11_14.c 枚举类型及变量的简单应用*/
void main()
{
    enum body { a,b,c,d } month[31],j;
    int i;
    j=a;
    for(i=1;i<=30;i++)
{
    month[i]=j;
    j++;
    if (j>d) j=a;
}
    for(i=1;i<=30;i++){
    switch(month[i])
    {
    case a:printf(" %2d  %c\t",i,'a'); break;
    case b:printf(" %2d  %c\t",i,'b'); break;
    case c:printf(" %2d  %c\t",i,'c'); break;
    case d:printf(" %2d  %c\t",i,'d'); break;
    default:break;
    }
}
    printf("\n");
}
```

11.7 用 typedef 声明新类型名

C 语言不仅提供了丰富的数据类型，而且还允许由用户自己定义类型说明符，也就是说允许由用户为数据类型取别名。类型定义符 typedef 可用来完成此功能。例如，有整型量 a、b，其说明如下。

```
int a,b;
```

上述程序行中，int 是整型变量的类型说明符。int 的完整写法为 integer，为了增加程序的可

读性，可把整型说明符用 typedef 定义如下。

```
typedef int INTEGER;
```

这样以来，就可用 INTEGER 来代替 int 作为整型变量的类型说明了。

例如，"INTEGER a,b;"等效于"int a,b;"。

typedef 定义的一般形式如下。

```
typedef 原类型名　新类型名;
```

其中，原类型名中含有定义部分，新类型名一般用大写表示，以便于区别。

用 typedef 定义数组、指针、结构等类型将带来很大的方便，不仅使程序书写简单，而且使意义更为明确，因而增强了可读性。

1. 数组

"typedef char NAME[20];"表示 NAME 是字符数组类型，数组长度为 20。可用 NAME 说明变量，例如，"NAME a1,a2,s1,s2;"完全等效于"char a1[20],a2[20],s1[20],s2[20];"。

2. 结构体

```
typedef struct stu
{ char name[20];
  int age;
  char sex;
} STU;
```

上述程序段中，定义 STU 表示 stu 的结构体类型，可用 STU 来说明结构体变量。

```
STU body1,body2;
```

3. 指针

```
typedef float *PFLOAT;
PFLOAT p1,p2;
```

上述程序等价于"float *p1,*p2;"。

4. 函数

```
typedef char DFCH();
DFCH af;
```

上述程序等价于"char af();"。

---

① 用 typedef 只是给已有类型增加一个别名，并不能创造一个新的类型。

② typedef 与 #define 有相似之处，但二者是不同的。前者是由编译器在编译时处理的，后者是由编译预处理器在编译预处理时处理的，而且只是做简单的字符串替换。

11.8　综合实例

【例 11-15】 一副扑克牌除去大王和小王还有 4 种花色，每种花色 13 张牌，共有 52 张。设计一个洗牌和发牌的程序，用 H 代表红桃，D 代表方片，C 代表梅花，S 代表黑桃，用 1～13 代表每一种花色的面值。

分析：可用结构体类型来表示扑克牌的花色和面值。

```
struct card {
    char *face;
    char *suit;
};
```

结构体成员 face 代表扑克牌的面值，suit 代表扑克牌的花色。函数 void shuffle(Card *wDeck) 用于对扑克牌完成洗牌，函数 void deal(Card *wdeck)完成发牌。

```
/*例 11_15 example11_15.c 洗牌算法*/
#include <stdio.h>
#include <stdlib.h>
#include <time.h>
struct card {
    char *face;
    char *suit;
};
typedef struct card Card;
void fillDeck(Card *, char *[], char *[]);
void shuffle(Card *);
void deal(Card *);
void main()
{
    Card deck[52];
    char *face[] = {"1", "2", "3", "4", "5", "6", "7", "8", "9", "10", "11", "12", "13"};
    char *suit[] = {"H", "D", "C", "S"};
    srand(time(NULL));
    fillDeck(deck, face, suit);
    shuffle(deck);
    deal(deck);
}

void fillDeck(Card *wDeck, char *wFace[], char *wSuit[])
{
    int i;

    for (i = 0; i <= 51; i++)
    {
        wDeck[i].face = wFace[i % 13];
        wDeck[i].suit = wSuit[i / 13];
    }
}
void shuffle(Card *wDeck)
{
    int i, j;
    Card temp;
    for (i = 0; i <= 51; i++)
    {
        j = rand() % 52;
        temp = wDeck[i];
        wDeck[i] = wDeck[j];
        wDeck[j] = temp;
    }
}
void deal(Card *wdeck)
{
```

```
    int i;
    for (i = 0; i <= 51; i++)
        printf("%2s--%2s%c", wdeck[i].suit, wdeck[i].face,(i+1)%4?'\t':' \n');
}
```

【例 11-16】 口袋中有红、黄、蓝、白、黑等 5 种颜色的球若干。每次从口袋中先后取出 3 个球，问得到 3 种不同颜色的球的可能取法，输出每种排列的情况。

球只能是 5 种色之一，而且要判断各球是否同色，应该用枚举类型变量处理。

设取出的球为 i、j、k。根据题意，i、j、k 分别是 5 种色球之一，并要求 $i \neq j \neq k$。可以使用穷举法，即一种可能一种可能地试，看哪一组符合条件。

用 n 累计得到 3 种不同色球的次数。外循环使第 1 个球从 red 变到 black，中循环使第 2 个球 j 也从 red 变到 black。如果 i 和 j 同色则不可取，只有 $i \neq j$ 时才需要继续找第 3 个球，此时第 3 个球也有 5 种可能，即从 red 变到 black，但要求第 3 个球不能和第 1 个球或第 2 个球同色，即 $k \neq i$ 并且 $k \neq j$，满足此条件就得到 3 种不同色的球。

为了输出球的颜色，我们首先令 *pri* 的值为第一个球 i，然后输出第一个球的颜色。然后令 *pri* 的值为第二个球 j，输出第二个球的颜色。最后令 *pri* 的值为第三个球 k，输出第三个球的颜色。这个过程用一个循环来实现。

```
/*例 11-16 example 11_16.c 用枚举解决问题*/
#include <stdio.h>
void main()
{
    enum color {red,yellow,blue,white,black};
    enum color i,j,k,pri;
    int n,loop;
    n=0;
    for (i=red;i<=black;i++)
    for (j=red;j<=black;j++)
    if (i!=j)
    {
    for (k=red;k<=black;k++)
        if (k!=i && k!=j)
        {
        n++;
        printf("%-4d",n);
        for (loop=1;loop<=3;loop++)
        {
        switch(loop)
        {
        case 1: pri=i;break;
        case 2: pri=j;break;
        case 3: pri=k;break;
        default: break;
        }
        switch(pri)
        {
        case red: printf("%-10s","red");break;
        case yellow: printf("%-10s","yellow");break;
        case blue: printf("%-10s","blue");break;
        case white: printf("%-10s","white");break;
        case black: printf("%-10s","black");break;
        default: break;
        }
```

```
        }
        printf("\n");
        }
    }
    printf("\ntotal:%5d\n",n);
}
```

运行结果如下。

```
1       red         yellow      blue
2       red         yellow      white
3       red         yellow      black

58      black       white       red
59      black       white       yellow
60      black       white       blue
Total:  60
```

不使用枚举变量而使用常数 0 代表 "红"，1 代表 "黄" ……也可以实现。但用枚举变量更直观，因为枚举变量选用了令人 "见名知义" 的标识符，而且枚举变量的值限定在定义时规定的几个枚举元素范围内，如果赋予它一个其他的值，就会出现出错信息，便于检查。

本章小结

本章介绍了 C 语言中的几种用户自己建立的数据类型，即结构体、共用体和枚举、用户定义类型，详细讨论了结构体概念、定义和使用方法，介绍了结构体数组与指针，以及结构体类型数据动态存储分配的使用方法，同时介绍了链表的概念、定义、特点、基本操作等。此外，本章还介绍了共用体、枚举类型以及用户定义类型的概念和应用。

对于一个已经定义的新数据类型，要想使用该类型，必须为数据类型定义变量，即将数据类型实例化。计算机根据数据类型为变量分配相应的存储空间。

结构体和共用体具有很多相似之处，比如都由成员组成，且成员可以具有不同的数据类型。对于结构体变量和共用体变量，我们经常引用的是变量的成员。

在结构体中，各成员都占有自己的内存空间，是同时存在的。一个结构体变量的总长度等于所有成员长度之和。在共用体中，所有成员不能同时占有内存空间，它们不能同时存在。共用体变量的长度等于最长的成员的长度。

"." 是成员运算符，可用它表示成员项；使用指针时，成员还可以用 "->" 运算符引用。

链表是一种重要的数据结构。它便于实现动态的存储分配。

枚举是一种由用户定义的基本类型，使用枚举使得某些数据的表示更加直观。

习　　题

一、选择题

1. C 语言结构体类型变量在程序运行期间（　　　）。

　　A. TC 环境在内存中仅仅开辟一个存放结构体变量地址的单元

B. 所有的成员一直驻留在内存中

C. 只有最开始的成员驻留在内存中

D. 部分成员驻留在内存中

2. 把一些属于不同类型的数据作为一个整体来处理时，常用（　　）。

    A. 结构体类型数据　　　　　　　　B. 简单变量

    C. 数组　　　　　　　　　　　　　D. 指针类型

3. 当说明一个结构体变量时系统分配给它的内存是（　　）。

    A. 各成员所需内存量的总和　　　　B. 结构中第一个成员所需内存量

    C. 成员中占内存量最大者所需的容量　D. 结构中最后一个成员所需内存量

4. 设有以下说明语句。

```
typedef struct
{ int n;
char ch[8];
} PER;
```

则下面叙述中正确的是（　　）。

    A. PER 是结构体变量名　　　　　　B. PER 是结构体类型名

    C. typedef struct 是结构体类型　　　D. struct 是结构体类型名

5. 已有定义 "struct a{char x; double y;}data,*t;"，若有 t=&data，则对 data 中的成员的正确引用是（　　）。

    A.（*t）.data.x　　B.（*t）.x　　C. t->data.x　　D. t.data.x

6. 设有如下定义。

```
struck sk
{ int a;
float b;
} data;
int *p;
```

若要使 p 指向 data 中的 a 域，则正确的赋值语句是（　　）。

    A. p=&a;　　　　B. p=data.a;　　　C. p=&data.a;　　　D. *p=data.a;

7. 在 Visual C++ 6.0 环境下，有下面的说明和定义。

```
struct test
{ int m1; char m2; float m3;
union uu { char u1[5]; int u2[2];} ua;
} myaa;
```

则 sizeof（struct test）的值是（　　）。

    A. 20　　　　　　B. 12　　　　　　C. 11　　　　　　D. 17

8. 有如下定义。

```
struct person{char name[9];int age;};
struct person stu[10]={"John",17,"paul",19,"Mary",18,"Adam",16};
```

根据上述定义，能输出字母 A 的语句是（　　）。

    A. printf("%c\n",stu[3].name);

    B. printf("%c\n",stu[3].name[0]);

  C．printf("%c\n",stu[2].name[1]);

  D．printf("%c\n",stu[2].name[0]);

9．有以下结构体说明和变量的定义，且指针 p 指向变量 a，指针 q 指向变量 b，则不能把结点 b 连接到结点 a 之后的语句是（ ）。

```
struct node
{ char data;
struct node *next;
} a,b, *p=&a, *q=&b;
```

  A．a.next=q;   B．p.next=&b; C．p->next=&b; D．（*p）.next=q;

10．已知函数的原型如下，其中结构体 a 为已经定义过的结构，且有下列变量定义。

```
struct a *f（int t1,int *t2,strcut a t3,struct a *t4)
struct a p, *p1;int i;
```

则正确的函数调用语句为（ ）。

  A．&p=f(10,&i,p,p1);   B．p1=f(i++,(int *)p1,p,&p);

  C．p=f(i+1,&(i+2),*p,p);   D．f(i+1,&i,p,p);

二、判断题

1．结构体的成员可以作为变量使用。

2．在一个函数中，允许定义与结构体类型的成员相同名的变量，它们代表不同的对象。

3．在 C 语言中，可以把一个结构体变量作为一个整体赋值给另一个具有相同类型的结构体变量。

4．使用联合体 union 的目的是将一组具有相同数据类型的数据作为一个整体，以便于其中的成员共享同一存储空间。

5．在 C 语言中，枚举元素表中的元素有先后顺序，可以进行比较。

6．用 typedef 可以定义各种类型名，但不能用于定义变量。

7．所谓结构体变量的指针就是这个结构体变量所占存储单元段的起始地址。

8．可以把一个结构体变量作为一个整体进行输入和输出操作。

9．联合体是把不同类型的数据项组成一个整体，这些不同类型的数据项在内存中的起始单元是相同的。

10．在说明一个结构体变量时，系统分配给它的内存是成员中占内存量最大者所需的容量。

三、填空题

1．"."称为（ ）运算符，"->"称为（ ）运算符。

2．设有定义语句"struct {int a; float b;char c;}s,*p=&s;"，则对结构体成员 a 的引用可以是 s.a 和（ ）。

3．把一些属于不同类型的数据作为一个整体处理时，常用（ ）类型。

4．以下定义的结构体类型拟包含两个成员,其中成员变量 info 用来存入整型数据，成员变量 link 是指向自身结构体的指针，link 应定义为（ ）类型。

```
struct node
{ int info;
____ link;
};
```

5．现有定义"struct aa{int a;float b;char c;}*p;"，需用 malloc 函数动态地申请一个 struct aa 类

型大小的空间（由 p 指向），则定义的语句为：（　　　）。

6. 阅读如下程序段，则执行后程序的输出结果是（　　　）。

```
#include <stdio.h>
main()
{ struct a{int x; int y; }num[2]={{20,5},{6,7}};
printf("%d\n",num[0].x/num[0].y*num[1].y);
}
```

7. 已知学生记录描述如下。

```
struct birthday
{int year; int month; int day;};
struct student
{   int no;
  char name[20];
    struct birthday  birth;
};
struct student s;
```

设变量 s 中的"生日"是"1984 年 11 月 12 日"，对成员 $birth$ 正确赋值的程序段是（　　　）。

8. 以下程序的输出是（　　　）。

```
#include <stdio.h>
struct st
{  int x; int *y;} *p;
int dt[4]={ 10,20,30,40 };
struct st aa[4]={ 50,&dt[0],60,&dt[0],60,&dt[0],60,&dt[0]};
main()
{ p=aa;
printf("%d\n",++(p->x));
}
```

四、编程题

1. 用结构体类型编写程序。输入一个学生的学号，数学期中和期末成绩，然后计算并输出平均成绩。

2. 定义一个结构体变量（包括年、月、日）。计算该日在本年中是第几天？注意闰年问题。要求写一个函数 days，实现上题的计算，由主函数将年、月、日传递给 days 函数，计算后将天数传给主函数返回。

3. 使用结构体数据类型试编一个同学间的通讯录程序，结构体变量的成员有学号（number）、姓名（name）、电话（telphone）、地址（address）。使用 malloc 函数开辟新结点，从键盘上输入结点中的所有数据，然后依次把这些结点的数据显示在屏幕上。

4. 有 10 个学生，每个学生的数据包括学号（num）、姓名（name）、3 门课程成绩（score[3]）。从键盘输入 10 个学生数据，要求输出 3 门课程总平均成绩，以及最高分学生的数据（包括学号、姓名、3 门课成绩、平均分数）。

5. 试编写程序，将一个链表反转排列，即将链头当链尾，链尾当链头。

6. 已有 a、b 两个链表，每个链表中的结点包括学号、成绩。要求将两个链表合并，按学号升序排列。

7. 已有 a、b 两个链表，设结点中包含学号、姓名，从 a 链表中删除与 b 链表中有相同学号的那些结点。

第 12 章
文件

12.1 C 文件概述

文件通常是保存在外部介质上的一组相关数据的有序集合。这个数据集有一个名称，叫作文件名。文件只有在使用的时侯才被调入内存中来。从用户的角度看，文件可分为普通文件和设备文件两种。

普通文件是指驻留在外部介质上的一个有序数据集，可以是源文件、目标文件、可执行程序，也可以是一组数据文件。

设备文件是指与主机相连的各种外部设备，如显示器、打印机、键盘等。在操作系统中，外部设备也是被作为一个文件来进行管理的，它们的输入、输出等同于磁盘文件的读和写。通常把显示器定义为标准输出文件 stdout。一般情况下，在显示器上显示有关信息就是向标准输出文件输出。键盘通常被指定为标准输入文件 stdin，从键盘上输入就意味着从标准输入文件中输入数据。

C 语言把文件看作是一个字符（字节）序列。在 C 语言里，每个文件都是一连串的字节流或二进制数据流流。从这个角度来讲，文件按照数据组织形式可以分为文本文件和二进制文件。

12.2 文件类型指针

在缓冲文件系统中，每个被使用的文件都会在内存中开辟一个区域，存放被调入内存的文件信息，并用一个文件类型的指针变量指向被使用的文件。这个指针称为文件指针，其实际上是由系统定义的一个结构体，名称为 FILE。该结构体中含有文件名、文件状态和文件当前位置等信息。在 "stdio.h" 文件中有 FILE 结构体的类型声明。

```
typedef struct
{
    short level;              /*缓冲区"满"或"空"的程度*/
    unsigned flags;           /*文件状态标志*/
    char fd;                  /*文件描述符*/
    unsigned char hold;       /*如无缓冲区，则不读取字符*/
    short bsize;              /*缓冲区的大小*/
    unsigned char *buffer;    /*数据缓冲区的位置*/
    unsigned char *curp;      /*指针当前的指向*/
```

```
    unsigned istemp;              /*临时文件指示器*/
    short token;                  /*用于有效性检查*/
}FILE;
```

通过文件指针就可对它所指的文件进行各种操作了。定义说明文件指针的一般形式如下。

```
    FILE *指针变量标识符;
```

其中 FILE 应为大写，在编程序时不需关心 FILE 结构的细节，具体如下。

```
FILE *fp;
```

上述语句表示 fp 是指向 FILE 结构的指针变量。通过 fp 即可找到存放某个文件信息的结构变量，然后按结构变量提供的信息找到该文件，实施对文件的操作。习惯上也笼统地把 fp 称为指向一个文件的指针。

12.3　文件的打开与关闭

文件在进行读写操作之前要先打开，使用完毕要关闭。所谓打开文件，实际上是建立文件的各种有关信息，并使文件指针指向该文件，以便进行其他操作。关闭文件则断开指针与文件之间的联系，也就禁止再对该文件进行操作。

在 C 语言中，与文件有关的操作通常都是由库函数来完成的。本章将主要介绍文件操作库函数。

12.3.1　文件打开函数 fopen

通常把从外存上的文件中读取数据到内存称为文件的打开，把内存中的数据存回到外存文件中称为文件的关闭。因此，使用文件要先打开，使用后，必须关闭。打开文件，首先要改变文件的标志，使其由闭到开，并且把下面的信息传递给编译系统，具体步骤如下。

（1）需要打开的文件名，也就是准备访问的文件的名字。

（2）使用文件的方式（“读”还是“写”等）。

（3）让哪一个指针变量指向被打开的文件。

文件打开函数的原型是在“stdio.h”头文件中定义的 fopen 函数，其格式如下。

```
fopen("文件名", "使用文件方式");
```

即文件指针名=fopen(“文件名”，“使用文件方式”);。

其中，“文件指针名”必须是用 FILE 类型定义的指针变量，“文件名”是被打开文件的文件名字符串常量或该串的首地址值。具体实例如下。

```
FILE *fp;
fp=fopen("file1.txt", "r"); /*只读方式打开文本文件 file1.txt*/
```

“使用文件方式”是指文件的类型和操作方式，通常是如表 12-1 所示的字符串。

表 12-1　　　　　　　　　　　　　　　使用文件方式

文件操作方式	含义	打开文件方式
“r”	打开一个文本文件	只读
“w”	打开一个文本文件	只写

续表

文件操作方式	含义	打开文件方式
"a"	打开一个文本文件，向文本文件尾增加数据	追加
"rb"	打开一个二进制文件	只读
"wb"	打开一个二进制文件	只写
"ab"	打开一个二进制文件，向二进制文件尾增加数据	追加
"r+"	打开一个文本文件	读/写
"w+"	建立一个新的文本文件	读/写
"a+"	打开或生成一个文本文件	读/写
"rb+"	打开一个二进制文件	读/写
"wb+"	建立一个新的二进制文件	读/写
"ab+"	打开或生成一个二进制文件	读/写

对于表 12-1 需做以下理解。

（1）用"r"方式打开文件的目的是为了从文件中读取数据，不能向文件写入数据，而且该文件应该已经存在，不能用"r"方式打开一个并不存在的文件，否则出错。

（2）用"w"方式打开的文件只能用于向该文件写数据，即输出文件，而不能用来向计算机输入。如果原来不存在该文件，则在打开时新建立一个以指定的名字命名的文件。如果原来已存在一个以该文件名命名的文件，在打开时将该文件删去，重新建立新文件。

（3）如果需要向文件尾添加新数据（不删除原有数据），应该用"a"方式打开。但此时该文件必须已存在，否则将得到出错信息。打开时，位置指针移到文件尾。

（4）用"r+""w+"和"a+"方式打开的文件既可以用来输入数据，也可以用来输出数据。用"r+"方式时该文件应该已经存在，以便能向计算机输入数据。用"w+"方式则新建立一个文件，先向此文件写数据，然后可以读此文件中的数据。用"a+"方式打开的文件，原来的文件不被删去，位置指针移到文件尾，可以添加，也可以读。

（5）如果打开文件失败，fopen 函数将会带回一个出错信息。此时 fopen 函数将返回一个空指针值 NULL（NULL 在"stdio.h"头文件中已被定义为 0）。通常，用下面的方法打开一个文件。

```
if((fp=fopen("file","r"))==NULL)
{
    printf("Can not open this file\n");
    exit(0);    /*关闭所有文件，终止正在运行的程序*/
}
```

先检查打开文件的操作是否出错，如果有错就在终端上输出"Can not open this file"。exit 函数的作用是关闭所有文件，终止正在执行的程序，待用户检查出错误，修改后再运行。

12.3.2 文件关闭函数 fclose

使用完一个文件后应该关闭它。关闭就是使文件指针变量不指向该文件，释放其占用的内存空间，使文件指针变量与文件"脱钩"，此后不能再通过该指针对原来与其相联系的文件进行读写操作。在 C 语言中，用 fclose 函数关闭文件一般形式如下。

```
fclose(文件指针);
```

例如，"fclose(fp);"其表示关闭由文件指针 fp 当前指向的文件，收回其占有的内存空间，取消文件指针 fp 的指向。如果在程序中同时打开多个文件，使用完后必须多次调用 fclose 函数将文件逐一关闭。关闭成功返回值为 0，否则返回 EOF（-1）。

12.4　文件的读写

对文件的读和写是最常用的文件操作。C 语言中提供了多种文件读写的函数，主要有以下几种。

（1）字符读写函数：fgetc 和 fputc。

（2）字符串读写函数：fgets 和 fputs。

（3）格式化读写函数：fscanf 和 fprinf。

使用以上函数都要求包含头文件"stdio.h"，下面分别进行介绍。

12.4.1　字符读写函数 fgetc 和 fputc

字符读写函数是以字符（字节）为单位的读写函数。每次可从文件读出或向文件写入一个字符。

1. 读字符函数 fgetc

fgetc 函数的功能是从指定的文件中读一个字符，函数调用的形式如下。

　　字符变量=fgetc(文件指针);

例如，语句"ch=fgetc(fp);"的意义是从打开的文件 fp 中读取一个字符并送入 ch 中。

对于 fgetc 函数的使用应注意以下几点。

（1）在 fgetc 函数调用中，读取的文件必须是以读或读写方式打开的。

（2）读取字符的结果也可以不向字符变量赋值，例如，"fgetc(fp);"虽然正确，但是读出的字符不能保存。

（3）在文件内部有一个位置指针，用来指向文件的当前读写字节。在文件打开时，该指针总是指向文件的第一个字节。使用 fgetc 函数后，该位置指针将向后移动一个字节。因此可连续多次使用 fgetc 函数，读取多个字符。应注意文件指针和文件内部的位置指针不是一回事。文件指针是指向整个文件的，需在程序中定义说明，只要不重新赋值，文件指针的值是不变的。文件内部的位置指针可以理解为一个偏移量，用以指示文件内部的当前读写位置，每读写一次，该指针均向后移动，其不需在程序中定义说明，而是由系统自动设置的。

【例 12-1】 读入文件"test1.txt"，并在屏幕上输出文件内容。

```
#include<stdio.h>
#include <stdlib.h>
void main( )
{
  FILE *fp;
  char ch;
  if((fp=fopen("d:\\ test1.txt","r+"))==NULL)
  {
    printf("\nCannot open file, press any key to exit!");
    exit(-1);
  }
  ch=fgetc(fp);
  while(ch!=EOF)
```

```
    {
        putchar(ch);
        ch=fgetc(fp);
    }
    fclose(fp);
}
```

本程序定义了文件指针 fp，以读文本文件方式打开文件 "d:\\ test1.txt"，并使 fp 指向该文件。若打开文件出错，输出提示信息，并退出程序。程序先读入一个字符，然后进入循环，只要读出的字符不是文件结束标志（EOF）就把该字符显示在屏幕上，再读入下一字符。每读一次，文件内部的位置指针向后移动一个字符，文件结束时，该指针指向 EOF。执行本程序将显示整个文件的内容。

2. 写字符函数 fputc

fputc 函数的功能是把一个字符写入指定的文件中，函数调用的形式如下。

```
fputc(字符量,文件指针);
```

其中，待写入的字符量可以是字符常量或变量，例如，"fputc('a',fp);" 的含义是把字符 a 写入 fp 所指向的文件中。

对于 fputc 函数的使用需要注意以下几点。

（1）被写入的文件可以用写、读写、追加方式打开，用写或读写方式打开一个已存在的文件时将清除原有的文件内容，写入字符从文件首开始。若需保留原有文件内容，希望写入的字符以文件尾开始存放，必须以追加方式打开文件。被写入的文件若不存在，则创建该文件。

（2）每写入一个字符，文件内部位置指针向后移动一个字节。

（3）fputc 函数有一个返回值，若写入成功则返回写入的字符，否则返回一个 EOF。可用此来判断写入是否成功。

【例 12-2】 从键盘输入一行字符，将其写入一个文本文件 "test2.txt"，同时读取该文件内容并显示在屏幕上。

```
#include<stdio.h>
#include<conio.h>
#include<stdlib.h>
void main( )
{
    FILE *fp;
    char ch;
    if((fp=fopen("d:\\ test2.txt","w+"))==NULL)  /*以写方式读取文本文件*/
    {
        printf("Cannot open file, press any key to exit!");
        getch( );
        exit(-1);
    }
    printf("input a string:\n");
    ch=getchar( );
    while (ch!='\n')
    {
        fputc(ch,fp);
        ch=getchar( );
    }
    rewind(fp);  /*重新定位文件内部位置指针*/
```

```
  ch=fgetc(fp);
  while(ch!=EOF)
  {
    putchar(ch);
    ch=fgetc(fp);
  }
  printf("\n");
  fclose(fp);
}
```

程序中第 8 行以读写文本文件方式打开文件 "test2.txt"。程序第 16 行从键盘读入一个字符后进入循环，当读入字符不为回车符时，则把该字符写入文件之中，然后继续从键盘读入下一字符。每输入一个字符，文件内部位置指针向后移动一个字节。写入完毕，该指针已指向文件尾。若要把文件从头读出，需把指针移向文件头，程序第 21 行 rewind 函数用于把 fp 所指文件的内部位置指针移到文件头。最后的 while 循环用于读出文件中的一行内容。

12.4.2　字符串读写函数 fgets 和 fputs

1. 读字符串函数 fgets

fgets 函数的功能是从指定的文件中读取一个字符串到字符数组中，函数调用的形式如下。

```
fgets(字符数组名,n,文件指针);
```

其中，n 是一个正整数，表示从文件中读出的字符串不超过 n-1 个字符。在读入的最后一个字符后加上串结束标志'\0'。例如，"fgets(str,n,fp);" 语句的含义是从 fp 所指的文件中读出 n-1 个字符送入字符数组 str 中。

【例 12-3】 从 "test3.dat" 文件中读入一个包含 10 个字符的字符串，并输出到屏幕。

```
#include<stdio.h>
#include<conio.h>
#include <stdlib.h>
void main( )
{
  FILE *fp;
  char str[20];
  if((fp=fopen("d:\\ test3.dat","r+"))==NULL)
  {
    printf("\nCannot open file, press any key to exit!");
    getch( ); /*按任意键返回*/
    exit(-1);
  }
  fgets(str,11,fp); /*读取 10 个有效字符，末尾添加结束符'\0'*/
  printf("\n%s\n",str);
  fclose(fp);
}
```

本例定义了一个字符数组 str，以读文本文件方式打开文件 "test3.dat" 后，从中读出 10 个字符送入 str 数组，在数组最后一个单元内将加上'\0'，然后在屏幕上显示输出 str 数组。

对 fgets 函数的使用需要注意以下几点。

（1）在读出 n-1 个字符之前，若遇到了换行符或 EOF，则读出结束。

（2）fgets 函数也有返回值，其返回值是字符数组的首地址。

2. 写字符串函数 fputs

fputs 函数的功能是向指定的文件写入一个字符串，其调用形式如下。

```
fputs(字符串,文件指针);
```

其中，字符串可以是字符串常量，也可以是字符数组名，或指针变量，具体如下。

```
fputs("abc123",fp);
```

其含义是把"abc123"写入 fp 所指的文件之中。

【例 12-4】 在"test4.dat"文件尾追加一个字符串，并输出到屏幕。

```c
#include<stdio.h>
#include<conio.h>
#include <stdlib.h>
void main( )
{
  FILE *fp;
  char ch,st[20];
  if((fp=fopen("test4.dat","at+"))==NULL)
  {
    printf("Cannot open file, press any key to exit!");
    getch( );
    exit(1);
  }
  printf("input a string:\n");
  scanf("%s",st);
  fputs(st,fp);
  rewind(fp);    /*重新定位文件内部位置指针*/
  ch=fgetc(fp);
  while(ch!=EOF)   /*逐个字符输出文件内容到屏幕*/
  {
    putchar(ch);
    ch=fgetc(fp);
  }
  printf("\n");
  fclose(fp);
}
```

本例要求在"test4.dat"文件尾追加字符串，因此，在程序第 7 行以追加读写文本文件的方式打开文件。然后输入字符串，并用 fputs 函数把该串写入文件。在程序第 17 行用 rewind 函数把文件内部位置指针移到文件首。然后再进入循环逐个显示当前文件中的全部内容。

【例 12-5】 以自定义函数方式实现字符串格式读写"test5.dat"文件。

```c
#include<stdio.h>
#include<conio.h>
#include <stdlib.h>
void wr_string(char *,FILE *);
void rd_string(char *,FILE *);
void main( )
{
  char str[20];
  FILE *fp;
  if((fp=fopen("test5.dat","wt+"))==NULL)
  {
```

```
        printf("Cannot open file, press any key to exit!");
        getch( );
        exit(-1);
    }
    wr_string(str,fp);              /*将获取的字符串写入文件*/
    rewind(fp);                     /*复位位置偏移量到初始状态*/
    rd_string(str,fp);              /*从文件中读取字符串并输出*/
    fclose(fp);
}
void rd_string(char *str,FILE *fp)      /*字符串读函数，将读取的内容输出到屏幕*/
{
    fgets(str,11,fp);
    printf("\n%s\n",str);
}
void wr_string(char *str,FILE *fp)      /*字符串写函数，将输入的内容写入文件*/
{
    printf("input a string:\n");
    scanf("%s",str);
    fputs(str,fp);
}
```

本例打开一个"test5.dat"文件，输入一个字符串，并用 fputs 函数把该输入的字符串写入文件"test5.dat"。程序最后调用函数 rd_string( )读出文件，显示在屏幕上。这里利用自定义函数实现字符串的读写，给出一个打开的文件指针 fp 作为实参传递的方法。

12.4.3　格式化读写函数 fscanf 和 fprintf

fscanf 函数和 fprintf 函数与前面使用的 scanf 和 printf 函数的功能相似，都是格式化读写函数。两者的区别在于 fscanf 函数和 fprintf 函数的读写对象不是键盘和显示器，而是磁盘文件。这两个函数的调用格式如下。

```
fscanf(文件指针,格式字符串,输入表列);
fprintf(文件指针,格式字符串,输出表列);
```

具体实例如下。

```
fscanf(fp,"%d%s",&i,s);
fprintf(fp,"%d%c",j,ch);
```

【例 12-6】从键盘输入两个学生数据，写入一个文件中，再读出文件，显示在屏幕上。

```
#include<stdio.h>
#include<conio.h>
#include <stdlib.h>
struct stu
{
    char name[10];
    int num;
}boya[2],boyb[2], *p, *q;
void main( )
{
    FILE *fp;
    char ch;
    int i;
```

```
    p=boya;
    q=boyb;
    if((fp=fopen("d:\\ stu","wb+"))==NULL)
    {
     printf("Cannot open file, press any key to exit!");
     getch( );
     exit(-1);
    }
    for(i=0;i<2;i++,p++)
    {
     printf("\ninput data\n");
     scanf("%s%d",p->name,&p->num);
    }
    p=boya;
    for(i=0;i<2;i++,p++)
       fprintf(fp,"%s %d\n",p->name,p->num);
    rewind(fp);
    for(i=0;i<2;i++,q++)
       fscanf(fp,"%s %d\n",q->name,&q->num);
    printf("\n\nname\tnumber\n");
    q=boyb;
    for(i=0;i<2;i++,q++)
       printf("%s\t%d\t\n",q->name,q->num);
    fclose(fp);
}
```

本程序中 fscanf 和 fprintf 函数每次只读写一个结构数组的元素，因此采用了循环语句来读写全部数组元素。还要注意的是，指针变量 p 和 q 的值因循环操作而发生了改变，因此程序在循环后分别对它们重新赋予了数组的首地址。

12.5 文件的定位和随机读写

前面介绍的对文件的读写方式都是顺序读写，即读写文件只能从头开始，顺序读写各个数据。但在实际问题中常要求只读写文件中某一指定的部分。为了解决这个问题，可移动文件内部的位置指针到需要读写的位置，再进行读写。这种读写称为随机读写。实现随机读写的关键是要按要求移动位置指针。这称为文件的定位。

12.5.1 文件定位

移动文件内部位置指针的函数主要有两个，即 rewind 函数和 fseek 函数。rewind 函数前面已多次使用过，功能是把文件内部的位置指针移到文件首，其调用形式如下。

rewind(文件指针);

下面主要介绍 fseek 函数。fseek 函数用来移动文件内部位置指针，其调用形式如下。

fseek(文件指针,位移量,起始点);

上述语句中的 3 个参数的相关说明如下。

（1）文件指针：指向被移动的文件。

（2）位移量：移动的字节数。要求位移量是 long 型数据，以便在文件长度大于 64KB 时不会出错。当用常量表示位移量时，要求加后缀"L"。

（3）起始点：从何处开始计算位移量。规定的起始点有 3 种，分别为文件首、当前位置和文件尾，相关表示方法如表 12-2 所示。

表 12-2　　　　　　　　　　　　　起始点的表示方法

起始点	表示符号	数字表示
文件首	SEEK_SET	0
当前位置	SEEK_CUR	1
文件尾	SEEK_END	2

例如如下语句的意义是把位置指针移到离文件首 100 个字节处。fseek 函数一般用于二进制文件。在文本文件中由于要进行转换，故往往计算的位置会出现错误。

```
fseek(fp,100L,0);
```

12.5.2　文件的随机读写

在移动位置指针之后，即可用前面介绍的任一种读写函数进行读写。一般是读写一个数据块，因此常用 fread 和 fwrite 函数。【例 12-7】说明了文件的随机读写。

【例 12-7】 在学生文件"stu"中读取第二个学生的数据并输出到屏幕。

```
#include<stdio.h>
#include<conio.h>
#include <stdlib.h>
struct stu
{
    char name[10];
    int num;
    int age;
    char addr[15];
}boy, *q;
void main( )
{
    FILE *fp;
    char ch;
    int i=1;
    q=&boy;
    if((fp=fopen("d:\\stu","rb"))==NULL)
    {
        printf("Cannot open file, press any key to exit!");
        getch( );
        exit(-1);
    }
    fseek(fp,i*sizeof(struct stu),0);
    fread(q,sizeof(struct stu),1,fp);
    printf("\n\nname\tnumber\tage\taddr\n");
    printf("%s\t%d\t%d\t%s\n",q->name,q->num,q->age,q->addr);
    fclose(fp);
}
```

本程序用随机读出的方法读出第二个学生的数据。程序中定义 boy 为 stu 类型变量，q 为指向 boy 的指针。以读二进制文件方式打开文件，程序用 fseek()函数移动文件位置指针，其中的 i 值为 1，表示从文件头开始，移动一个 stu 类型的长度，然后再读出的数据即为第二个学生的数据。

12.6　文件检测函数

C 语言中常用的文件检测函数有以下几个。

1．文件结束检测函数 feof

feof 函数调用格式如下。

```
feof(文件指针);
```

功能：判断文件是否处于文件结束位置，若文件结束，则返回值为 1，否则为 0。

2．读写文件出错检测函数 ferror

ferror 函数调用格式如下。

```
ferror(文件指针);
```

功能：检查文件在用各种输入输出函数进行读写时是否出错。若 ferror 返回值为 0，表示未出错，否则表示有错。

3．文件出错标志和文件结束标志置 0 函数 clearerr

clearerr 函数调用格式如下。

```
clearerr(文件指针);
```

功能：本函数用于清除出错标志和文件结束标志，使它们为 0 值。

12.7　文件程序设计实例

【例 12-8】 从键盘输入文件名，输入字符串写入文件（字符串以"#"结束），并输出字符串。

```
#include <stdio.h>
#include<conio.h>
#include <stdlib.h>
void main( )
{
   FILE *fp;          /*定义文件指针*/
   char ch,filename[20];
   scanf("%s",filename);  /*获取文件名存入字符数组*/
   if((fp=fopen(filename,"w"))==NULL)
   {
      printf("cannot open file\n");
      exit(0);   /*终止程序*/
   }
   ch=getchar( );     /*接收输入的第一个字符*/
   while(ch!='#')
   {
      fputc(ch,fp);
      putchar(ch);
      ch=getchar( );
```

```
    }
    printf("\n");  /*向屏幕输出一个换行符*/
    fclose(fp);
}
```

程序运行如下。

```
test1.c
computer c#
computer c
```

【例 12-9】 从一个文件中读取字符串，写入另一个文件。

```
#include<stdio.h>
void main( )
{
    FILE *in, *out;
    char a[10];
    in=fopen("1.txt","r");
    out=fopen("2.txt","w");
    fgets(a,5,fpin);
    fputs(a,fpout);
    fclose(fpin);
    fclose(fpout);
}
```

【例 12-10】 从键盘输入 4 个学生的有关数据，把它们转存到磁盘文件"stulist"中。

```
#include <stdio.h>
#define SIZE 4
struct student
{
    char name[10];
    int num;
    int age;
    char addr[15];
} stud[SIZE];             /*定义学生结构体*/
void save()              /*自定义文件保存函数，将数据写入文件*/
{
    FILE *fp;
    int i;
    if((fp=fopen("stulist","wb"))==NULL)
    {
        printf("Cannot open file\n");
    }
    for(i=0;i<SIZE;i++)                    /*二进制写*/
        if(fwrite(&stud[i],sizeof(struct student),1,fp)!=1)
            printf("file write error\n");    /*出错处理*/
        fclose(fp);                        /*关闭文件*/
}
void main( )
{
    int i;
    for(i=0;i<SIZE;i++)       /*从键盘读入学生信息*/
        scanf("%s%d%d%s",stud[i].name,&stud[i].num,&stud[i].age,stud[i].addr);
    save();                  /*调用 save 函数保存学生信息*/
}
```

在主函数中,从键盘输入 4 个学生的数据,然后调用 save 函数,将这些数据输出到名为"stulist"的磁盘文件中。fwrite 函数的作用是将一个长度为 29 字节的数据块送到"stulist"文件中。一个 student 类型结构体变量的长度为它的成员长度之和,即 0+2+2+15=29。

运行情况如下。

```
输入 4 个学生的姓名、学号、年龄和地址:
zhang  1001  19 room_101
wang   1002  20 room_102
liu    1003  21 room_103
yang   1004  21 room_104
```

程序运行时,屏幕上并无输出任何信息;只是将从键盘输入的数据送到磁盘文件上。

【例 12-11】 验证上例的文件中是否有信息,输出到屏幕。

```c
#include <stdio.h>
#define SIZE 4
struct student
{
    char name[10];
    int num;
    int age;
    char addr[15];
}s [SIZE];
void main( )
{
    int i;
    FILE*fp;
    fp=fopen("stulist","rb");      /*注意文件所在的路径*/
    for(i=0;i<SIZE;i++)
    {
      fread(&s[i],sizeof(struct student),1,fp);
      printf("%\-10s%4d%4d%\-15s\n",s[i].name,s[i].num,s[i].age,s[i].addr);
    }
    fclose (fp);
}
```

运行情况如下。

```
zhang 1001   19 room_101
wang  1002   20 room_102
liu   1003   21 room_103
yang  1004   21 room_104
```

本章小结

本章介绍了文件的基本概念、文件指针的概念、定义和使用方法,详细讲述了文件的打开、关闭及读写操作等函数的使用方法。读者对 C 语言文件的学习应从以下几个方面重点理解。

(1) C 语言把文件当作一个"流",按字节进行处理。

(2) 标准 C 采用缓冲文件系统对文件进行操作。

（3）C 语言中，用文件指针标识文件，当一个文件被打开时，可取得该文件指针。

（4）文件在读写之前必须打开，读写结束必须关闭。

（5）文件可按只读、只写、读写、追加等 4 种操作方式打开，同时还必须指定文件的类型是二进制文件，还是文本文件。

（6）文件可按字节、字符串、数据块为单位读写，文件也可按指定的格式进行读写。

（7）文件内部的位置指针可指示当前的读写位置，移动该指针可以对文件实现随机读写。

习　　题

一、选择题

1. 在 C 中，对文件的存取以（　　　）为单位。

　　A．记录　　　　　　　B．字节　　　　　　　C．元素　　　　　　　D．簇

2. 下面的变量表示，能正确定义文件指针变量的是（　　　）。

　　A．FILE *fp　　　　　B．FILE fp　　　　　C．int *fp　　　　　D．file *fp

3. 在 C 语言中，下面对文件的描述正确的是（　　　）。

　　A．用 "r" 方式打开的文件只能向文件写数据

　　B．用 "R" 方式也可以打开文件

　　C．用 "w" 方式打开的文件只能用于向文件写数据，且该文件可以不存在

　　D．用 "a" 方式可以打开不存在的文件

4. 下面程序段的功能是（　　　）。

```
#include <stdio.h>
void main()
{
   char c;
   c=putc(getc(stdin),stdout);
}
```

　　A．从键盘输入一个字符给字符变量 c

　　B．从键盘输入一个字符，然后再输出到屏幕

　　C．从键盘输入一个字符，然后在输出到屏幕的同时赋给变量 c

　　D．在屏幕上输出 stdout 的值

5. 在 C 语言中，常用如下方法打开一个文件。

```
if((fp=fopen("file1.c","r" ))==NULL)
{
   printf("Cannot open this file \n");
   exit(0);
}
```

其中函数 exit(0)的作用是（　　　）。

　　A．退出 C 编译环境

　　B．退出所在的复合语句

　　C．当文件不能正常打开时，关闭所有的文件，并终止正在调用的过程

　　D．当文件正常打开时，终止正在调用的过程

6. 若 fp 是指向某文件的指针，且已读到该文件的末尾，则函数 feof(fp)的返回值是（　　　）。

A. EOF   B. −1   C. 非零值   D. NULL

7. 标准函数 fgets(s, n, f)的功能是 (   )。

    A. 从文件 "f" 中读取长度为 n 的字符串存入指针 s 所指的内存

    B. 从文件 "f" 中读取长度不超过 $n-1$ 的字符串存入指针 s 所指的内存

    C. 从文件 "f" 中读取 n 个字符串存入指针 s 所指的内存

    D. 从文件 "f" 中读取长度为 $n-1$ 的字符串存

8. 以下程序的功能是 (   )。

```c
#include <stdio.h>
void main()
{ FILE *fp;
 long int n;
 fp=fopen("qust.txt","rb");
 fseek(fp,0,SEEK_END);
 n=ftell(fp);
 fclose(fp);
 printf("%ld",n);
}
```

    A. 计算文件 qust.txt 的起始地址   B. 计算文件 qust.txt 的终止地址

    C. 计算文件 qust.txt 内容的字节数   D. 将文件指针定位到文件末尾

9. 设文件 "test.c" 已存在，有下列程序段。

```c
#include <stdio.h>
void main()
{
  FILE *fp;
  fp=fopen("test.c","r");
  while(!feof(fp)) putchar(getc(fp));
}
```

该程序段的功能是 (   )。

    A. 将文件 "test.c" 的内容输出到屏幕

    B. 将文件 "test.c" 的内容输出到文件

    C. 将文件 "test.c" 的第一个字符输出到屏幕

    D. 程序编译报错

10. 设文件 "test1.dat" 已存在，且有下列程序段。

```c
#include <stdio.h>
void main()
{
  FILE *fp1, *fp2;
  fp1=fopen("test1.dat","r");
  fp2=fopen("test2.dat","w");
  while(feof(fp1)) putc(getc(fp1),fp2);
}
```

该程序段的功能是 (   )。

    A. 将文件 "test1.dat" 的内容复制到文件 "test2.dat" 中

    B. 将文件 "test2.dat" 的内容复制到文件 "test1.dat" 中

    C. 屏幕输出 "test1.dat" 的内容

D.　程序什么也不做

二、判断题

1. 用"a"方式操作文件时，文件可以不存在。

2. C 语言中的文件是流式文件，因此只能顺序存取数据。

3. 打开一个已存在的文件进行了写操作后，原有文件中的数据将会被覆盖。

4. 当对文件的写操作完成之后，必须将它关闭，否则可能导致数据丢失。

5. 在一个程序中对文件进行了写操作后，必须先关闭该文件，然后再打开，才能读到第 1 个数据。

6. C 语言中，对文件的操作必须通过 FILE 类型的文件指针进行。

7. 正常完成关闭文件操作时，fclose 函数返回值为非 0。

8. fputs 函数的功能是把一个字符串写入指定的文件中。

9. C 文件系统把文件当作一个"流"，按字节（字符）进行处理。

10. fputc 函数有一个返回值，如写入成功则返回写入的字符，否则返回一个 EOF。

三、编程题

1. 将磁盘上一个文本文件的内容复制到另一个文件中。

2. 从键盘输入一行字符串，将其中的小写字母全部转换成大写字母，输出到一个磁盘文件"string.dat"中保存，读文件并输出到屏幕。

3. 设有一文件"score.dat"存放了 30 个人的成绩（英语、计算机、数学），存放格式为：每人一行，成绩间由逗号分隔。编写程序计算 3 门课平均成绩，并统计个人平均成绩大于或等于 90 分的学生人数。

4. 设有一个磁盘文件，将它的内容显示在屏幕上，并把它复制到另一文件中。

第 4 部分　调试

第 13 章
常见错误和程序调试

　　C语言简明易懂，功能强大，使用方便灵活，适合于各种硬件平台，即可用于系统软件的开发，也适合于应用软件的开发，所以C语言得到广泛地使用。

　　但是真正要学好、用好C语言，并不是一件简单的事情。C语言编译程序对语法检查并不十分严格，这虽然给程序员提供了灵活使用的余地，但也让C语言难以掌握。尤其是初学者，往往出错了还不知道是怎么回事儿。调试C程序，相比其他高级语言程序变得更困难。这就要求程序员不断积累经验，提高程序设计和调试程序的水平。本章常见程序错误和调试使用 Visual C++6.0 集成开发环境。

13.1　Microsoft Visual C++ 6.0 集成开发环境

　　微软公司在 1997 年、1998 年推出的 Visual C++ 5.0、6.0 是集程序编辑、编译、连接、运行、调试于一体的 C/C++语言集成开发环境。它使用方便，支持面向对象的 C++语言成分，是 Windows 环境下的可视化开发工具，但与 Turbo C 2.0、Turbo C++3.0 相比，它编译速度慢，对硬件的要求较高，自身占据硬盘的空间较大。从实际教学情况来看，Visual C++常用于 C/C++语言开发 Windows 软件的教学。

　　这里介绍 Visual C++的目的是供读者学习 C 语言的上机过程。因此，这里不涉及 C++的内容和 Windows 程序的编写。用 Visual C++编写、编译、连接和运行 C 语言程序的方法有多种，这里仅介绍一种比较简单的方法：它回避了有关工程（Project）的概念。有兴趣的读者可以参看其他书籍和 Visual C++使用手册，学习和掌握其他方法。

1. Visual C++6.0 启动

　　从开始菜单或快捷方式进入 Visual C++6.0 后，可以看到 Visual C++6.0 主要由这几部分组成：最上面是主菜单，接下来是工具栏，再下面有 3 个子窗口，左边部分是程序结构窗，右边部分是源程序编辑窗（目前是空白），下面是信息输出窗，用来显示出错信息或调试程序的信息，最下面是状态行。

　　下面介绍在 Visual C++中最终生成可在 DOS 平台上运行的程序的方法。

2. 源程序的建立、编辑和保存

首先建立一个 C 语言源程序的情况。选择"文件/新建"菜单项，出现图 13-1 所示的对话框。

选择其中的"文件"标签，再选中下面的"C++ Source File"，在"文件名"输入框中填写要创建的文件名，然后按"确定"按钮确认。这时光标就进入源程序编辑窗，这样就可以输入源程序了。

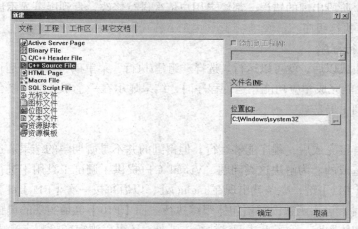

图 13-1 新建对话框

编辑源程序的方法与 Windows 下的字处理程序相同，要善于运用"编辑"菜单的有关菜单项，诸如复制、剪切、粘贴、清除、查找、替换等功能。图 13-2 所示的是在源程序编辑窗中输入了一个源程序。

图 13-2 在源程序编辑窗中输入一个源程序

源程序输入完毕后，要及时存盘，可以选择"文件/保存"菜单项。这里文件名起的是"first.c"。注意，因为我们编写的是 C 源程序，而不是 C++源程序，所以文件扩展名是".c"。此后可以按"保存"命令按钮完成存盘。

3. 编译和链接

编辑完成后，就可以编译和链接了。选择"组建/组建"菜单项，这时系统会弹出一个对话框，询问是否要建立一个缺省的工程工作空间（Defult Project Workspace），应该选"是（Y）"命令按钮，依次完成编译和连接操作。如果编译和连接都没有错，将生成可执行文件，假设源文件名是"first.c"，那么可执行文件名就是"first.exe"。如果编译有错，就不会继续连接，错误信息在信息窗中出现，另外，连接时候也可能出现。对于编译出错信息，消息窗中的每一行代表一个错误，此行记录程序中错误所在行号和有关错误类型的说明。双击错误信息，系统会定位到对应的源程序行。不管在哪个阶段出现的错误，都要求用户依次进行修改，直到屏幕显示出现出错信息个数为 0，最终生成可执行程序。

4. 运行可执行程序

可执行程序生成以后，就可以运行。选择"组建/执行"菜单项，就可以运行程序。按快捷键【Ctrl】+【F5】也能完成相应功能。运行程序时，结果显示在一个单独的控制台窗口中，系统提示按任意键返回到主屏幕。

5. 调试

有时编译、链接完成后，程序能够运行，但得到的并不是所期望的结果。这往往是由程序设计中的逻辑错误造成的。为解决这类问题，Visual C++提供了调试工具用于进行动态调试。在主屏幕状态下按下【F11】键，亮条就出现在 main()处，以后每按一次【F11】键就执行一行语句。【F11】遇到函数时，进入函数内部语句体跟踪执行。而【F10】也是实现的单行语句跟踪，但不进入函数内部语句体跟踪。除了上述调试执行方式外，还可以观察变量和表达式的值。按【Shift】+【F9】可以临时观察某一变量或表达式的值，而要长久观察，读者一定要掌握好这个重要工具，并加以灵活运用。

6. 其他

最后要说明的是，如果要打开一个已经存在的 C 语言源程序，请在打开以前务必选择"文件/关闭工作空间"菜单项，以关闭当前的工作空间，然后选择"文件/打开"菜单项，将源程序调入源程序编辑窗。

13.2 程序调试中的常见错误

本节列举初学者学习使用 C 语言时常见的一些错误，为便于参考查阅，以此借鉴。

（1）拼写错误。例如，"main"错写为"mian"或者"mani"，"printf"错写为"print"，"if"错写为"lf"或者"1f"，"else"错写为"esle"，"Case 1"漏掉空格错写为"case 1"或大写"Case 1"等。

或者在使用数组元素时，误用了圆括号。例如如下程序段就是错误的。

```
void main()
{
    int i,a[10];
    for(i=0;i<10;i++)
        scanf("%d",&a(i));
}
```

C 语言的语法规则里规定，对数组的定义或引用数组元素时必须用方括号"[ ]"。

这类错误在初学者当中普遍存在，也可以说刚开始学习 C 语言时，90%以上的错误是拼写错误，也即抄写错。拼写错是所有常见错误中最常见、最低级的错误。

造成拼写错误的原因是学习者计算机基础薄弱，表现在中英文打字水平欠缺，或者对计算机程序窗口不熟悉。学习者在编辑程序时手、眼、脑三者不协调，既需要看课本程序，又要看计算机编程屏幕，手要在键盘敲击，因此容易造成拼写错误。

应对这类错误，一是在短时间内迅速提高盲打水平，二是多写多练多思考，熟悉计算机编程屏幕窗口，尽快熟练掌握 C 语言关键词。只有达到对拼写错误敏感，才会彻底杜绝拼写错。

（2）忘记定义变量，而在程序中使用该变量。例如如下程序段是错误的。

```
void main()
{
    int x=2,y=3;
    c=x+y;
    printf("%d\n",c);
}
```

C 语言要求变量先定义，后使用。以上程序没有对变量 c 定义，就在程序中使用存放两数的和。应该在 main()函数开头加上如下定义。

```
int c;
```

这是学过 BASIC 语言和 FORTRAN 语言的学习者，在初学 C 语言时常犯的一个错误。在 BASIC 语言中，可以不必定义变量的类型而直接使用。在 FORTRAN 语言中，未经定义类型的变量按隐含的 I-N 规则决定其类型。而 C 语言则要求对程序中使用的每一个变量，都要在本函数进行定义（除非已经定义为外部变量）。

（3）输入输出数据的定义类型与格式说明符不一致。例如如下程序段是错误的。

```
void main()
{
int a=3;     /*a 为整数类型*/
float b=4.5;  /*b 为浮点数类型*/
printf("%f %d\n",a,b);    /*a 和 b 的格式控制符使用错误*/
}
```

该程序编译时，并不给出出错信息，而是能够正常运行，但是运行结果与期望结果不一致，在 VC6.0 环境下的输出结果如下。

```
0.0   1074921472
```

这种使用方式没有按照赋值的规则进行正确的类型转换（如把 4.5 转换成 4），而是将存储单元中的数据形式按照格式符的要求强行组织输出（如 b 占 4 个字节，将这 4 个字节的数据强行按照%d 作为整数形式输出）。

（4）忘记 int 类型数据取值范围。Visual C++6.0 编译系统，对 int 整数类型数据分配 4 个字节。因此一个整数的取值范围为−2147483648～2147483647，也即−2^{31}～2^{31}−1。有如下程序段。

```
int a=6147483647;
printf("%d\n",a);
```

得到的是 1852516351，原因是 6147483647 已经超过了 2147483647。4 个字节容纳不下 6147483647，则将高位 4 个字节截掉，留下低位 4 个字节，如下所示。

6147483647

000000	000000	000000	000001	01101110	01101011	00100111	11111111

1852516351

01101110	01101011	00100111	11111111

有时候还会出现负数。例如，将以上程序中赋值改变为如下形式。

```
int a=4147483647;
```

输出得到-147483649。因为 4147483647 的二进制形式如下。

000000	000000	000000	000000	11110111	00110101	10010100	00000001

截掉高位 4 个字节，低 32 位的最高位"1"代表负数，其值是整数-147483649（-147483649 的补码是 11110111 00110101 10010100 00000001）。

对于超出整数范围的数，改用 float 类型或者 double 类型，即改为如下形式。

```
float a=4147483647;
printf("%.0f\n",a);
```

上述程序中，类型修改为 float 类型，输出时相应改为"%.0f"，同时控制小数位为 0。如果输出时仍然使用"%d"格式控制符，也会出现数据输出错误。

（5）在输入语句 scanf 中漏掉取地址符号"&"。初学 C 语言，在学习数组或指针知识之前，只需要记住，所有 scanf 语句中变量名之前一定要加取地址符号"&"。例如如下语句是错误的。

```
int a,b;
scanf("%d%d",a,b);
```

这是初学 C 语言者的习惯性错误。其他语言在输入语句中只需要写出变量名即可，而 C 语言要求语句中使用"&"明确指明"输入值存储单元的地址标识"。

（6）混淆 scanf 语句和 printf 语句，在输入语句 scanf 格式控制符后面多加"\n"。例如如下语句是错误的。

```
int a;
scanf("%d\n",&a);
```

此时运行程序没有错误提示，程序正常运行，输入数据。

5↙
6↙

经过两次回车，接受两个数据之后，变量 a 才能获得第一个数据 5，而第二个数据 6 没有送给任何变量。初学者往往在输入第一个变量 5 回车之后，程序等待第二个数据输入时不知所措。原因是在 scanf 函数中多加了"\n"，去掉该符号即可恢复正常。

（7）从键盘输入数据时的格式与程序中 scanf 规定格式不符。这类错误发生情况多种多样。应该按照语法规则要求，在使用 scanf 函数接受从键盘输入的数据时，注意如何组织输入数据。例如，定义"int a,b;"后，有以下 scanf 函数。

```
scanf("%d%d",&a,&b);
```

则对应的正确输入数据方式如下。

5↙
6↙

或者

5 6↙

以下输入是错误的。

```
5, 6↙
```

如果 scanf 函数语句如下。

```
scanf("%d,%d",&a,&b);
```

则对应的正确输入数据方式如下。

```
5, 6↙
```

以下输入就是错误的。

```
5  6↙
```

比较特殊的是 char 类型变量在接受键盘输入时，与数值类型的数据在接受键盘输入又有不同。例如，定义"char x,y;"后，有以下 scanf 函数。

```
scanf("%c%c",&x,&y);
```

则对应的正确输入数据方式如下。

```
ab↙
```

此时 x、y 可以分别从键盘获取字符值 a 和 b。

以下几种输入方式都是错误的。

① 如果输入如下格式，则程序接受到回车结束输入状态，此时 x 获取字符值 a，而 y 会获取回车"\n"的字符值。

```
a↙
```

② 如果输入如下格式，则此时 x 获取字符值 a，而 y 会获取字符值空格，输入的数据 b 无效。

```
a b↙
```

③ 如果输入如下格式，则此时 x 获取字符值 a，而 y 会获取逗号字符值，输入的数据 b 无效。

```
a, b↙
```

总之使用 char 类型的数据接受键盘输入时候，牢记输入数据的任何分隔符都是合法的字符类型数据。

（8）混淆赋值运算符"="和关系运算符"=="。在其他高级语言如 BASIC 或 PASCAL 程序中，用符号"="作为关系运算符"等于"。但在 C 语言中，"="是赋值运算符，关系运算符是"=="。如果有以下语句，则相应的输入为"a equals to b."。

```
if (a=b) printf("a equals to b.\n");
```

C 编译系统提示没有语法错误，将 b 的值赋给 a，然后判断 a 获取的值是否为 0，若非零则为"真"，若为零则为"假"。假设数据 a、b 分别为 5 和 6，a 不等于 b，期望结果不应该输出"a equals to b."。但实际上程序将 b 的值 6 赋给了 a，a 获取到 6，非零为"真"，因此会有输出"a equals to b."。

这类错误编译时不提示出错信息，但运行结果往往是错误的。初学者常常不易发觉错误所在，要特别注意扎实掌握基本语法规则。

（9）语句后面漏写语句结束符";"。半角分号是 C 语言语句不可缺少的一部分，语法规则规定语句结束标志必须是";"。

例如如下赋值语句就是错误的。

```
a=5
```

b=6

程序编译时在第一条语句"a=5"后面没有发现分号，就把下一行"b=6"也并入上一条语句，这就出现了语法错误，因此编译时不提示"缺少分号"的出错信息。如果编译时指出某行有错，但在该行并未发现错误，则应该检查上一行语句是否漏写分号。

不该加";"的地方，加了";"。半角分号是 C 语言语句结束符，同时分号还是符合语法规则的一条空语句。而初学者往往分辨不清楚哪是一条完整的"语句"，误以为";"是程序行结束符号而多加分号。例如如下语句就是错误的。

```
if (a>b);
    printf("the max is %d.\n",a);
```

该代码段本意是当满足条件 a>b 时，输出 a 的数值。但是由于 if 一行加了分号，分号作为合法空语句是 if 条件的分支语句，if 语句便到此结束，printf 语句也不再是 if 条件的分支语句，即当条件 a>b 为真时，将执行一条空语句。printf 语句是与 if 语句平行的语句，不论 a>b 为真还是为假，都要执行。将上述代码完善如下。

```
if (a>b);
    printf("the max is %d.\n",a);
else
    printf("the max is %d.\n",b);
```

该代码段本意是输出 a 和 b 两个数中的大数，编译时却提示"else 找不到 if"。这也是由于 if 一行加了分号，if 语句到此结束了，即使后面有 else，if 也不再需要 else，于是会提示"else 找不到 if"。

又例如如下语句也是错误的。

```
for(i=0;i<5;i++);
    printf("%d\n",i);
```

该代码段本意是依次输出循环变量 i 的值。由于 for 一行后面多加了一个分号，循环体变为了空语句。

类似的错误除了在 if else、for 一行后面加分号外，还有在 switch case、while 语句中，也要注意正确使用分号。

（10）忘记加复合语句的"{ }"。如下语句是错误的。

```
sum=0;
i=1;
while(i<=100)
    sum=sum+i;
    i+=2;
```

上述代码段的本意是实现 100 以内奇数和，但以上代码的循环语句仅有一条，而语句"i+=2;"不属于循环体语句，i 的值没有改变，从而循环永不终止成为死循环。应改为如下形式。

```
while(i<=100)
{
    sum=sum+i;
    i+=2;
}
```

（11）括号不配对或者漏掉括号。if、else if、while 关键字后面跟条件时，要将条件用小括号括起来，初学者容易漏掉。除此之外，语句中有多层括号也容易少写或多写左括号或者右括号，造成括号不配对。例如如下代码段就缺少右括号。

```
while((c=getchar()!='\n')
    printf("%c\n",c);
```

又例如

```
while(c=getchar()!='\n')
    printf("%c\n",c);
```

如上代码的本意是获取键盘输入的一行字符，并且输出在屏幕上。运行时若以如下形式输入数据，则运行时出现乱码字符。

　　ab↙

若应改如下形式，则就是正确的。

```
while((c=getchar())!='\n')
```

第一次错误的原因是漏写一对小括号，每次循环字符 c 获取键盘输入后，根据条件表达式里运算符的优先级，先算"!="运算，为真，即 c=1，整个条件表达式值为真，执行循环语句输出 ASCII 码值为 1 的字符，直到获取回车\n 时，"!="运算为假，即 c=0，循环结束。

（12）在使用标识符时，忘记了大写字母和小写字母的区别。例如如下代码的编译出错信息为"变量 A 未定义"。编译程序把 a 和 A 作为两个不同的变量名。

```
void main()
{
    int a,b;
    a=5;
    b=A+10;
    printf("A=%d b=%d",A,b);
}
```

（13）数组下标引用错误。例如如下代码段就是错误的。

```
void main()
{
int i,a[10];
for(i=0;i<=10;i++)
    scanf("%d",&a[i]);
}
```

C 语言规定数组定义时，必须指明数组的长度，而数组下标从 0 开始，即代码中的 a[10]，表示数组有 10 个元素，而不是最大下标值为 10。数组的元素只包括 a[0]～a[9]总共 10 个元素，因此 a[10]下标就越界了。

（14）对二维或者多维数组的定义和引用方法不对。例如如下代码段就是错误的。

```
void main()
{
    int a[5,4];
    …
    printf("%d",a[1+2,2+2]);
    …
}
```

对二维数组和多维数组，在定义和引用时必须将每一维的数据分别用方括号括起来。上面 a[5,4]应改为 a[5][4]，a[1+2,2+2]应改为 a[1+2][2+2]。根据 C 的语法规则，在一个方括号中的是一个维的下标表达式。a[1+2,2+2]方括号中的"1+2,2+2"是一个逗号表达式，它的值是第二个数值表达式的值，即 2+2 的值 4。因此，a[1+2,2+2]就是 a[4]，而 a[4]是 a 数组的第 4 行的首地址。因此，执行 printf 函数的输出的结果并不是 a[3][4] 的值，而是 a 数组第 4 行的首地址。

（15）误以为数组名表示数组中的全部元素。例如如下代码段的本意是要输出所有数组元素，使用数组名表示全部数组元素，但输出结果并非如此。在 C 语言中，数组名称表示数组首地址，不能通过数组名输出 4 个整数。

```c
void main()
{
    int a[4]={1,3,5,7};
    printf("%d%d%d%d",a);
}
```

（16）混淆字符数组与字符指针的区别。例如如下代码段编译出错。str 是数组名，代表数组首地址。在编译时给 str 数组分配了一段内存单元，因此在程序运行期间 str 是一个常量，不能再被赋值。所以，"str="Computer and C";" 是错误的。如果把 "char str[10];" 改成 "char *str;"，则程序正确。此时 *str* 是指向字符数据的指针变量，"str="Computer and C";" 才是合法的了。它将字符串的首地址赋给指针变量 *str*，然后在 printf 函数语句中输出字符串 "Computer and C"。

```c
void main()
{
    char str[10];
    str="Computer and C";
    printf("%s\n",str);
}
```

因此，应当区分清楚字符数组与字符指针变量用的用法。

（17）在引用指针变量之前没有对它赋予确定的值。例如如下代码段就是错误的。

```c
void main()
{
    char *p;
    scanf("%s",p);
}
```

上述代码段没有给指针变量 *p* 赋值就引用它，编译时给出警告信息。应当改为如下形式。

```c
char *p,c[20];
p=c;
scanf("%s",p);
```

即先根据需要定义一个大小合适的字符数组 C，然后将 C 数组的首地址赋给指针变量 *p*。此时 *p* 有确定的值，指向数组 C。再执行 scanf 函数，把从键盘输入的字符串存放到字符数组 c 中。

（18）语句的各分支中漏写 break 语句。例如如下代码段就是错误的。

```c
switch(score)
{
    case 5:printf("Very good!");
    case 4:printf("Good!");
    case 3:printf("Pass!");
    case 2:printf("Fail!");
    default:printf("data error!");
}
```

上述语句的本意是根据成绩输出相应的评语。但当 score 的值为 5 时，输出如下。

```
Very good! Good! Pass! Fail! data error!
```

原因是漏写了 break 语句。case 只起到标号的作用，而没有起判断的作用，因此在执行完第一个 printf 函数语句后接着执行第 2、3、4、5 个函数语句。应改为如下形式。

```
switch(score)
{
    case 5:printf("Very good!");    break;
    case 4:printf("Good!");         break;
    case 3:printf("Pass!");         break;
    case 2:printf("Fail!");         break;
    default:printf("data error!"); break;
}
```

（19）混淆字符和字符串的表示方式。例如如下代码段就是错误的。

```
char sex;
sex="M";
    ...
```

sex 是字符变量，只能存放一个字符。而字符常量的形式是用单撇号括起来的，应改为 "sex='M';"。而"M"是用双撇号括起来的字符串，它包括两个字符：'M'和'\0'，无法存放到字符变量 sex 中。

（20）使用自加（++）和自减（-）运算符时出的错误。

```
void main()
{
int *p,a[5]={1,3,5,7,9};
p=a;
printf("%d",*p++);
}
```

有人认为上述程序中 "*p++" 的作用是先使 *p* 加 1，使 "p" 指向第 2 个元素 a[1]处，然后输出第 2 个元素 a[1]的值 3。实际上，应该是先执行 p++，而 p++的作用是先用 p 的原值，用完后才使 p 加 1。p 的原值指向数组 a 的第 1 个元素 a[0]，因此*p 就是第 1 个元素 a[0]的值 1。结论是先输出 a[0]的值 1，然后再使 p 加 1。如果表达式为*(p++)，则就是先使 p 指向 a[1]，然后输出 a[1]的值。

（21）所调用的函数在调用之后才定义，而在调用之前又没有声明。

```
void main()
{
    float x,y,z;
    x=3.5;y=-7.6;
    z=max(x,y);
    printf("%f\n",z);
}
float max(float x,float y)
{
    if(x>y)
    {
        return x;
    }else
    {
        return y;
    }
}
```

上述程序初看起来没有什么问题，但在编译时会给出出错信息，原因是被调用函数 max 是在 main 函数之后才定义的，也就是说 max 函数的定义位置在 main 函数调用 max 函数之后。改错的方法有以下两种。

① 在 main 函数中增加一条语句，对 max 函数进行声明，即函数的原型格式如下。

```
void main()
{
    float x,y,z;
    float max(float x,float y); /*声明将要使用的 max 函数为实型*/
    x=3.5;y=-7.6;
    z=max(x,y);
    printf("%f\n",z);
}
```

② 将函数 max 的定义位置调到 main 函数之前。

```
float max(float x,float y)
{
    if(x>y)
    {
        return x;
    }else
    {
        return y;
    }
}
void main()
{
    float x,y,z;
    x=3.5;y=-7.6;
    z=max(x,y);
    printf("%f\n",z);
}
```

（22）对函数声明与函数定义不匹配。例如，已定义一个 fun 函数，函数头如下。

```
int fun(int x,float y,long z);
```

那么，在主调函数中做下面的声明都将出错。

```
fun(int x,float y,long z);              /*漏写函数类型*/
float fun(int x,float y,long z);        /*函数类型不匹配*/
int fun(int x,int y,long z);            /*参数类型不匹配*/
int fun(int x,float y);                 /*参数数目不匹配*/
int fun(int x,long z,float y);          /*参数顺序不匹配*/
```

下面的声明是正确的。

```
int fun(int x,float y,long z);
int fun(int,float,long);                /*可以不写形参名*/
int fun(int a,float b,long c);          /*编译时不检查函数原型中的形参名*/
```

（23）在需要加头文件时漏掉#include 命令包含头文件。

① 程序中用到 fabs 函数或者 sqrt 函数，但没有加命令行 "#include <math.h>"。

② 程序中用到输入输出函数，没有加命令行 "#include <stdio.h>"。

（24）函数的实参和形参类型不一致。

```
int fun(float x,float y)
{
...
}
void main()
{
    int a=3,b=4,c;
    c=fun(a,b);
...
}
```

上述代码段中，实参 a、b 为整型，形参 x、y 为实型。a 和 b 的值传递给 x 和 y 时，x 和 y 得到的值并非 3 和 4，因此运行结果是错误的。C 语言严格要求实参与形参的个数相同、类型一致。在 main 函数中对 fun 做原型声明。

```
int fun(float,float);
```

程序可以正常运行，此时，按不同类型间的赋值规则处理，在虚实结合后 x=3.0，y=4.0。将 fun 函数的位置调到 main 函数之前，也可获得正确结果。

（25）没有注意函数参数的求值顺序。例如，有以下语句。

```
int i=3;
printf("%d,%d,%d\n",i,++i,++i);
```

以下期望结果是错误的。

```
3,4,5
```

在 Turbo C 和 VC6.0 等 C 编译系统中的实际输出如下。

```
5,5,4
```

因为这些系统采取自右至左的顺序求函数参数的值。先求出最右面一个参数的值为 4，再求出第 2 个参数的值为 5，最后求出最左面的参数的值 5。

C 语言标准没有具体规定函数参数求值的顺序是自左至右，还是自右至左。但每个 C 编译程序都有自己的顺序，在有些情况下，从左到右求解和从右到左求解的结果是相同的。例如如下语句中，fun1 是一个函数名，3 个实参表达式，分别为 a+b，b+c，c+a。

```
fun1(a+b,b+c,c+a);
```

在一般情况下，自左至右地求这 3 个表达式的值和自右至左地求它们的值是一样的，在前面举的例子是不相同的。因此，建议最好不使用会引起二义性的用法。如果在上例中，希望输出 "3,4,5" 时，可以改用如下形式。

```
i=3;j=i+1;k=j+1;
printf("%d,%d,%d\n",i,j,k);
```

（26）混淆数组名与指针变量的区别。例如如下代码就错在混淆数组名与指针变量上。

```
void main()
{
    int i,a[5];
    for(i=0;i<5;i++)
        scanf("%d",a++);
}
```

该代码段企图通过 a 的改变使指针下移，每次指向欲输入数据的数组元素。它的错误在于不了解数组名代表数组首地址，值是不能改变的，因此，用 a++ 是错误的，应当用指针变量来指向各数组元素，即以下引用方法都是正确的。

```
void main()
{
    int i,a[5], *p;
    p=a;
    for(i=0;i<5;i++)
    {
        scanf("%d",p++);
    }
}
```

或

```
void main()
{
    int a[5], *p;
    for(p=a;p<a+5;p++)
    {
        scanf("%d",p);
    }
}
```

13.3　程序调试技巧

所谓程序调试是对程序的查错和排错，一般经过以下几个步骤。

（1）先进行人工检查，即静态检查。上机实验的程序应该先写在纸上，检查无误后再上机调试。书写程序的过程也是发现错误、纠正错误的过程。

为了提高程序的可读性，更有效地执行人工检查，程序员应该遵循如下的编程习惯。

① 应当采用结构化程序设计方法编程，以增加可读性。

② 尽可能多加注释，帮助理解每段程序的功能。

③ 充分利用函数优势，正确使用函数。编写复杂程序时，不要将全部语句都写在 main 函数中，应多利用函数，一个函数一个功能。这样既易于阅读，也便于调试。各个函数之间尽量低耦合，除了使用参数传递数据外，尽量不发生额外的数据交换，便于分别检查和处理。

（2）在人工（静态）检查无误后，才可以上机调试。通过上机发现错误称为动态检查。在编译时给出语法错误的信息（包括哪一行有错以及错误类型），可以根据提示的信息具体找出程序中出错之处并改正之。有时提示的出错行并不是真正出错的行，如果在提示出错的行上找不到错误的话应当到上一行再查找。另外，有时提示出错的类型并非绝对准确，出错的情况繁多，而且各种错误互有关联，因此要善于分析，找出真正的错误，而不要只从字面意义上死抠出错信息，钻牛角尖。

如果系统提示的出错信息很多，应当从上到下逐一改正。有时提示出一大片出错信息往往让学习者突然感到问题严重，无从下手。其实可能只有一二个错误。例如，对所用的变量未定义，编译时就会对所有含该变量的语句发出出错信息，只要加上一个变量定义，所有错误就都消除了。

（3）修改所有的语法错误后，包括"错误"（error）和"警告"（warning），程序经过连接（link）就可以得到可执行的目标程序。运行程序，输入程序所需数据，就可得到运行结果。应当对运行结果做分析，看它是否符合要求。有的初学者看到输出运行结果就认为没问题了，不做认真分析，这是危险的。设计运行的程序必须能够经受住所有可能的考验才能算正确无误。例如，下面的程序在某些情况下就是错误的。

```
#include "stdio.h"
void main()
{
    int l,w,h;
    scanf("%d%d%d",&l,&w,&h);
    if(l==w==h) printf("正方体! \n");
    else printf("长方体! \n");
}
```

如果输入 l=1，w=1，h=1（前面的 *l*、*w*、*h* 是长、宽和高变量），显示的正方体，而输入 *l*=1，*w*=2，*h*=3 显示的是长方体，可能很多人认为程序达到了要求，其实程序仍然是错误的。如果输入 *l*=2，*w*=2，*l*=1，显示的结果是正方体，因为程序不完善，需要把 if 条件修改成 if(l==w&&w==h)。

（4）经过以上调试，语法正确的程序如果运行结果不对，大多属于逻辑错误。对这类错误往往需要仔细检查和分析才能发现。

① 将程序与流程图（或伪代码）仔细对照。如果流程图是正确的话，程序写错了，是很容易发现的。例如，复合语句忘记写花括号，只要一对照流程图就能很快发现。

② 如果实在找不到错误，可以采取"分段检查"的方法。在程序不同位置设几个 printf 函数语句，输出有关变量的值，逐段往下检查，直到找到在某一段中数据不对为止。这时就已经把错误局限在这一段中了。不断缩小"查错区"，就可能发现错误所在。

③ 也可以用"条件编译"命令进行程序调试（在程序调试阶段，若干 printf 函数语句要进行编译并执行。当调试完毕，这些语句就不要再编译了，也不再被执行了）。这种方法可以不必一一删去 printf 函数语句，以提高效率。

④ 如果在程序中没有发现问题，就要检查流程图有无错误，即算法有无问题，如有则改正之，接着修改程序。

⑤ 有的系统还提供 debug（调试）工具，跟踪流程并给出相应信息，使用更为方便，请查阅有关手册。

总之，程序调试是一项细致深入的工作，需要下功夫，动脑子，善于积累经验。在程序调试过程中往往反映出一个人的水平、经验和科学态度。希望读者能给予足够的重视。上机调试程序的目的决不是为了"验证程序的正确性"，而是"掌握调试的方法和技术"。

所谓关键字就是已被 C 语言编辑工具本身使用，不能作其他用途使用的标识符。例如，关键字不能用作变量名、函数名等。

由 ANSI 标准定义的标准关键字共 32 个，如表 A-1 所示。

表 A-1   ANSI 标准定义的标准关键字

auto	声明自动变量
break	跳出当前循环
case	开关语句分支
char	声明字符型变量或函数
const	声明只读变量
continue	结束当前循环，开始下一轮循环
default	开关语句中的"其他"分支
do	循环语句的循环体
double	声明双精度变量或函数
else	条件语句否定分支（与 if 连用）
enum	声明枚举类型
extern	声明变量是在其他文件中声明
float	声明浮点型变量或函数
for	一种循环语句
goto	无条件跳转语句
if	条件语句
int	声明整型变量或函数
long	声明长整型变量或函数
register	声明寄存器变量
return	子程序返回语句（可以带参数，也可以不带参数）循环条件
short	声明短整型变量或函数
signed	声明有符号类型变量或函数
sizeof	计算数据类型长度
static	声明静态变量
struct	声明结构体变量或函数

switch	用于开关语句
typedef	用以给数据类型取别名
unsigned	声明无符号类型变量或函数
union	声明共用数据类型
void	声明函数无返回值或无参数，声明无类型指针
volatile	说明变量在程序执行中可被隐含地改变
while	循环语句的循环条件

1999 年以后 ISO 对 C 语言标准进行了修订，在基本保留原来 C 语言特征的基础上，增加了一些 C++中的关键字，不同的编译环境的关键字可能会有一些不同。

Turbo C2.0 扩展的关键字共 11 个，如表 A-2 所示。

表 A-2　　　　　　　　　　　　　　　　Turbo C2.0 扩展的关键字

asm	_cs	_ds	_es	_ss	cdecl
far	near	huge	interrupt	pascal	

附录 **B**
ASCII 码字符表

美国标准信息交换代码（American Standard Code for Information Interchange，ASCII），是由美国国家标准局（American National Standards Institute，ANSI）制定设计的标准的单字节字符编码方案，用于基于文本的数据，如今已被国际标准化组织（International Organization for Standardization，ISO）定为国际标准，称为 ISO 646 标准，适用于所有拉丁文字字母。

ASCII 码由 7 位二进制数进行标编码，可表示 128 个字符。在计算机的存储单元中，一个 ASCII 码实际上占用一个字节（8 个位），因此标准 ASCII 码的最高位为 0。

标准 ASCII 码与二进制、十六进制的对应关系如表 B-1 所示。

表 B-1 　　　　　　　　　　　标准 ASCII 码与二进制、十六进制的对应关系

高位 低位 十六进制	十六进制 二进制 二进制	0 0000	1 0001	2 0010	3 0011	4 0100	5 0101	6 0110	7 0111
0	0000	NUL	DLE	SP	0	@	P	`	p
1	0001	SOH	DC1	!	1	A	Q	a	q
2	0010	STX	DC2	"	2	B	R	b	r
3	0011	ETX	DC3	#	3	C	S	c	s
4	0100	EOT	DC4	$	4	D	T	d	t
5	0101	ENQ	NAK	%	5	E	U	e	u
6	0110	ACK	SYN	&	6	F	V	f	v
7	0111	BEL	ETB	'	7	G	W	g	w
8	1000	BS	CAN	(	8	H	X	h	x
9	1001	HT	EM	)	9	I	Y	i	y
10	1010	LF	SUB	*	:	J	Z	j	z
11	1011	VT	ESC	+	;	K	[	k	{
12	1100	FF	FS	,	<	L	\	l	|
13	1101	CR	GS	-	=	M	]	m	}
14	1110	SO	RS	.	>	N	^	n	~
15	1111	SI	US	/	?	O	_	o	DEL

ASCII 码对应的十进制数如表 B-2 所示。

244

表 B-2　　　　　　　　　　　　　　　　ASCII 码对应的十进制数

十进制	ASCII 码	十进制	ASCII 码	十进制	ASCII 码	十进制	ASCII 码
0	NUL	32	SP	64	@	96	`
1	SOH	33	!	65	A	97	a
2	STX	34	"	66	B	98	b
3	ETX	35	#	67	C	99	c
4	EOT	36	$	68	D	100	d
5	ENQ	37	%	69	E	101	e
6	ACK	38	&	70	F	102	f
7	BEL	39	'	71	G	103	g
8	BS	40	(	72	H	104	h
9	HT	41	)	73	I	105	i
10	LF	42	*	74	J	106	j
11	VT	43	+	75	K	107	k
12	FF	44	,	76	L	108	l
13	CR	45	-	77	M	109	m
14	SO	46	.	78	N	110	n
15	SI	47	/	79	O	111	o
16	DLE	48	0	80	P	112	p
17	DC1	49	1	81	Q	113	q
18	DC2	50	2	82	R	114	r
19	DC3	51	3	83	S	115	s
20	DC4	52	4	84	T	116	t
21	NAK	53	5	85	U	117	u
22	SYN	54	6	86	V	118	v
23	ETB	55	7	87	W	119	w
24	CAN	56	8	88	X	120	x
25	EM	57	9	89	Y	121	y
26	SUB	58	:	90	Z	122	z
27	ESC	59	;	91	[	123	{
28	FS	60	<	92	\	124		
29	GS	61	=	93	]	125	}
30	RS	62	>	94	^	126	~
31	US	63	?	95	_	127	DEL

ASCII 码表中字符说明如下。

（1）常用的 ASCII 码表中，一个 ASCII 码占一个字节（最高位为 0），如果最高位为 1，则 ASCII 字符表个数可扩展一倍，其字符为制表符或其他字符等，其中每 2 个扩展的 ASCII 码可用来表示一个汉字的机内码。

（2）十进制数为 0～31 和 127 的 ASCII 码为不可见的控制字符，用于通信方面等。控制字符的作用详细如表 B-3 所示。

表 B-3 控制字符的作用

二进制	十进制	十六进制	缩写	可以显示的表示法	作用	C 语言的转义字符
0000 0000	0	0	NUL	NUL	空字符（Null）	
0000 0001	1	1	SOH	SOH	标题开始	
0000 0010	2	2	STX	STX	本文开始	
0000 0011	3	3	ETX	ETX	本文结束	
0000 0100	4	4	EOT	EOT	传输结束	
0000 0101	5	5	ENQ	ENQ	请求	
0000 0110	6	6	ACK	ACK	确认回应	
0000 0111	7	7	BEL	BEL	响铃（报警）	\a
0000 1000	8	8	BS	BS	退一格	\b
0000 1001	9	9	HT	HT	水平制表	\t
0000 1010	10	0A	LF	LF	换行键	\n
0000 1011	11	0B	VT	VT	垂直制表	\v
0000 1100	12	0C	FF	FF	换页键（走纸控制）	\f
0000 1101	13	0D	CR	CR	回车	\r
0000 1110	14	0E	SO	SO	取消变换（Shift out）/移位输出	
0000 1111	15	0F	SI	SI	启用变换（Shift in）/移位输入	
0001 0000	16	10	DLE	DLE	跳出数据通信/数据链换码	
0001 0001	17	11	DC1	DC1	设备控制一（XON 启用软件速度控制）	
0001 0010	18	12	DC2	DC2	设备控制二	
0001 0011	19	13	DC3	DC3	设备控制三（XOFF 停用软件速度控制）	
0001 0100	20	14	DC4	DC4	设备控制四	
0001 0101	21	15	NAK	NAK	否定（确认失败回应）	
0001 0110	22	16	SYN	SYN	空转同步（同步用暂停）	
0001 0111	23	17	ETB	ETB	区块传输结束/信息组传输结束	
0001 1000	24	18	CAN	CAN	取消作废	
0001 1001	25	19	EM	EM	连接介质中断/纸尽	
0001 1010	26	1A	SUB	SUB	替换	
0001 1011	27	1B	ESC	ESC	跳出/换码	
0001 1100	28	1C	FS	FS	文件分割符	
0001 1101	29	1D	GS	GS	组群分隔符	
0001 1110	30	1E	RS	RS	记录分隔符	
0001 1111	31	1F	US	US	单元分隔符	
0111 1111	127	7F	DEL	DEL	删除	

（3）十进制数 32～126 为正常字符，除空格（十进制为 32）外，其他是可见字符，包括大小写英文字母、阿拉伯数字 0～9、标点符号、运算符等。

附录 C
常用的 C 语言库函数

C 语言提供的库函数主要包含数学函数、字符处理函数、字符串处理函数、输入/输出函数、数据转换、改变程序进程和动态存储分配函数及时间函数等。

1. 数学函数

系统提供的库函数主要包含三角函数、反三角函数、双曲三角函数、指数与对数、取整以及绝对值函数等。

使用系统提供的数学库函数时，应在源程序中先使用文件包含#include "math.h"，常用的数学函数如表 C-1 所示。

表 C-1　　　　　　　　　　　数学函数

序号	函数原型	功能	结果
1	double sin (double x)	计算 $\sin(x)$(x 单位为弧度)	返回 $\sin(x)$的值
2	double cos (double x)	计算 $\cos(x)$(x 单位为弧度)	返回 $\cos(x)$的值
3	double tan (double x)	计算 $\tan(x)$(x 单位为弧度)	返回 $\tan(x)$的值
4	double asin (double x)	计算 $\sin^{-1}(x)(-1 \leq x \leq 1)$	返回 $-\dfrac{\pi}{2} \sim \dfrac{\pi}{2}$
5	double acos (double x)	计算 $\cos^{-1}(x)(-1 \leq x \leq 1)$	返回 $0 \sim \pi$
6	double atan (double x)	计算 $\tan^{-1}(x)$	返回 $-\dfrac{\pi}{2} \sim \dfrac{\pi}{2}$
7	double atan2 (double x,double y)	计算 $\tan^{-1}(x/y)$	返回 $-\pi \sim \pi$
8	double exp (double x)	计算 e^{-x}的值	返回 e^{-x}的计算结果
9	double sqrt (double x)	计算 x 的平方根（$x \geq 0$）	返回 $\sqrt{x}$ 的计算结果
10	double log (double x)	以 e 为底的对数	返回以 e 为底的对数
11	double log 10(double x)	计算 $\log_{10}(x)$	返回 $\log_{10}(x)$ 计算结果
12	double pow(double x, double y)	计算 x^y	返回 x^y 计算结果
13	double ceil (double x)	计算 ceil(x)	返回向上取整
14	double floor (double x)	计算 floor(x)	返回向下取整
15	int abs (int x)	计算 x 的绝对值	返回$|x|$的计算结果
16	double fabs (double)	计算 x 的绝对值	返回$|x|$的计算结果
17	double cosh(double x)	计算 x 的双曲余弦 $\cosh(x)$值	返回 $\cosh(x)$的计算结果
18	double sinh(double x)	计算 x 的双曲正弦 $\cosh(x)$值	返回 $\cosh(x)$的计算结果
19	double tanh(double x)	计算 x 的双曲正切值	返回 $\tanh(x)$的计算结果
20	double fmod(double x,double y)	计算浮点数 x 和 y 相除的余数	返回(x%y)的计算结果

2. 字符处理函数

字符的处理可以使用字符处理函数，使用的文件包含是#include "ctpy.h"。字符处理函数是通过对 ASCII 码的整数值进行分类的宏。常用的字符处理函数如表 C-2 所示。

表 C-2　　　　　　　　　　　　　　　　　　字符处理函数

序号	函数原型	功能	结果
1	int isalnum(int c)	测试 c 是否为字母或数字	若 c 是字母或数字返回 1，否则返回 0
2	int isalpha(int c)	测试 c 是否为字母	若 c 是字母返回 1，否则返回 0
3	int iscsym(int c)	测试 c 是否为字母、下画线或数字	若 c 是字母、下画线或数字返回 1，否则返回 0
4	int iscsymf(int c)	测试 c 是否为字母、下画线	若 c 是字母或下画线返回 1，否则返回 0
5	int isdigit(int c)	测试 c 是否为十进制数字	若 c 是十进制数字返回 1，否则返回 0
6	int isxdigit(int c)	测试 c 是否为十六进数字	若 c 是十六进制数字的字符返回 1，否则返回 0
7	int islower(int c)	测试 c 是否为小写字母	若 c 是小写字母返回 1，否则返回 0
8	int isupper(int c)	测试 c 是否为大写字母	若 c 是大写字母返回 1，否则返回 0
9	int ispunct(int c)	测试 c 是否为标点符号	若 c 是标点符号，返回 1，否则返回 0
10	int isspace(int c)	测试 c 是否为空白	若 c 是空白返回 1，否则返回 0
11	int isgraph (int c)	测试 c 是否为可打印字符	若 c 是可打印字符返回 1，否则返回 0
12	int isascii(int c)	判断 c 是否为 ASCII 字符，（0-127）	若 c 是 ASCII 字符返回 1，否则返回 0
13	int toasscii(int c)	将字符 c 转换成 ASCII	返回字符的 ASCII 码
14	int tolower(int c)	将字符 c 转换成小写字符	如 c 是大写字符返回小写字符，否则原样返回
15	int toupper(int c)	将字符 c 转换成大写字符	若 c 是小写字符，返回大写，否则原样返回

3. 字符串函数

使用字符串处理函数时必须使用文件包含#include "string.h"，常用的字符串处理函数如表 C-3 所示。

表 C-3　　　　　　　　　　　　　　　　　　字符串处理函数

序号	函数原型	功能	结果
1	char *strcpy(char *s1, const char *s2)	将字符串 s2 复制到数组 s1 中	返回 s1
2	char *ctrncpy(char *s1, const char *s2, size_t n)	将字符串 s2 开始的 n 个字节复制到字符数组 s1 中	返回 s1
3	char *strcat(char *s1, const char *s2)	将字符串 s2 追加到字符数组 s1 中的字符串后	返回加长的字符串 s1
4	char *strncat(char *s1, const char *s2, size_t n)	将字符串 s2 开始的 n 个字节追加到字符数组 s1 中的字符串后	返回追加后的字符串 s1
5	int strcmp(const char *s1, const char *s2)	比较字符串 s1 与字符串 s2	str1>str2　返回正数 str1=str2　返回 0 str1<str2　返回负数

续表

序号	函数原型	功能	结果
6	int strncmp(const char *s1, const char *s2, size_t n)	比较字符串 s1 与字符串 s2 前 n 个字符	前 n 个字符比较, 返回值同上
7	char *strchr(const char *s, int c)	查找 c 所代表的字符在字符串 s 中首次出现的位置, 成功返回该位置的指针, 否则返回 NULL	找到, 返回字符串中第一次出现的指针, 否则返回空指针
8	char *strrchr(const char *s, int c)	返回 c 所代表的字符在 s 中最后一次出现的位置指针, 否则返回 NULL	找到, 则返回最后一次出现的指针, 否则返回空指针
9	size_t strlen(const char *s)	确定字符串 s 的长度, 返回字符串结束符前的字符个数	返回字符串长度

4. 输入/输出函数

使用输入/输出函数应先使用文件包含 #include "stdio.h", 常用的输入/输出函数如表 C-4 所示。

表 C-4　　　　　　　　　　　　　　　　输入/输出函数

序号	函数原型	功能	结果
1	int scanf(const char *format, arg_list)	从标准输入流中获取参数值	返回成功赋值的个数
2	int printf(const char *format, arg_list)	将格式化字符串输出到标准输出流	返回输出字符的个数, 若出错返回负数
3	int getc(FILE *fp)	从文件中读出一个字符	返回所读字符, 若结束或出错返回 EOF
4	int putc(int ch,FILE *fp)	把字符 ch 写到文件 fp	若成功, 将字符输出标准设备; 若出错, 返回 EOF
5	int getchar(void)	从标准输入流读取一个字符	返回所读字符, 若文件结束或出错返回-1
6	int putchar(int ch)	把字符 ch 写到标准流 stdout	
7	char * gets(char *str)	从标准输入流读取字符串并回显, 读到换行符时退出, 并会将换行符省去	若成功, 将字符输出标准设备; 若出错, 返回 EOF
8	int puts(char *str)	把字符串 str 写到标准流 stdout 中去, 并会在输出到最后时添加一个换行符	若成功, 将字符串输出标准设备; 若出错, 返回 EOF
9	char *fgets(char *str, int num, FILE *fp)	读一行字符, 该行的字符数	返回地址 buf, 若文件结束或出错返回 NULL
10	int fputs(char *str, FILE *fp)	将 str 写入 fp	若成功返回 0, 否则返回非零
11	int fgetc(FILE *fp)	从 fp 的当前位置读取一个字符	返回所得到的字符, 若读入出错, 返回 EOF
12	int fputc(int ch, FILE *fp)	将 ch 写入 fp 当前指定位置	若成功, 返回该字符, 否则返回 EOF
13	int fcolse（FILE *fp）	关闭 fp 所指向的文件	若关闭成功返回 0, 否则返回-1
14	int fprintf(FILE *fp, char *format,...)	将格式化数据写入流式文件中	返回输出字符的个数; 若出错, 返回一个负数
15	int feof(FILE *stream)	检测文件位置指示器是否到达了文件结尾	若是则返回一个非 0 值, 否则返回 0
16	int rewind(FILE *fp)	将 fp 所指向的文件位置指向文件开头位置, 并清除文件结束标志和错误标志	无返回值

5. 数据转换、改变程序进程和动态存储分配函数

使用数据转换、改变程序进程和动态存储分配函数时，应先使用文件包含#include "stdlib.h"
或#include "malloc.h"。常用的数据转换、改变程序进程和动态存储分配函数如表 C-5 所示。

表 C-5　　　　　　　　　　　数据转换、改变程序进程和动态存储分配函数

序号	函数原型	功能	结果
1	void *malloc(unsigned n,int size)	为数组分配内存空间，大小为 *n*size*	返回一个指向已分配内存单元的起始地址，若不成功，返回 NULL
2	void free(void *p)	释放 *p* 指向的内存空间	无
3	void *malloc(void *p,int size)	分配 *size* 个字节的存储区	返回所分配内存的起始地址，若地址不够返回 NULL
4	void *realloc(void *p,int size)	将 *p* 所指出的已分配内存区的大小改为 *size*	返回指向该内存的指针
5	void abort();	结束程序的运行	非正常的结束程序
6	void exit(int status);	终止程序的进程	无返回值
7	int rand(void)	取随机数	返回一个伪随机数
8	void srand(unsigned seed)	初始化随机数发生器	无返回值
9	int random(int num)	随机数发生器	返回的随机数大小为 0～num-1
10	void randomize(void)	用一个随机值初始化随机数发生器	无返回值

6. 时间函数

使用系统的时间与日期函数时，应先使用文件包含#include "time.h"，其中 *time_t*、*clock_t* 和
struct *tm* 都是定义了的数据类型。常用的时间处理函数如表 C-6 所示。

表 C-6　　　　　　　　　　　　　时间函数

序号	函数原型	功能	结果
1	char *asctime(struct tm * ptr)	将 *tm* 结构的时间转化为日历时间	返回一个指向字符串的指针
2	char *ctime(long time)	将机器时间转化为日历时间	返回指向该字符串的指针
3	struct tm *gmtime(time_t *time)	将机器时间转化为 *tm* 时间	返回指向结构体 *tm* 的指针
4	time_t time(time_t *ptr)	得到或设置机器时间，当 *ptr* 为空时得到机器时间，非空时设置机器时间	返回系统自 1970 年 1 月 1 日开始到现在所逝去的时间，若系统无时间，返回-1
5	double difftime(time_t time2 ,time_t time1)	得到两次机器时间差，单位为秒	返回两个时间的双精度差值
6	void getdate(struct date *d)	得到系统日期，*d* 存放得到的日期信息	返回系统日期
7	void gettime(struct date *t)	得到系统时间，*t* 存放得到的时间信息	返回系统时间

附录 D
部分中英文关键词对照

reserved words	保留字
link	连接
edit	编辑
flow chart	流程图
code，encode	编码
object oriented programming	面向对象程序设计
compile	编译
modular	模块化
run	运行
structured	结构化
identifier	标识符
operator，actor	操作符
object program	目标程序
nest	嵌套
constant	常量
software design	软件设计
define	定义
data structure	数据结构
binary	二进制
sequential structure	顺序结构
separator	分隔符
algorithm	算法
branch construct	分支结构
loop structur	循环结构
symbol	符号
operational environment	运行环境
micro computer	微型计算机
personal computer	个人计算机
information	信息
work area	工作区

sequence	序列
keyword	关键字
header file	头文件
function	函数
statement	语句
function body	函数体
source program	源程序
assembly language	汇编语言
machine language	机器语言
higher language	高级语言
human language	人类语言（也称自动语言）
error	致命错误
interpretation	解释
explanatory note，comment	注释
warning	警告
dummy statement	空语句
abstract data type(ADT)	抽象数据类型
donut model	圆盘模型
abstraction	抽象
in complexity management	复杂性管理中的抽象
procedural	过程
accumulators	累加器
activation frames	激活框架
actual arguments	实参
misuse/neglect	误用/忽略
references and	引用
algorithm	算法
decision steps in	决策步骤
implementation	实现
loop use decision	循环使用决策
recursive development	递归算法开发
refinement	细化
selection sort	选择排序
tree insertion	插入树
alphabetizing	依字母排序
string comparisons and analysis	字符串比较分析
bisection method case study	二分方法实例研究
capital letters case study	大写字母实例研究
inquiry	查询
fraction	分数

measurement conversion	计量转换
ordered list	有序表
set	集合
angular brackets	尖括号
approximations iterative	迭代近似
actual	实际参数
array	数组
versatility	通用性
list correspondence	参数表一致性
output parameter	输出参数
evaluation rules	求值规则
enumerated types	枚举类型
enumeration constants	枚举常量
initialization	初始化
multidimensional arrays	多维数组
array of structures	结构数组
syntax	语法
illustrated	图示
formal	形参数组
subscripts	下标
allocation with calloc	用 calloc 分配
character	字符数组
manipulation statements	操作数组的语句
parallel	平行
partially filled	部分填充
pointer representation	指针表示
access	存取
sequential access	顺序存取
statistical computations with	统计计算
for storage	存储
assignment	赋值
relational	相关
compound	复合
in order of precedence	优先级顺序
associativity operation	运算结合性
class	类型

[1] 谭浩强著. C程序设计（第三版）[M]. 北京：清华大学出版社，2005.

[2] 李丽娟主编. C语言程序设计教程[M]. 北京：人民邮电出版社，2013.

[3] 谭浩强编著. C语言设计题解与上机指导[M]. 北京：清华大学出版社，2006.

[4] 李丽娟主编. C语言程序设计教程实验指导语习题解答[M]. 北京：人民邮电出版社，2012.

[5] 吴艳平编. C语言程序设计与项目培训[M]. 北京：清华大学出版社，2013.

[6] 全国计算机等级考试命题研究中心. 全国计算机等级考试真题汇编与专用题库[M]. 北京：人民邮电出版社，2014.

[7] 张曙光. C语言程序设计[M]. 北京：人民邮电出版社，2014.

[8] 张岗亭等主编. C语言程序设计教程[M]. 北京：人民邮电出版社，2013.

[9] 谭雪松主编. C语言程序设计[M]. 北京：人民邮电出版社，2011.

[10] 郭运宏. C语言程序设计项目教程[M]. 北京：清华大学出版社，2012.

[11] 傅龙天. 程序设计基础实训教程（C语言版）[M]. 北京：清华大学出版社，2012.

[12] 明日科技. C语言函数参考手册[M]. 北京：清华大学出版社，2012.

[13] 明日科技. C语言项目案例分析[M]. 北京：清华大学出版社，2012.

[14] 明日科技. C语言经典编程282例[M]. 北京：清华大学出版社，2012.

[15] 高等教育学校计算机基础课程教学指导委员会编制. 高等学校计算机基础教学发展战略研究报告暨计算机基础课程教学基本要求[M]. 北京：高等教育出版社，2009.

[16] 全国高等院校计算机基础教育研究会编. 高等院校计算机基础教育经验汇编（第一集）[M]. 北京：清华大学出版社，2008.

[17] 欧阳主编. 全国计算机等级考试（2009年版）[M]. 成都：电子科技大学出版社，2009.